“十二五”普通高等教育本科国家级规划教材

近世代数

第四版

杨子胥 编著

高等教育出版社·北京

内容提要

本书是作者在长期教学实践的基础上，参考国内外大量相关教材、专著、文献并吸纳个人一些科研成果编写而成的。本次修订是在第三版的基础上进行的，主要修正了概念叙述、内容和实例分析、定理证明中的一些小错误，适当补充了数字资源（以图标⊗示意）。本书主要内容包括基本概念、群、正规子群和群的同态与同构、环与域、唯一分解整环、域的扩张等。

本书第一版由万哲先、王梓坤两位院士推荐出版，并由刘绍学教授撰写序言。

本书可作为普通高等学校数学类专业近世代数课程的教材。

图书在版编目（CIP）数据

近世代数/杨子胥编著.--4版.--北京：高等教育出版社，2020.8（2025.4重印）

ISBN 978-7-04-052147-4

Ⅰ.①近… Ⅱ.①杨… Ⅲ.①抽象代数-高等学校-教材 Ⅳ.①O153

中国版本图书馆CIP数据核字（2019）第126020号

Jinshi Daishu

项目策划 李艳馥 李 蕊 兰莹莹

策划编辑 李 蕊 责任编辑 田 玲 封面设计 王凌波 版式设计 马 云

插图绘制 李沛蓉 责任校对 马鑫蕊 责任印制 高 峰

出版发行 高等教育出版社
社 址 北京市西城区德外大街4号
邮政编码 100120
印 刷 北京新华印刷有限公司
开 本 787mm×1092mm 1/16
印 张 12
字 数 250千字
购书热线 010-58581118
咨询电话 400-810-0598

网 址 http://www.hep.edu.cn
http://www.hep.com.cn
网上订购 http://www.hepmall.com.cn
http://www.hepmall.com
http://www.hepmall.cn
版 次 2000年5月第1版
2020年8月第4版
印 次 2025年4月第7次印刷
定 价 28.50元

物 料 号 52147－00

近世代数

第四版

杨子霄 编著

1. 计算机访问http://abook.hep.com.cn/1223647，或手机扫描二维码、下载并安装Abook应用。
2. 注册并登录，进入“我的课程”。
3. 输入封底数字课程账号（20位密码，刮开涂层可见），或通过Abook应用扫描封底数字课程账号二维码，完成课程绑定。
4. 单击“进入课程”按钮，开始本数字课程的学习。

课程绑定后一年为数字课程使用有效期。受硬件限制，部分内容无法在手机端显示，请按提示通过计算机访问学习。

如有使用问题，请发邮件至abook@hep.com.cn。

扫描二维码
下载Abook应用

抽象代数简史

http://abook.hep.com.cn/1223647

第一版序言

近世代数(或抽象代数)是大学数学系的重要基础课之一,主要介绍群、环、域(以及模)的基本概念和基本理论。在这里人们将受到良好的代数训练,并为进一步学习数学打下一个扎实的代数基础。

我们知道,数、多项式和矩阵的出现是为了刻画一些物理量和几何量,诸如长度、面积、速度、物理定律、空间中点的位置、平面的运动和几何变换等。它们的表现能力是很强的,使用数、多项式和矩阵足以刻画我们遇到的许多物理量和几何量。然而当人们企图刻画对称性——无论是物理现象中,还是数学世界中(尤其是在几何图形中)的对称性时,都无法用单个的数、多项式或矩阵去刻画。为了刻画对称这一概念,人们发现了群。现在我们知道,群是研究对称性的有力工具。物理、几何、数学中对称这一概念的特殊重要性,使群成为近代数学极其深刻、极其重要的概念之一。

类似地,环、域、模也是刻画物理量和几何量的数学工具。

因而研究群、环、域、模的方式可分为两大类。一类是紧密结合其背景去研究,如晶体群、群与量子力学等;另一类是对群、环、域、模作理论上的研究。当然两者有着相互的联系。这样,自然地在介绍群、环、域、模的书中也有两种不同的倾向。

本书则是介绍群、环、域的基本概念和基本理论。本书作者写的另一本书《正交表的构造》则是以群、环、域为基本工具,讲述正交表的构造原理和方法。

杨子胥教授从事高校代数教学与科研工作数十年,经验丰富,成果不断。他编写的这本《近世代数》,是他在长期教学实践的基础上,经过反复修改提炼整理而成的。本书取材广泛,内容丰富且紧扣大纲,前后呼应,非常紧凑。其中一个概念的引入,一种思想的建立或一个定理的证明,都字斟句酌一丝不苟,既保持严格的科学性和系统性,又自然明快易于接受。

近世代数是比较抽象的一门学科,但本书所举正反例子较多,涉及面广,尽量把抽象的概念和问题具体化。而且还特别注意同高等代数的联系,每节所配备的习题的数量和难易程度适当,尤其是文句叙述和表达自然流畅,读来引人入胜,确实不失为一本好的近世代数教材。

刘绍学

1998 年 7 月 1 日于北京师范大学

第四版前言

本书经过第二版和第三版的修订和调整，在课程内容和课程体系方面更加科学合理，可作为普通高等学校数学类专业近世代数课程的教材和参考书。

本书第一章是基本概念部分，主要介绍了学习近世代数所必需的基本概念，是全书的基础部分；第二章和第三章是群论部分，主要介绍了群、正规子群、群的同态和同构等群论中的基本概念和结论；第四章和第五章是环论部分，主要介绍了环、除环、理想、唯一分解整环等环论中的基本概念和结论；第六章是域的基本知识，主要介绍了素域、扩域、有限域等基本概念和结论。

这次修订在课程内容和课程体系方面保持了第三版的原貌，主要对概念叙述、内容和实例分析、定理证明中的一些小的错误进行了修正。通过这些修正，进一步加强了内容的可读性、表达的准确性等。

考虑到近世代数的抽象性、符号化等特点，建议教师在教学中尽量采用代数问题几何化的教学方法，以增强学生的直观感受，克服教学中的难点。另外，如能在教学中适当融入相关知识的数学史话、相关结论在现代科技生活中的实际应用，将更有利于引导和激发学生的学习兴趣，提高其学习的积极性和主动性。

这次修订力求进一步完善，但不足之处在所难免，恳请读者不吝批评指正。

作　者

2018 年 12 月

第三版前言

考虑到近世代数教学时数不多的现实，同时也是为了更好地适应教与学，本书这次修订的重点是“瘦身”，即对第二版中的诸如传递群、群的直积、共轭关系与正规化子、p 环、零化子、环的同态与同构、分式域、环的直和、可离扩域等内容，都进行了删减。有些内容，例如群的直积，整节删去，只保留其中必要的内容在适当的章节中加以介绍。

这次修订还删去了一些例题和习题，特别是习题，共删去一百余题。另外还改写和调整了一些定理及其证明，使所讨论的问题和证明更加流畅和明晰。

为了适应新的需要，这次修订新增两节——群在集合上的作用和有限域的一种应用。但都打了星号，可选讲或不讲。

本课程若每周上课 4 学时，一学期共约 70 学时，讲完全书未打星号的 34 节，基本上是可以的；若每周上课 3 学时，一学期共约 50 学时，讲完前四章未打星号的 25 节也是可以的。当然，若时间仍紧，还可以压缩一些例题和定理的证明；若时间宽裕，也可以选讲一些打星号的内容，如素理想和极大理想等。

新的第三版，可望用起来会更加自然流畅和得心应手。

顺便指出，作者针对第二版内容所编写的配套书《近世代数学习辅导与习题选解》对新的第三版仍然适用。该书对教师备课会很有帮助，并可节省时间。

这次修订，山东大学许玉铭教授提出不少宝贵意见，我表示衷心感谢！

虽力求修订完善，但书中肯定仍有不足甚至疏漏，恳请读者多予指正。

作　者

2010 年 6 月

第二版前言

本书这次修订主要的变动有如下四个方面：

一、更正了一些错误，改动了个别定理的证明方法，特别是去掉了一些不很必要的内容。

二、增加了传递群、单群、可解群和幂集环等概念和相应的一些定理和例子。此外还增加了少数交换图、一些研究对象的历史背景介绍以及“本书所用符号”和“参考文献”等。

三、对习题作了较大调整，去掉了少数题目，每节题量减少，难度降低。但在每章最后一节的习题中却增加题目较多，题量稍大一些。其主要目的是，可通过这些习题对本章内容起一个复习巩固的作用；当然，其中也有少数题目难度稍大一些，可供学生参考或习作。

四、个别章节顺序作了调整，有的章节和个别定理打上星号，这些内容可略讲或不讲。

由于各校情况不同，因此在使用本书时应灵活掌握，不可千篇一律。例如上面已谈到，对于打星号的章节可略讲或不讲。比如 Sylow 定理，它是群论特别是有限群论中经典结论之一，尤其是它的证明几乎涉及了前三章中群理论的所有概念。不仅如此，由 Sylow 定理还可以很容易地推演出一些群的重要结论和结构定理。因此，若课时不够，即使不讲定理证明但介绍一下 Sylow 定理本身的内容和意义也是很有价值的。

据知，有些高校只讲前四章，其实这也是可以的，因为这四章可以说涵盖了近世代数最基本的内容。当然，如果条件允许，也可以简略介绍一下主理想整环和欧氏环以及第六章的前三节。

对于习题，一般而言，每节选 3 至 5 个题做作业即可。而对余下的题目，特别是每章最后一节中的习题，可让学有余力和考研的同学课下自行练习。

我将编写《近世代数学习辅导与习题选解》(高等教育出版社出版)，几乎包含了本书所有习题的解答，可作为高校师生学习参考之用。但这里应提醒读者的是，对任何题解都不可产生太大的依赖性。这如同身体不适服药一样，适当用药有益健康，过量服用则有损机体。正确的方法应该是，对于一个题目要尽量自己先动脑去想，实在做不出时再参阅题解。这样用辅导书效果会更好一些。

在本书这次修订中，山东大学张顺华教授、陕西师范大学雷天德教授、潍坊学院王新民教授、解放军信息工程大学马传贵教授以及曲阜师范大学、济南大学和山东师范大学等校有关老师，都提出了不少宝贵意见，我表示衷心的感谢！

这次修订虽主观力求完善，但仍难免还有不妥之处，希望读者多多指正。

作　者

2003年6月

第一版前言

本书是作者在长期教学实践的基础上，参考国内外大量相关教材、专著、文献并吸纳个人一些科研成果编写而成的。

全书共六章，可大致分为三个部分：

第一部分，包括引言和第一章基本概念，它是全书的基础，在以后各章都要用到，应予以充分重视。

第二部分，包括第二、三两章，介绍含一个代数运算的群的理论。其中第二章介绍群的最基本的知识；第三章则进一步介绍正规子群和群的同态与同构，以及和它们相关联的群论中最基本、最重要的定理，如群的同态和同构定理，共轭、正规化子和中心化子，Sylow 定理和有限交换群基本定理，等等。

第三部分，包括第四、五、六三章，介绍含有两个代数运算的环与域的理论。其中第四章介绍环的基本知识；第五章介绍环论中一个特殊问题——唯一分解整环内的因子分解理论，并由此介绍了两种特殊的环类，即主理想整环和欧氏环；第六章介绍域，一种加强条件的环，并且主要介绍代数扩域，特别是有限次扩域和有限域。

本书取材广泛，有的高校若教学时间不够，有些内容，例如多项式环、环的直和、非交换环、唯一分解整环的多项式扩张、可离扩域或其他内容，可粗讲或不讲，或只详述结论而略去证明。本书每节都配备了习题，其题量和难度比较适中，个别稍难题目都有提示，各校可根据不同情况择题而做。

本书承蒙中国科学院院士万哲先研究员和中国科学院院士王梓坤教授推荐出版，并承蒙北京师范大学博士生导师刘绍学教授撰写序言，作者由衷地对他们表示最诚挚的感谢！

作者才疏学浅，书中疏漏之处恐在所难免，恳请读者批评指正。

作　者

1999 年 5 月

目　录

引　言

代数学是数学的一个古老分支，有着悠久的历史.但是，近一百年来，随着数学的发展和应用的需要，代数学的研究对象和研究方法发生了巨大的变化，一系列新的代数领域被建立起来，大大地扩充了代数学的研究范围，形成了所谓的近世代数学.

大家知道，数是我们研究数学的最基本的对象，数的最基本的运算是加、减、乘、除.但是，数并不是我们研究数学的唯一对象，而且我们所遇到的许多运算也不全是数的普通加、减、乘、除.例如，向量、力以及多项式、函数、矩阵和线性变换等，它们虽然都不是数，但却也可以类似于数那样来进行运算.特别是，尽管这些研究对象千差万别，各有自己的特性，但是从运算的角度看却有着很多共同的性质.于是，从一般的集合出发，研究各种运算的种种性质，就具有非常重要的意义，因为它的结论和方法不仅可以渗透到数学的各个分支，而且在其他学科，例如在物理、化学、正交试验设计和编码等理论中都有重要应用.

一个集合，如果有一种或数种代数运算，我们就笼统地称它是一个代数系统.简言之，近世代数就是研究各种代数系统的一门学科.在近世代数中，尽管有时，特别是在举例时，也讲具体的集合和具体的运算，但其最根本的任务是研究各种抽象的代数系统.也就是说，一般来讲，不仅所说的集合是抽象的，而且所说的运算也是抽象的.因此，也常把近世代数叫做抽象代数.

由于代数系统中运算个数以及对运算所要求的附加条件的不同，从而产生了各种各样的不同的代数系统，这就形成了近世代数中各个不同的分支，其中最基本、最重要的分支是群、环和域，它们所研究的内容极为丰富和广泛.实践已经证明，这些理论不仅对数学本身产生重要影响并有重要应用，而且对其他学科也有重要影响和应用.这样一来，古老的代数学在新的基础上又以全新的面貌和更加旺盛的生命力飞速地向前发展着.

本书的任务是，介绍近世代数中最基本的代数系统——群、环、域的最基本的概念和性质.

第一章
基本概念

本章所介绍的内容,是在以后各章中都要用到的基本概念.它们是:集合、映射与变换、代数运算、运算律、同态与同构、等价关系与集合的分类等.

§1 集　　合

我们在讨论问题时,在一定范围内所说的对象,例如,数、向量、多项式、矩阵、点、直线,甚或书架上的书、桌子上的茶杯、钢笔、铅笔等,都笼统地称为元素或元.

若干个(有限个或无限个)固定元素的全体,叫做一个集合,或简称为集.

集合常用大写拉丁字母 $A,B,C,\cdots,F,G,\cdots$ 来表示;集合中的元素常用小写拉丁字母 $a,b,c,\cdots,x,y,\cdots$ 来表示.

如果 x 是集合 A 中的一个元素,就说 x 属于集合 A 或集合 A 包含 x,记为 $x\in A$ 或 $A\ni x$;如果 x 不是集合 A 中的元素,就说 x 不属于集合 A 或集合 A 不包含 x,记为 $x\notin A$ 或 $A\not\ni x$.

不包含任何元素的集合称为空集,记为$\varnothing$.

不过今后凡谈到集合时,一般均指非空集合.

今后还常用 $\mathbf{Z}$ 表示整数集,$\mathbf{Z}^*$ 表示非零整数集;用 $\mathbf{Q}$ 表示有理数集,$\mathbf{Q}^*$ 表示非零有理数集.

要指明一个集合是由哪些元素构成的,可以用列举法,例如

$$A=\{1,3,5\},\quad B=\{\text{东},\text{西}\},\quad C=\left\{1,\frac{1}{2},\frac{1}{3},\frac{1}{4},\cdots\right\};$$

有时也可以用描述法,例如

$$E=\{\text{全体正有理数}\},\quad F=\{x\mid x\text{ 是实数且 }x^2<1\}.$$

定义 1　如果集合 A 的每个元素都属于集合 B,则称 A 是 B 的一个子集,记为 $A\subseteq B$.

如果 A 是 B 的一个子集,又 B 中有元素不属于 A,则称 A 是 B 的一个真子集,记为 $A\subset B$.

空集合被认为是任意集合的一个子集.

当集合 A 不是集合 B 的子集或真子集时,分别记为 $A\not\subseteq B$ 或 $A\not\subset B$.

显然,$A\subseteq B$ 意味着 $A\subset B$ 或 $A=B$(即 A 与 B 是由完全相同的元素作成的集合).一个虽然简单但却非常重要的事实是

$$A=B \iff A\subseteq B \text{ 且 } B\subseteq A.$$

因此,要证两个集合 A 与 B 相等,常需证明 $A\subseteq B$ 且 $B\subseteq A$,即 A 与 B 互相包含.这个事实虽然简单,但它却是贯穿整个近世代数的一个一般方法.

如果把集合 A 的每一个子集当成一个元素,则 A 的所有子集(包括空集合)也作成一个集合,称为 A 的幂集,记为 $P(A)$.

如果集合 A 包含无限多个元素,则记为 $|A|=\infty$;如果 A 包含 n 个元素,则记为 $|A|=n$.于是易知,当 $|A|=n$ 时,

$$|P(A)|=2^n.$$

定义 2 由集合 A 和集合 B 的所有公共元素作成的集合,记为 $A\cap B$,叫做 A 与 B 的交集,简称 A 与 B 的交.即

$$A\cap B=\{x\mid x\in A \text{ 且 } x\in B\}.$$

例如,集合 $A=\{0,1,2,3\}$ 与集合 $B=\{0,2,4\}$ 的交为

$$A\cap B=\{0,2\}.$$

但是,集合 A 与集合 $C=\{4,5,6\}$ 的交为空集合,即

$$A\cap C=\varnothing.$$

定义 3 由属于集合 A 或集合 B 的所有元素作成的集合,记为 $A\cup B$,叫做 A 与 B 的并集,简称 A 与 B 的并.即

$$A\cup B=\{x\mid x\in A \text{ 或 } x\in B\}.$$

例如,集合 $A=\{0,1,2,3\}$ 与集合 $B=\{0,1,-2,-3\}$ 的并为

$$A\cup B=\{-3,-2,0,1,2,3\}.$$

对于两个以上甚至无穷多个集合,也可以类似地定义其交与并.

集合的交与并有以下性质:

1) $A\cap A=A,\quad A\cup A=A$; (幂等性)

2) $A\cap B=B\cap A,\quad A\cup B=B\cup A$; (交换性)

3) $(A\cap B)\cap C=A\cap(B\cap C)$,
$A\cup(B\cup C)=(A\cup B)\cup C$; (结合性)

4) $A\cap(B\cup C)=(A\cap B)\cup(A\cap C)$,
$A\cup(B\cap C)=(A\cup B)\cap(A\cup C)$. (分配性)

这些等式的证明是明显的,不再赘述.

习 题 1.1

1. 证明本节性质 4)中的以下等式:

$$A\cap(B\cup C)=(A\cap B)\cup(A\cap C).$$

2. 设 A 是有限集合,且 $|A|=n$.证明:

$$|P(A)|=2^n.$$

3. 设 A,B 是两个有限集合.证明:

$$|A\cup B|+|A\cap B|=|A|+|B|.$$

4. 设 A,B 是两个集合.称集合

$$A\backslash B=\{a\mid a\in A,a\notin B\}$$

为 A 与 B 的差集.特别地,当 $Y\subseteq X$ 时,用 $\complement_X Y$ 表示 $X\backslash Y$,并称为 Y 在 X 中的余集.证明 De Morgan (德摩根,1806—1871)律:若 $A,B\subseteq X$,则

$$\complement_X(A\cup B)=\complement_X A\cap\complement_X B,\quad \complement_X(A\cap B)=\complement_X A\cup\complement_X B.$$

§2　映射与变换

通过映射与变换来研究代数系统,这是近世代数中极重要的方法之一.

定义 1　设 A 与 B 是两个集合.如果有一个法则 φ,使得对于 A 中每个元素 x,在 B 中都有一个唯一确定的元素 y 与它对应,则称法则 φ 为集合 A 到集合 B 的一个映射,常表示成

$$\varphi:\ x\longrightarrow y\quad 或\quad y=\varphi(x),$$

并且把 y 叫做 x 在映射 φ 之下的像,而把 x 叫做 y 在映射 φ 之下的原像或逆像.

例 1　设 A 为有理数集,B 为实数集,则法则

$$\varphi:\ x\longrightarrow\frac{1}{x-1},\quad 即\quad \varphi(x)=\frac{1}{x-1}$$

不是 A 到 B 的映射.因为,虽然 φ 对于任何不等于 1 的有理数 x 在 B 中都有唯一确定的像,但有理数 1 就没有确定的像.

例 2　设 A 与 B 都是有理数集,则法则

$$\varphi:\ \frac{b}{a}\longrightarrow a+b,\quad 即\ \varphi\left(\frac{b}{a}\right)=a+b$$

不是 A 到 B 的映射.例如对于$\frac{1}{2}=\frac{2}{4}$,却有

$$\varphi\left(\frac{1}{2}\right)=2+1=3,\quad \varphi\left(\frac{2}{4}\right)=4+2=6,$$

即 A 中相等的元素在 B 中的像不唯一.但映射必须要求 A 中相等的元素在 B 中的像也相等.

例 3　设 $A=\{1,2,3\}$,$B=\{2,4,8,16\}$,则法则

$$\varphi:\ x\longrightarrow 2x,\quad 即\ \varphi(x)=2x$$

也不是 A 到 B 的映射.因为,虽然 φ 对 A 中每个元素都有一个唯一确定的像,但 3 的像 6 却不属于 B.

综上所述可知,集合 A 到集合 B 的一个元素对应法则 φ,在满足以下三个条件时才是一个映射:

1) φ 对于 A 中每个元素都必须有确定的像;

2) A 中相等元素的像也必须相等,亦即 A 中每个元素的像是唯一的;

3) A 中每个元素的像都必须属于 B.

例 4 设 $A=\{1,2,3\}$，$B=\{0,4,9,10\}$，则法则

$$\varphi:\quad 1\longrightarrow 0,\quad 2\longrightarrow 0,\quad 3\longrightarrow 9,$$

即 $\varphi(1)=\varphi(2)=0$，$\varphi(3)=9$ 是 A 到 B 的一个映射.

例 5 设 V 为数域 F 上全体 n 元向量作成的集合，则法则

$$\varphi:\quad (a_1,a_2,\cdots,a_n)\longrightarrow a_1\quad (a_i\in F),$$

即 $\varphi(a_1,a_2,\cdots,a_n)=a_1$ 是 V 到 F 的一个映射.

例 6 设 $A=\{1,2,3,\cdots\}$，B 为有理数集，则法则

$$\varphi:\quad x\longrightarrow x^2,\quad 即\quad \varphi(x)=x^2$$

也是 A 到 B 的一个映射.

映射是通常函数概念在一定意义下的一种推广，集合 A 相当于定义域.不过应注意，集合 B 包含值域，但不一定是值域.就是说，在映射 φ 之下不一定 B 中每个元素都有逆像.例如，上面的例 4 和例 6 就属于这种情形.另外应注意，A 中不同的元素在 B 中的像却可能是相同的，例如上面例 4 就属于这种情形.据此，我们可以区分出各种不同的映射来.

定义 2 设 φ 是集合 A 到集合 B 的一个映射.如果在 φ 之下 B 中每个元素在 A 中都有逆像，则称 φ 为 A 到 B 的一个满射；如果 A 中不同的元素在 B 中的像也不同，则称 φ 为 A 到 B 的一个单射；如果 φ 既是满射又是单射，则称 φ 是 A 到 B 的一个双射.

我们不难检验上面所举的例子中，哪些是满射，哪些是单射和双射.

例 7 设 $A=\{1,2,3,\cdots\}$，$B=\{2,4,6,\cdots\}$，则法则

$$\varphi:\quad x\longrightarrow 2x,\quad 即\quad \varphi(x)=2x$$

显然是 A 到 B 的一个双射.

例 8 设 X 是数域 F 上全体 n 阶方阵作成的集合，$Y=\{0,1,\cdots,n\}$，又用 $r(A)$ 表示 F 上 n 阶方阵 A 的秩，则法则

$$\varphi:\quad A\longrightarrow r(A)$$

是 X 到 Y 的一个满射，但不是单射，因为不同的方阵显然可能有相同的秩.因此，φ 不是 X 到 Y 的双射.

设 φ 是集合 A 到集合 B 的一个映射，又 $A_1\subseteq A$，$B_1\subseteq B$.则用 $\varphi(A_1)$ 表示 A_1 中所有元素在 φ 之下全体像作成的集合，称为 A_1 在 φ 之下的像，它是 B 的一个子集；类似地，用 $\varphi^{-1}(B_1)$ 表示 B_1 中所有元素在 φ 之下全体逆像作成的集合，称为 B_1 在 φ 之下的逆像，它是 A 的一个子集.

显然，A 到 B 的映射 φ 是满射当且仅当 $\varphi(A)=B$.

下面介绍逆映射的概念.

设 φ 为集合 A 到集合 B 的一个双射，且 $\varphi(x)=y\,(x\in A,y\in B)$，则显然法则

$$\varphi^{-1}:\quad y\longrightarrow x,\quad 即\quad \varphi^{-1}(y)=x$$

便是集合 B 到集合 A 的一个双射.我们称 φ^{-1} 为 φ 的逆映射.

显然，φ^{-1} 的逆映射就是 φ，即 $(\varphi^{-1})^{-1}=\varphi$.

应注意，根据定义，只有双射才有逆映射.

对两个有限集合 A 与 B 来说，显然它们之间能建立双射的充要条件是 $|A|=$

$|B|$，即二者包含的元素个数相等.特别地，有

定理 1 设 A 与 B 是两个有限集合且 $|A|=|B|$，φ 是 A 到 B 的一个映射.则

$$\varphi \text{ 是满射} \iff \varphi \text{ 是单射}.$$

*__证__ 设 $|A|=|B|=n$，且

$$A=\{x_1,x_2,\cdots,x_n\}, \quad B=\{y_1,y_2,\cdots,y_n\},$$

又

$$\varphi: \quad x_i \longrightarrow y_{k_i} \quad (i=1,\cdots,n;1\leqslant k_i\leqslant n)$$

是 A 到 B 的一个映射.

若 φ 是满射，则由 $x_1\neq x_2$，必得 $y_{k_1}\neq y_{k_2}$：

因为若 $y_{k_1}=y_{k_2}$，则

$$\varphi(A)=\{y_{k_2},y_{k_3},\cdots,y_{k_n}\}$$

最多有 $n-1$ 个元素，所以 $\varphi(A)\neq B$，这与 φ 是满射矛盾.这种讨论对 A 中任二元素都成立，因此 φ 是单射.

反之，设 φ 是单射，则由于 A 中不同元素的像也不同，故

$$|\varphi(A)|=n=|B|.$$

但是 $\varphi(A)\subseteq B$，故 $\varphi(A)=B$，即 φ 是满射.

（证毕）

本定理的一个直接结果是以下推论.

推论 设 A 与 B 是两个所含元素个数相等的有限集合.则 A 到 B 的映射 φ 是双射当且仅当 φ 是满(单)射.

下面来介绍映射的相等与映射的合成.

定义 3 设 σ 与 τ 都是集合 A 到 B 的映射.如果对 A 中每个元素 x 都有

$$\sigma(x)=\tau(x),$$

则称 σ 与 τ 是 A 到 B 的两个相等的映射，记为 $\sigma=\tau$.

设 τ 是集合 A 到 B 的一个映射，又 σ 是集合 B 到 C 的一个映射，则显然

$$x \longrightarrow \sigma(\tau(x)) \quad (\forall x\in A)$$

是 A 到 C 的一个映射.我们把这个映射记为 $\sigma\tau$，即

$$\sigma\tau(x)=\sigma(\tau(x)) \quad (\forall x\in A),$$

并称其为映射的合成或映射的乘法，而称 $\sigma\tau$ 为映射 τ 与 σ 的乘积.

映射合成的这种关系可用图 1 表示出来.这种图在代数学中常称为交换图.

本节最后，我们来介绍一种特殊的映射——变换.

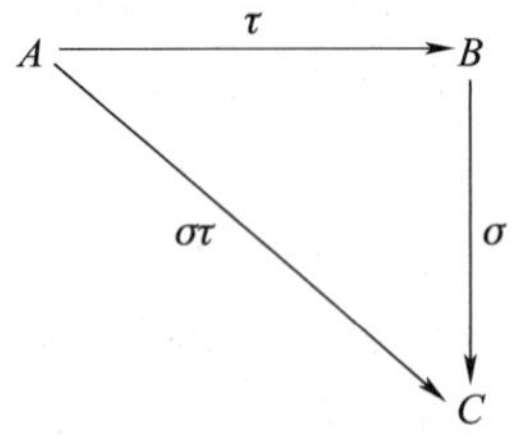

图 1

定义 4 集合 A 到自身的映射，叫做集合 A 的一个变换.

同样可定义满射变换、单射变换和双射变换.A 的双射变换也称为 A 的一个一一变换.

集合 A 中每个元素与自身对应的变换，是 A 的一个双射变换，称为集合 A 的恒等变换.

例 9 设 $A=\{1,2,3,\cdots\}$，则

$$\varphi:\quad x\longrightarrow x^2,\quad 即\ \varphi(x)=x^2$$

是 A 的一个单射变换.但不是满射变换，因为，例如正整数 2 在 A 中就没有逆像.

又法则

$$\sigma:\quad 1\longrightarrow 2,\quad 2\longrightarrow 1,\quad n\longrightarrow n(n=3,4,\cdots)$$

显然是正整数集 A 的一个双射变换.

例 10 设 X 为数域 F 上全体 n 阶方阵作成的集合.则变换

$$\varphi(A)=A^{\mathrm{T}}\quad 及\quad \tau(A)=CAC^{-1}$$

都是 X 的双射变换，其中 A^{T} 为方阵 A 的转置矩阵，而 C 为 F 上任意一个固定的 n 阶满秩方阵.

定理 2 含 n 个元素的任意集合共有 $n!$ 个双射变换.

证 设 $M=\{1,2,\cdots,n\}$，则对 M 的每个双射变换 φ，都能确定元素 $1,2,\cdots,n$ 的一个全排列 $\varphi(1)\varphi(2)\cdots\varphi(n)$.

反之，元素 $1,2,\cdots,n$ 的任意一个全排列都确定 M 的一个双射变换；而且不同的全排列确定不同的双射变换.因此，这 n 个元素有多少个全排列，M 就有多少个双射变换.由于 n 个元素共有 $n!$ 个全排列，故 M 共有 $n!$ 个双射变换.

（证毕）

对有限集合 $M=\{1,2,\cdots,n\}$ 的双射变换 φ，常用以下特殊符号表示：

$$\varphi=\begin{pmatrix}1 & 2 & \cdots & n\\ \varphi(1) & \varphi(2) & \cdots & \varphi(n)\end{pmatrix},$$

并称其为一个 n 元置换.

例如，当 $n=3$ 时，集合 $M=\{1,2,3\}$ 共有 $3!=6$ 个 3 元置换，它们是

$$\varphi_1=\begin{pmatrix}1&2&3\\1&2&3\end{pmatrix},\quad \varphi_2=\begin{pmatrix}1&2&3\\1&3&2\end{pmatrix},\quad \varphi_3=\begin{pmatrix}1&2&3\\2&1&3\end{pmatrix},$$

$$\varphi_4=\begin{pmatrix}1&2&3\\2&3&1\end{pmatrix},\quad \varphi_5=\begin{pmatrix}1&2&3\\3&1&2\end{pmatrix},\quad \varphi_6=\begin{pmatrix}1&2&3\\3&2&1\end{pmatrix}.$$

应该注意的是，同一个 n 元置换可以有 $n!$ 种不同的写法.例如，上面的 3 元置换 φ_4 的 6 种写法是

$$\begin{aligned}\varphi_4&=\begin{pmatrix}1&2&3\\2&3&1\end{pmatrix}=\begin{pmatrix}1&3&2\\2&1&3\end{pmatrix}=\begin{pmatrix}2&1&3\\3&2&1\end{pmatrix}\\&=\begin{pmatrix}2&3&1\\3&1&2\end{pmatrix}=\begin{pmatrix}3&1&2\\1&2&3\end{pmatrix}=\begin{pmatrix}3&2&1\\1&3&2\end{pmatrix}.\end{aligned}$$

根据定义 3，这 6 种写法是同一个 3 元置换.

在下一节，特别在下一章中，我们还将详细地讨论 n 元置换.

习 题 1.2

1. 设 $A=\{1,2,3,4,5\}$，$B=\{0,2,4,6,8,10\}$.试给出 A 到 B 的两个单射.

2. 设 X 是数域 F 上全体 $n(n>1)$ 阶方阵作成的集合.问：

$$\varphi:\quad A \longrightarrow \det A,$$

其中 $\det A$ 为 A 的行列式，是否为 X 到 F 的一个映射？是否为满射或单射？

3. 设 A 与 B 是数域 F 上两个 n 阶相似方阵，$F[A]$ 为系数属于 F 的关于 A 的一切多项式作成的集合.问：法则

$$\varphi:\quad f(A) \longrightarrow f(B)$$

是否为 $F[A]$ 到 $F[B]$ 的映射？其中 $f(x)$ 是系数属于 F 的任意多项式.又 φ 是否为单射或满射？

4. 对本节中给出的 3 元置换，求出下列各元素：

1) $\varphi_5(\varphi_3(\varphi_1(1)))$；　　2) $\varphi_6(\varphi_4(\varphi_2(2)))$.

5. 给出整数集的两个不同的双射.

§3 代数运算

我们说过，近世代数的主要任务是研究各种抽象的代数系统.所谓代数系统，就是指带有运算的集合.这一节我们要严格指出，所谓“带有运算”究竟是什么意思.

定义 设 M 是一个集合.如果有一个法则，它对 M 中任意两个有次序的元素 a 与 b，在 M 中都有一个唯一确定的元素 d 与它们对应，则称这个法则是集合 M 的一个代数运算.

有代数运算的集合，简称为代数系统.

如果我们用记号“$\circ$”来表示本定义中所说的法则，则通常把 a 与 b 通过此法则$\circ$所确定的元素 d 记为

$$a \circ b = d.$$

这就是说，对 M 中任二元素 a,b，通过所说的法则，“算”出一个元素 d 来，而 d 必须属于 M.

这正是通常的加法和乘法运算所共有的最本质的属性.因此，代数运算就是通常加法与乘法运算在最一般情况下的一种自然推广.

例 1 普通加法、减法与乘法都是整数集、有理数集、实数集和复数集的代数运算.

例 2 普通的减法不是正整数集的代数运算，因为，例如正整数 1 减 2 得 -1，但 -1 不是正整数.

类似地，普通除法 $a \circ b = \dfrac{b}{a}$ 也不是有理数集的代数运算，因为，尽管对任何有理数 b 及任何非零有理数 a 来说，$\dfrac{b}{a}$ 是确定的有理数，但是

$$0 \circ b = \frac{b}{0}$$

却无意义.

例 3 法则

$$a \circ b = \sqrt{a^2 + b^2}$$

不是整数集的代数运算.因为，尽管对任二整数 a,b 来说，$\sqrt{a^2+b^2}$ 是唯一确定的实数，

但却不一定是整数，例如

$$1\circ 2=\sqrt{1^2+2^2}=\sqrt{5}$$

就不是一个整数.

例 4 法则

$$a\circ b=ab+1 \quad 或 \quad a\circ b=a+b-10$$

都是整数集的代数运算，而且前者还是自然数集的一个代数运算.

本例中所给出的两个代数运算似乎有点“怪异”，但按照定义，它们确实是整数集的两个代数运算.受此例启发，相信读者会给出另外许许多多的代数运算来.

例 5 法则

$$A\circ B=(\det A)B$$

是数域 F 上全体 n 阶方阵的集合的一个代数运算.

下面来介绍变换的运算，它在下一章群的讨论里起重要作用.

设 M 是任意一个非空集合，用 $T(M)$表示 M 的全体变换作成的集合.任取 $\sigma,\tau\in T(M)$，则根据映射的合成的定义知，乘积 $\sigma\tau$ 即

$$\sigma\tau(x)=\sigma(\tau(x)) \quad (\forall x\in M)$$

也是 M 的一个变换，故 $\sigma\tau\in T(M)$.我们称其为变换的乘法，它是 $T(M)$的一个代数运算.

若用 ε 表示集合 M 的恒等变换，则对任意 $\sigma\in T(M)$都有

$$\sigma\varepsilon(x)=\varepsilon\sigma(x)=\sigma(x) \quad (\forall x\in M),$$

从而根据映射相等的定义知

$$\varepsilon\sigma=\sigma\varepsilon=\sigma,$$

即在变换的乘法中，恒等变换起着数 1 在数的普通乘法中类似的作用.

令 $S(M)$表示集合 M 的全体双射变换作成的集合，于是

$$S(M)\subseteq T(M),$$

即 $S(M)$是 $T(M)$的一个子集.可以证明，变换的乘法也是 $S(M)$的一个代数运算，即 M 的任意两个双射变换的乘积仍是 M 的一个双射变换.

事实上，设 $\sigma,\tau\in S(M)$，$a\in M$，则由于 σ 是 M 的双射变换，故存在 $b\in M$，使

$$\sigma(b)=a;$$

又因为 τ 也是 M 的双射变换，故存在 $c\in M$，使

$$\tau(c)=b.$$

从而 $\sigma\tau(c)=a$，即乘积 $\sigma\tau$ 是 M 的一个满射变换.

又若 $c_1\neq c_2$，则因 τ 与 σ 都是双射，故 $\tau(c_1)\neq\tau(c_2)$，从而

$$\sigma\tau(c_1)\neq\sigma\tau(c_2),$$

即 $\sigma\tau$ 又是 M 的一个单射变换.

因此，$\sigma\tau$ 是 M 的一个双射变换，即 $\sigma\tau\in S(M)$.

例如，设 $M=\{1,2,3\}$，则由上节知

$$S(M)=\{\varphi_1,\varphi_2,\varphi_3,\varphi_4,\varphi_5,\varphi_6\},$$

而变换的乘法是它的一个代数运算.例如

$$\varphi_3\varphi_4(1)=\varphi_3(\varphi_4(1))=\varphi_3(2)=1,$$
$$\varphi_3\varphi_4(2)=\varphi_3(\varphi_4(2))=\varphi_3(3)=3,$$
$$\varphi_3\varphi_4(3)=\varphi_3(\varphi_4(3))=\varphi_3(1)=2,$$

即 $\varphi_3\varphi_4(1)=1, \varphi_3\varphi_4(2)=3, \varphi_3\varphi_4(3)=2$.亦即

$$\varphi_3\varphi_4=\begin{pmatrix}1&2&3\\2&1&3\end{pmatrix}\begin{pmatrix}1&2&3\\2&3&1\end{pmatrix}=\begin{pmatrix}1&2&3\\1&3&2\end{pmatrix}=\varphi_2.$$

又如

$$\varphi_4\varphi_3=\begin{pmatrix}1&2&3\\2&3&1\end{pmatrix}\begin{pmatrix}1&2&3\\2&1&3\end{pmatrix}=\begin{pmatrix}1&2&3\\3&2&1\end{pmatrix}=\varphi_6,$$

等等.

对有限集合的代数运算,常直观地列成一个表.例如,设

$$A=\{a_1,a_2,\cdots,a_n\}$$

有代数运算∘且 $a_i \circ a_j=a_{ij}\in A(i,j=1,2,\cdots,n)$,则对此可列成如下的表:

$\circ$	a_1	a_2	$\cdots$	a_n
a_1	a_{11}	a_{12}	$\cdots$	a_{1n}
a_2	a_{21}	a_{22}	$\cdots$	a_{2n}
$\vdots$	$\vdots$	$\vdots$		$\vdots$
a_n	a_{n1}	a_{n2}	$\cdots$	a_{nn}

常称这种表为代数系统 A 的"乘法表".

特别地,对于 $M=\{1,2,3\}$,有 $S(M)=\{\varphi_1,\varphi_2,\cdots,\varphi_6\}$,由此读者不难写出此 6 个 3 元置换的乘法表.

习　题　1.3

1. 设 M 是正整数集,下列各法则哪些是 M 的代数运算?

1) $a\circ b=a^b$;　　　　2) $a\circ b=a+b-2$;

3) $a\circ b=a$.

2. 试对数域 F 上全体 n 阶方阵的集合规定两个不同的代数运算(异于矩阵的普通运算).

3. 设 $M=\{1,2,3\}$,问:$|T(M)|=?$ $|S(M)|=?$ 再列出 $S(M)$ 的乘法表.

§4　运　算　律

近世代数虽然是讨论具有代数运算的集合,但并不是讨论对代数运算不加任何限制的集合.事实上,数、多项式、矩阵、函数等的普通运算,一般都满足通常所熟悉的运算规则,诸如结合律、分配律或交换律等.近世代数在研究各种代数系统时,也不能脱离开这些运算律.

定义 1　设 M 是一个有代数运算∘的集合.如果对 M 中任意元素 a,b,c 都有

$$(a\circ b)\circ c=a\circ(b\circ c),$$

则称 M 的这个代数运算满足结合律.

当然,数、多项式、矩阵及函数等对通常的加法与乘法都满足结合律.但是,一般的代数运算却不一定满足结合律.

例 1 设 M 是正整数集,证明:M 的代数运算 $a\circ b=ab+1$ 不满足结合律.

证 因为

$$(a\circ b)\circ c=abc+c+1,\quad a\circ(b\circ c)=abc+a+1,$$

而一般 $abc+c+1\neq abc+a+1$,即 $(a\circ b)\circ c\neq a\circ(b\circ c)$,除非 $a=c$.例如,取 $a=1,b=1,c=2$,得

$$(a\circ b)\circ c=5\neq a\circ(b\circ c)=4.$$

(证毕)

例 2 证明:变换的乘法满足结合律.

证 任取 $\sigma,\tau,\varphi\in T(M),x\in M$,则根据变换的乘法的定义有

$$[(\sigma\tau)\varphi](x)=(\sigma\tau)(\varphi(x))=\sigma[\tau(\varphi(x))],$$

$$[\sigma(\tau\varphi)](x)=\sigma[(\tau\varphi)(x)]=\sigma[\tau(\varphi(x))],$$

从而 $[(\sigma\tau)\varphi](x)=[\sigma(\tau\varphi)](x)$.再由于 x 是 M 中的任意元素,故

$$(\sigma\tau)\varphi=\sigma(\tau\varphi).$$

(证毕)

今后我们主要讨论满足结合律的代数运算.下面将看到,具有这种性质的代数运算会对元素的运算带来什么影响.

设集合 M 有代数运算$\circ$,现在从 M 中任取四个元素 a,b,c,d,则写法 $a\circ b\circ c\circ d$ 应该说是毫无意义的.因为,代数运算每次只能对两个元素进行运算,四个元素只能采取加括号的方法逐步加以计算.但易知,这四个元素共有以下五种加括号的方法:

$$[(a\circ b)\circ c]\circ d,\quad a\circ[(b\circ c)\circ d],\quad [a\circ(b\circ c)]\circ d,$$

$$a\circ[b\circ(c\circ d)],\quad (a\circ b)\circ(c\circ d),$$

其中每一个都是 M 中一个确定的元素.一般来说,这五个确定的元素不一定相等.但是当$\circ$满足结合律时,下面将看到这五种加括号方法的所得结果是相等的,即它们是 M 中同一个元素.这时便可以不加括号,而把这个共同的元素记为

$$a\circ b\circ c\circ d.$$

在这种规定下,写法 $a\circ b\circ c\circ d$ 才有确定的意义.

对任意有限个元素可以作完全类似的规定.

一般地,对 M 中 n 个元素 $a_1,a_2,\cdots,a_n$,可以证明(例如可参看书末参考文献[1]或[5])共有

$$s=\frac{(2n-2)!}{n!\cdot(n-1)!}$$

种加括号方法，分别表示成

$$\Pi_1(a_1\circ a_2\circ\cdots\circ a_n),\quad \Pi_2(a_1\circ a_2\circ\cdots\circ a_n),\quad \cdots,\quad \Pi_s(a_1\circ a_2\circ\cdots\circ a_n).$$

定理 1　若集合 M 有代数运算$\circ$满足结合律，则对 M 中任意 $n(n\geqslant 3)$ 个元素无论怎样加括号，其结果都相等.

证　对元素个数 n 用数学归纳法.

由于代数运算$\circ$满足结合律，故当 $n=3$ 时定理当然成立.

假定对元素个数$\leqslant n-1$ 时定理成立，则任取

$$\Pi_j(a_1\circ a_2\circ\cdots\circ a_n),\quad 1\leqslant j\leqslant s,$$

不管其怎样加括号，其最后一步总是 M 中两个元素结合，设为

$$\Pi_j(a_1\circ a_2\circ\cdots\circ a_n)=b_1\circ b_2,$$

且设 b_1 是 $a_1,a_2,\cdots,a_n$ 中前 $k(1\leqslant k<n)$ 个元素结合所得的结果，b_2 是后 $n-k$ 个元素结合所得的结果，由归纳假设，它们都是唯一确定的，故

$$\begin{aligned}\Pi_j(a_1\circ a_2\circ\cdots\circ a_n)&=b_1\circ b_2\\&=(a_1\circ a_2\circ\cdots\circ a_k)\circ(a_{k+1}\circ\cdots\circ a_n)\\&=[a_1\circ(a_2\circ\cdots\circ a_k)]\circ(a_{k+1}\circ\cdots\circ a_n)\\&=a_1\circ[(a_2\circ\cdots\circ a_k)\circ(a_{k+1}\circ\cdots\circ a_n)]\\&=a_1\circ(a_2\circ\cdots\circ a_n).\end{aligned}$$

由归纳假设，$a_2\circ\cdots\circ a_n$ 是 M 中唯一确定的元素，从而 $a_1\circ(a_2\circ\cdots\circ a_n)$是 M 中唯一确定的元素.因此，每个 $\Pi_j(a_1\circ a_2\circ\cdots\circ a_n)$都等于这个确定的元素，从而

$$\Pi_1(a_1\circ a_2\circ\cdots\circ a_n)=\cdots=\Pi_s(a_1\circ a_2\circ\cdots\circ a_n).$$

（证毕）

根据这个定理，对于满足结合律的代数运算来说，任意 n 个元素只要不改变元素的前后次序，就可以任意结合而不必再加括号.

由于数、多项式、矩阵和线性变换的普通加法与乘法都满足结合律，从而在对这些对象进行这两种运算时便可以任意结合，而不必加括号.这一结论不仅在中学数学中，而且在高等代数或其他课程中从未证明过，甚至从未提及过，而现在则由定理 1 全部统一解决了.这一点充分说明，正是由于近世代数所讨论的代数系统具有抽象性，从而决定了其具有较广泛的应用范围.

下面再讨论交换律.

定义 2　如果集合 M 的代数运算$\circ$对 M 中任意元素 a,b 都有 $a\circ b=b\circ a$，则称 M 的这个代数运算满足交换律.

满足结合律和交换律的代数运算有以下重要意义.

定理 2　若集合 M 有代数运算$\circ$既满足结合律又满足交换律，则对 M 中任意 n 个元素进行运算时可以任意结合和交换元素的前后次序，其结果均相等.

证　对元素的个数 n 用数学归纳法.

当 $n=2$ 时，结论当然成立.假定元素个数为 $n-1$ 时结论成立，下证对 n 也成立.

在 M 中任取 n 个元素 $a_1,a_2,\cdots,a_n$，并设

$$a_{i_1},a_{i_2},\cdots,a_{i_n}$$

是它的任意一个排列，且令 $a_{i_k}=a_1$，则由于代数运算$\circ$满足结合律和交换律，故

$$\begin{aligned} a_{i_1}\circ a_{i_2}\circ\cdots\circ a_{i_n} &= [(a_{i_1}\circ\cdots\circ a_{i_{k-1}})\circ a_1]\circ(a_{i_{k+1}}\circ\cdots\circ a_{i_n}) \\ &= [a_1\circ(a_{i_1}\circ\cdots\circ a_{i_{k-1}})]\circ(a_{i_{k+1}}\circ\cdots\circ a_{i_n}) \\ &= a_1\circ[(a_{i_1}\circ\cdots\circ a_{i_{k-1}})\circ(a_{i_{k+1}}\circ\cdots\circ a_{i_n})] \\ &= a_1\circ(a_2\circ\cdots\circ a_n) = a_1\circ a_2\circ\cdots\circ a_n. \end{aligned}$$

即对 n 个元素无论怎样加括号和交换，其结果都是相等的.

（证毕）

最后再介绍分配律.

定义 3 设集合 M 有两个代数运算$\circ$及$\oplus$.如果对 M 中任意元素 a,b,c，都有

$$a\circ(b\oplus c)=(a\circ b)\oplus(a\circ c),$$

则称运算$\circ$对$\oplus$满足左分配律；如果

$$(b\oplus c)\circ a=(b\circ a)\oplus(c\circ a),$$

则称运算$\circ$对$\oplus$满足右分配律.

定理 3 设集合 M 有两个代数运算$\circ$及$\oplus$，其中$\oplus$满足结合律，而$\circ$对$\oplus$满足左分配律，则对 M 中任意元素 a 及 $b_1,b_2,\cdots,b_n$ 有

$$a\circ(b_1\oplus b_2\oplus\cdots\oplus b_n)=(a\circ b_1)\oplus\cdots\oplus(a\circ b_n).$$

证 对 n 用数学归纳法即可得证.

（证毕）

对右分配律有类似结论，不再赘述.

习题 1.4

1. 设 M 为实数集.问：M 的代数运算

$$a\circ b=2a+3b\quad(\forall a,b\in M)$$

是否满足结合律和交换律？

2. 下列各集合对所规定的代数运算是否满足结合律和交换律？

1) M 为整数集，$a\circ b=a^2+b^2$；

2) M 为有理数集，$a\circ b=a+b-ab$.

3. 数域 F 上全体非零多项式的集合对于 $f(x)\circ g(x)=(f(x),g(x))$ 是否满足结合律和交换律？其中 $(f(x),g(x))$ 表示 $f(x)$ 与 $g(x)$ 的首项系数是 1 的最大公因式.

§5 同态与同构

由于近世代数主要研究具有代数运算的集合，故近世代数很少考察一般的映射，而主要考察与代数运算发生联系的映射，这就是同态映射和同构映射.它们是近世代数中非常重要的概念.

定义 1 设集合 M 与 $\overline{M}$ 各有代数运算$\circ$及$\bar{\circ}$，且 φ 是 M 到 $\overline{M}$ 的一个映射.如果 φ 保持运算，即对 M 中任意元素 a,b，在 φ 之下由

$$a \longrightarrow \bar{a}, \quad b \longrightarrow \bar{b}$$

总可得

$$a \circ b \longrightarrow \bar{a} \mathbin{\bar{\circ}} \bar{b},$$

亦即$\overline{a \circ b}=\bar{a} \mathbin{\bar{\circ}} \bar{b}$ 或$\varphi(a \circ b)=\varphi(a) \mathbin{\bar{\circ}} \varphi(b)$，则称 φ 为代数系统M 到$\overline{M}$ 的一个同态映射.若 φ 又是满射，则称 φ 为同态满射.

如果 M 到 $\overline{M}$ 存在同态满射，则简称 M 与 $\overline{M}$ 同态，记为

$$M \sim \overline{M}.$$

例 1　令 M 是数域 F 上全体 n 阶方阵作成的集合，代数运算是方阵的普通乘法；再令$\overline{M}=F$，代数运算是数的普通乘法.则

$$\varphi: \quad A \longrightarrow \det A$$

是 M 到 $\overline{M}$ 的一个同态映射，且是一个满射.

事实上，φ 是 M 到 $\overline{M}$ 的映射是显然的；又任取 $c \in \overline{M}$，则

$$A=\begin{pmatrix} c & & & \\ & 1 & & \\ & & \ddots & \\ & & & 1 \end{pmatrix} \in M,$$

且 $\varphi(A)=\det A=c$，即 φ 是满射.

又由于 $\det(AB)=\det A \cdot \det B$，即有

$$\varphi(AB)=\varphi(A) \cdot \varphi(B),$$

故 φ 是 M 到 $\overline{M}$ 的一个同态满射.

定理 1　设集合 M 与 $\overline{M}$ 分别有代数运算$\circ$与$\bar{\circ}$，且 $M \sim \overline{M}$，则

1）当$\circ$满足结合律时，$\bar{\circ}$也满足结合律；

2）当$\circ$满足交换律时，$\bar{\circ}$也满足交换律.

证　用 φ 表示 M 到 $\overline{M}$ 的一个同态满射.

1）任取 $\bar{a}, \bar{b}, \bar{c} \in \overline{M}$，由于 φ 是满射，可令

$$a \longrightarrow \bar{a}, \quad b \longrightarrow \bar{b}, \quad c \longrightarrow \bar{c},$$

又由于 φ 是同态映射，故

$$(a \circ b) \circ c \longrightarrow (\overline{a \circ b}) \mathbin{\bar{\circ}} \bar{c}=(\bar{a} \mathbin{\bar{\circ}} \bar{b}) \mathbin{\bar{\circ}} \bar{c},$$

$$a \circ(b \circ c) \longrightarrow \bar{a} \mathbin{\bar{\circ}}(\overline{b \circ c})=\bar{a} \mathbin{\bar{\circ}}(\bar{b} \mathbin{\bar{\circ}} \bar{c}).$$

但$\circ$满足结合律，故$(a \circ b) \circ c=a \circ(b \circ c)$，从而

$$(\bar{a} \mathbin{\bar{\circ}} \bar{b}) \mathbin{\bar{\circ}} \bar{c}=\bar{a} \mathbin{\bar{\circ}}(\bar{b} \mathbin{\bar{\circ}} \bar{c}),$$

即$\bar{\circ}$也满足结合律.

2）类似地，任取 $\bar{a}, \bar{b} \in \overline{M}$，且设

$$a \longrightarrow \bar{a}, \quad b \longrightarrow \bar{b},$$

则有

$$a \circ b \longrightarrow \bar{a}\ \bar{\circ}\ \bar{b},\quad b \circ a \longrightarrow \bar{b}\ \bar{\circ}\ \bar{a}.$$

当$\circ$满足交换律时，$a\circ b=b\circ a$，故亦有 $\bar{a}\ \bar{\circ}\ \bar{b}=\bar{b}\ \bar{\circ}\ \bar{a}$，即$\bar{\circ}$也满足交换律.

（证毕）

定理 2 设集合 M 有代数运算$\circ$及$\oplus$，集合 $\overline{M}$ 有代数运算$\bar{\circ}$及$\overline{\oplus}$；又 φ 是 M 到 $\overline{M}$ 的一个满射，且是关于$\circ$与$\bar{\circ}$以及$\oplus$与$\overline{\oplus}$的同态，则当$\circ$对$\oplus$满足左（右）分配律时，$\bar{\circ}$对$\overline{\oplus}$也满足左（右）分配律.

这个定理的证明方法同定理 1 完全类似，不再重复.

定义 2 设 φ 是 M 到 $\overline{M}$（关于代数运算$\circ$及$\bar{\circ}$）的一个同态满射.如果 φ 又是单射（即 φ 是双射），则称 φ 是 M 到 $\overline{M}$ 的一个同构映射.

如果集合 M 到 $\overline{M}$ 存在同构映射，就说 M 与 $\overline{M}$ 同构，记为$M\cong\overline{M}$.否则，即若 M 到 $\overline{M}$ 不存在任何同构映射，则称 M 与 $\overline{M}$ 不同构.

M 到自身的同态映射，称为 M 的自同态映射，简称 M 的自同态.同样，M 到自身的同构映射，叫做 M 的自同构映射，简称 M 的自同构.

例 2 设 M 是整数集，$\overline{M}$ 是偶数集.则对于数的普通加法来说，映射

$$\varphi:\ n \longrightarrow 2n$$

是 M 到 $\overline{M}$ 的一个同构映射.但对于数的普通乘法来说，φ 不是 M 到 $\overline{M}$ 的同构映射.

例 3 令 M 是正有理数集，代数运算为普通乘法，则法则

$$\varphi:\ a \longrightarrow \frac{1}{a}$$

是 M 的一个自同构.但对普通加法来说，φ 不是 M 的自同构. 因为，例如

$$\varphi(2+3)=\varphi(5)=\frac{1}{5},$$

然而 $\varphi(2)+\varphi(3)=\frac{1}{2}+\frac{1}{3}=\frac{5}{6}\neq\frac{1}{5}$，即

$$\varphi(2+3)\neq\varphi(2)+\varphi(3).$$

同构映射是比较两个代数系统的最有力的工具，它在整个近世代数中起着非常重要的作用.

对任意代数系统 M，因为 M 的恒等映射总是 M 到 M 的一个同构映射，故总有 $M\cong M$.其次，若代数系统 M_1 与 M_2 同构，且

$$\varphi:\ x \longrightarrow y,\quad 即\ \varphi(x)=y\quad (\forall\, x\in M_1)$$

是 M_1 到 M_2 的一个同构映射，则易知 φ 的逆映射

$$\varphi^{-1}:\ y \longrightarrow x,\quad 即\ \varphi^{-1}(y)=x\quad (\forall\, y\in M_2)$$

便是 M_2 到 M_1 的一个同构映射.因此，M_2 与 M_1 也同构.

又若 M_1 与 M_2 同构，M_2 又与代数系统 M_3 同构，且分别设 τ，σ 为它们之间的同构映射，则根据映射的合成知，乘积 $\sigma\tau$ 即

$$\sigma\tau(x)=\sigma(\tau(x))\quad (\forall\, x\in M_1)$$

是 M_1 到 M_3 的映射，且易知是 M_1 到 M_3 的同构映射.因此，

$$M_1 \cong M_3.$$

由于同构映射首先是一个双射，故相互同构的代数系统有相同的势.特别地，当这些代数系统有限时，它们包含的元素个数必相等.

最后，再特别强调一下代数系统同构的意义.

设 $M=\{a,b,c,\cdots\}$ 是一个有代数运算 $\circ$ 的代数系统，而 $\overline{M}=\{\bar{a},\bar{b},\bar{c},\cdots\}$ 是另一个有代数运算 $\bar{\circ}$ 的代数系统.如果 $M\cong\overline{M}$，且在这个同构之下，

$$a\longrightarrow\bar{a},\quad b\longrightarrow\bar{b},\quad c\longrightarrow\bar{c},\quad \cdots,$$

则根据同构的定义，$a\circ b=c$ 当且仅当 $\bar{a}\ \bar{\circ}\ \bar{b}=\bar{c}$.这就是说，除去元素本身的性质、代数运算名称及所用符号不同之外，从运算的性质看，M 与 $\overline{M}$ 并没有任何实质性的差别.更具体地说，就是由 M 仅根据代数运算所推演出来的一切性质和结论，都可以自动地全部转移到与 M 同构的一切代数系统上去.因此，在近世代数中常把同构的代数系统等同起来，甚至有时候不加区分.这正表现出这门学科所研究的问题的实质所在.

以上的同态映射与同构映射是只对有一个代数运算的代数系统来说的，实际上也可以类推到有两个或两个以上代数运算的代数系统上去.对此不再赘述.

习　题　1.5

1. 设 M 为实数集，代数运算是普通乘法.问：以下各映射是否为 M 的自同态映射？是否为自同态满射和自同构映射？说明理由.

1) $x\longrightarrow|x|$；　　2) $x\longrightarrow 2x$；

3) $x\longrightarrow x^2$；　　4) $x\longrightarrow -x$.

2. 设 $\mathbf{Q}$ 是有理数集，代数运算是普通加法.试给出 $\mathbf{Q}$ 的一个除恒等变换以外的自同构.

3. 设集合 M 有代数运算 $\circ$，集合 $\overline{M}$ 有代数运算 $\bar{\circ}$，且 $M\sim\overline{M}$.问：当 $\bar{\circ}$ 满足结合律时，$\circ$ 如何？

§6　等价关系与集合的分类

研究代数系统，除去同态与同构外，还有另一个经常要用到的一般方法，就是把代数系统分成若干个特定子集来加以讨论，这就是集合的分类.它与另一个概念——集合的等价关系有密切的联系.

定义 1　设 M 是一个集合.如果有一个法则 R，它对 M 中任二元素 a,b 可以确定"是"或"不是"符合这个法则，则称此法则为 M 的元素间的一个关系，简称 M 的一个关系.

当元素 a 与 b 符合这一法则时记为 aRb，否则记为 $a\overline{R}b$.

例 1　设 M 是有理数集，$a,b\in M$，规定

$$aRb \iff a+b \text{ 是整数}.$$

这是 M 的一个关系，因为任意两个有理数的和是不是整数，是完全确定的.例如，

由于 $2+\frac{1}{3}=\frac{7}{3}$ 不是整数，故 $2\overline{R}\ \frac{1}{3}$；

由于 $2+3=5$ 是整数，故 $2R3$；

由于 $\frac{1}{2}+\frac{3}{2}=2$ 是整数，故 $\frac{1}{2}R\ \frac{3}{2}$，等等.

例 2 设 M 是实数集，$a,b\in M$，规定

$$aRb \iff a<b.$$

这是 M 的一个关系.例如，

由于 $2<3$，故 $2R3$；

由于 $3\nless 2$，故 $3\overline{R}2$；

由于 $2\nless 2$，故 $2\overline{R}2$，等等.

例 3 设 M 是正有理数集.在 M 中规定

$$\frac{b}{a}R\frac{d}{c} \iff \frac{b+d}{a+c}<1.$$

这不是 M 的一个关系，因为，例如由于

$$\frac{1+3}{2+2}=\frac{4}{4}=1,$$

故 $\frac{1}{2}\overline{R}\frac{3}{2}$.但是，$\frac{1}{2}=\frac{2}{4}$，而

$$\frac{2+3}{4+2}=\frac{5}{6}<1,$$

故又有 $\frac{2}{4}R\frac{3}{2}$，即又有 $\frac{1}{2}R\frac{3}{2}$.

这就是说，$\frac{1}{2}$ 与 $\frac{3}{2}$ 是不是符合所规定的法则，是不确定的.

下面要讨论一种特殊的关系，叫做等价关系.

定义 2 如果集合 M 的一个关系 R 满足以下条件：

1) 对 M 中任意元素 a 都有 aRa；(自反性)

2) 如果 aRb，必有 bRa；(对称性)

3) 如果 aRb，bRc，必有 aRc，(传递性)

则称这个关系是 M 的一个等价关系.

等价关系常用符号～表示.当 $a\sim b$ 时，称 a 与 b 等价.

由上节末所说直接可知，同构关系就是(代数运算个数相同的)所有代数系统间的一个等价关系.

例 4 法则

$$aRb \iff a\mid b$$

虽是整数集 **Z** 的一个关系，但不是等价关系.因为虽然自反性与传递性都成立，但对称性不成立.例如 $2\mid 6$，但 $6\nmid 2$.即 $2R6$，但 $6\overline{R}2$.

例 5 令 **Z** 是整数集，任意取定一个正整数 n，并规定

$$aRb \iff a\equiv b\pmod{n},$$

即 a 与 b 同用 n 除，其余数相等，这显然是 $\mathbf{Z}$ 的一个等价关系.

定义 3　若把集合 M 的全体元素分成若干互不相交的子集(即任二互异子集都无公共元素)，则称每个这样的子集为 M 的一个类；类的全体叫做 M 的一个分类.

集合的分类与集合的等价关系之间有密切的联系.

定理 1　集合 M 的一个分类决定 M 的一个等价关系.

证　对集合 M 的元素规定以下关系：

$$aRb \iff a \text{ 与 } b \text{ 同在一类}.$$

这显然是 M 的一个等价关系.

(证毕)

定理 2　集合 M 的一个等价关系决定 M 的一个分类.

证　下面利用 M 的等价关系～来作出 M 的一个分类.

任取 $a\in M$，与 a 等价的一切元素作成 M 的一个子集，这个子集记为 $\bar{a}$. 由于 $a\sim a$，故 $a\in\bar{a}$，因此，M 中每个元素都一定属于一个类.

下面再证每个元素只属于一个类.

设 $a\in\bar{b}$，$a\in\bar{c}$，则

$$a\sim b,\quad a\sim c.$$

任取 $x\in\bar{b}$，则 $x\sim b$. 由上可得

$$b\sim a,\quad a\sim c,$$

从而 $x\sim c$，即 $x\in\bar{c}$. 于是 $\bar{b}\subseteq\bar{c}$.

同理可证 $\bar{c}\subseteq\bar{b}$. 因此，$\bar{b}=\bar{c}$.

这样，便把 M 的全体元素分成了互不相交的子集，因此，这是 M 的一个分类.

(证毕)

例 6　求由等价关系

$$aRb \iff a\equiv b \pmod 4$$

所决定的整数集 $\mathbf{Z}$ 的分类.

解　由于任何整数用 4 除所得余数只能是 0,1,2,3，故由此可得 $\mathbf{Z}$ 的一个分类. 它把 $\mathbf{Z}$ 分成四个类，它们是

$$\{\cdots,-8,-4,0,4,8,\cdots\},$$
$$\{\cdots,-7,-3,1,5,9,\cdots\},$$
$$\{\cdots,-6,-2,2,6,10,\cdots\},$$
$$\{\cdots,-5,-1,3,7,11,\cdots\}.$$

如果用 $\bar{m}$ 表示整数 m 所在的类，则以上四个类可表示成

$$\bar{0},\bar{1},\bar{2},\bar{3},$$

称它们是以 4 为模的剩余类(或同余类). 显然，两个整数 a 与 b 同在一类，即 $\bar{a}=\bar{b}\iff 4\mid(a-b)$. 从而 $\bar{a}=\overline{a+4q}$，其中 q 为任意整数.

更一般地，可讨论以任意正整数 n 为模的剩余类.

应注意，剩余类很重要，在以后各章还将作进一步讨论.

习 题 1.6

1. 设 M 为整数集,规定

$$aRb \iff 4\mid(a+b).$$

问:R 是否为 M 的一个关系?是否满足自反性、对称性和传递性?

2. 设 M 是实数集.问以下各关系是否为 M 的等价关系?

1) $aRb \iff a\leqslant b$;　　2) $aRb \iff ab\geqslant 0$;

3) $aRb \iff a=b$;　　4) $aRb \iff a^2+b^2\geqslant 0$.

3. 试指出上题中等价关系所决定的分类.

4. 设 φ 是集合 X 到集合 Y 的任一映射,A 与 B 分别为 X 与 Y 的非空子集.证明:

1) $A\subseteq\varphi^{-1}(\varphi(A))$,且当 φ 为单射时等号成立;

2) $\varphi(\varphi^{-1}(B))\subseteq B$,且当 φ 为满射时等号成立.

5. 设 φ 是集合 X 到集合 Y 的一个映射,而 A 与 B 是 X 的任二非空子集.证明:

1) $\varphi(A\cup B)=\varphi(A)\cup\varphi(B)$;　　2) $\varphi(A\cap B)\subseteq\varphi(A)\cap\varphi(B)$.

6. 设 σ 与 τ 分别为集合 A 到 B 以及集合 B 到 C 的映射.证明:

1) 若 σ,τ 都是单射,则 $\tau\sigma$ 是单射;反之,若 $\tau\sigma$ 是单射,则 σ 是单射;

2) 若 σ,τ 都是满射,则 $\tau\sigma$ 是满射;反之,若 $\tau\sigma$ 是满射,则 τ 是满射.

7. 设 σ 是集合 A 到集合 B 的一个映射.证明:

1) σ 是单射 $\iff$ 存在 B 到 A 的映射 τ,使 $\tau\sigma=\varepsilon_A$;

2) σ 是满射 $\iff$ 存在 B 到 A 的映射 τ,使 $\sigma\tau=\varepsilon_B$,

其中 $\varepsilon_A,\varepsilon_B$ 分别为集合 A,B 的恒等映射.

8. 设 A 是一个非空集合,$P(A)$是 A 的幂集,即由 A 的一切子集作成的集合.证明:在 $P(A)$与 A 之间不存在双射.

提示:反证法.若有双射 f,可考虑

$$A_1=\{f(M)\mid M\in P(A),f(M)\notin M\}.$$

自测题

第二章 群

群论有着悠久的历史，现在已发展成为一门范围广泛和内容十分丰富的数学分支，在近世代数和整个数学中占有重要地位.

在19世纪初，数学史上一个长达三世纪之久而未能解决的难题，即五次和五次以上代数方程的根式解问题，被挪威青年数学家N.H.Abel(阿贝尔，1802—1829)和法国青年数学家É.Galois(伽罗瓦，1811—1832)所彻底解决.从而推动了数学的发展，其重要意义是不言而喻的.但更重要的是，他们在解决这一问题时引入了一种新概念和新思想，即置换群，它对今后数学的发展，特别是代数学的发展起着巨大的关键性的作用.因此可以说，Abel和Galois是群论和近世代数的真正创始人.

在Abel和Galois之后，人们逐渐发现，对于这一理论中大多数的本质问题来说，用以构成群的特殊材料——置换——并不重要，重要的只是在于对任意集合里所规定的代数运算性质的研究，即对于我们上一章所说的代数系统的研究.这样一个现在看起来似乎很平凡的发现，实际上是一个很大的突破，它的重要意义在于把置换群的研究推进到了更一般的抽象群的研究上去.这样便把群的研究建立在公理化的基础上，使它的理论变得更加严谨和清晰，从而为这一理论的进一步蓬勃发展开辟了广阔的前景.

在群的抽象化理论中作出贡献的数学家，主要有A.Cayley(凯莱，1821—1895)，F.G.Frobenius(弗罗贝尼乌斯，1849—1917)，A. L. Cauchy(柯西，1789—1857)，C.Jordan(若尔当，1838—1922)和L.Sylow(西罗，1832—1918)等人.

这一章主要介绍群的定义、例子、基本性质和一些特殊群类.

§1 群的定义和初步性质

定义1 如果非空集合G有代数运算$\circ$满足以下条件：

1) 结合律成立，即对G中任意元素a,b,c都有
$$(a\circ b)\circ c=a\circ(b\circ c);$$

2) G中有元素e，叫做G的左单位元，它对G中每个元素a都有
$$e\circ a=a;$$

3) 对G中每个元素a，在G中都有元素a^{-1}，叫做a的左逆元，使

$$a^{-1}\circ a=e,$$

则称 G 对这个代数运算作成一个群.

如果对群 G 中任二元素 a,b 均有

$$a\circ b=b\circ a,$$

即 G 的代数运算满足交换律,则称 G 为交换群(可换群)或Abel 群;否则称 G 为非交换群(非可换群)或非 Abel 群.

例如,显然全体非零有理数以及全体正有理数对于数的普通乘法都作成群,分别称其为非零有理数乘群和正有理数乘群.

但应注意,整数集 **Z** 对于数的普通乘法不能作成群.虽然普通乘法是 **Z** 的代数运算,并且满足结合律,也有左单位元 1,但是,除去 ±1 外其他任何整数在 **Z** 中都没有左逆元.

又显然,数域 F 上全体 n 阶满秩方阵对矩阵的普通乘法(或 F 上 n 维线性空间的全体满秩线性变换对线性变换的乘法)作成一个群,通常称其为 F 上的一般线性群或 F 上的 n 阶线性群,并用 $GL_n(F)$ 表示.

下面再举一些别的例子.

例 1 设 G 为整数集.试问 G 对运算

$$a\circ b=a+b+4$$

是否作成群?

解 由于对任意整数 a,b,显然 $a+b+4$ 为由 a 与 b 唯一确定的整数,故所给运算是 G 的一个代数运算.其次,有

$$\begin{aligned}(a\circ b)\circ c&=(a+b+4)\circ c\\&=(a+b+4)+c+4=a+b+c+8.\end{aligned}$$

同理有 $a\circ(b\circ c)=a+b+c+8$.因此,对 G 中任意元素 a,b,c 都有

$$(a\circ b)\circ c=a\circ(b\circ c),$$

即代数运算$\circ$满足结合律.

又因为对任意整数 a 均有

$$(-4)\circ a=-4+a+4=a,$$

故 -4 是 G 的左单位元.

最后,由于

$$(-8-a)\circ a=-8-a+a+4=-4,$$

故 $-8-a$ 是 a 的左逆元.

因此,整数集对这个代数运算作成一个群.

从这个例子可以看出,一个具体群中的左单位元和元素的左逆元是什么,不一定符合"惯例",这要取决于其代数运算是什么.

例 2 问:由全体正整数作成的集合 G 对运算

$$a\circ b=a^b$$

是否作成群?

解 所给运算显然是全体正整数集合的一个代数运算.但是结合律不成立,因为,例如

$$(2\circ 1)\circ 2=2^1\circ 2=2^2=4,$$
$$2\circ(1\circ 2)=2\circ 1^2=2^1=2,$$

从而$(2\circ1)\circ2\neq2\circ(1\circ2)$.因此,全体正整数对这个代数运算不作成群.

对于一个集合,要考察它是否作成群,不仅要注意它的元素是什么,更应注意它的代数运算是什么.因为同一个集合,对这个代数运算可能作成群,而对另一个代数运算却不一定作成群;即使对两个不同的代数运算同时都作成群,一般来说,也被认为是两个不同的群.

我们知道,一个群的代数运算叫什么名称或用什么符号表示,这是非本质的.因此,在不致发生混淆时,有时为了方便,也常把群的代数运算叫做"乘法",并且往往还把 $a\circ b$ 简记为 $a\cdot b$ 或 ab.

一个群如果只包含有限个元素,则称为有限群;否则称为无限群.

如果一个有限群 G 中所含的元素个数为 n,则称 n 为群 G 的阶,并记为 $|G|=n$.无限群的阶称为无限,被认为是大于任意的正整数.例如,$|G|>1$ 就意味着 G 可能是阶大于 1 的有限群,也可能是无限群.

我们前面所提到的群都是无限群,下面再举几个有限群的例子.

例 3　全体 n 次单位根对于数的普通乘法作成一个群.这个群记为 U_n,并称为 n 次单位根群.

事实上,由于任二 n 次单位根的乘积以及 n 次单位根的逆均仍为 n 次单位根,又 1 是 n 次单位根,故 U_n 作成群,而且是一个 n 阶有限交换群.

以后将知道,n 次单位根群是一种很重要的群.

例 4　令

$$G=\{1,\mathbf{i},\mathbf{j},\mathbf{k},-1,-\mathbf{i},-\mathbf{j},-\mathbf{k}\},$$

并规定 G 的乘法如下:

·	1	**i**	**j**	**k**
1	1	**i**	**j**	**k**
i	**i**	−1	**k**	−**j**
j	**j**	−**k**	−1	**i**
k	**k**	**j**	−**i**	−1

$(-x)y=x(-y)=-xy,-(-x)=x$,其中 $x,y\in\{1,\mathbf{i},\mathbf{j},\mathbf{k}\}$.

显然 G 对这个乘法封闭(即 G 中任二元素之积仍属于 G),故此乘法是 G 的一个代数运算;又 1 是左单位元;每个元素的左逆元也是明显的:因为,1 与 −1 的左逆元均为自身,**i** 与 −**i**(**j** 与 −**j** 以及 **k** 与 −**k**)互为左逆元.

因此,要证明 G 对此乘法作成一个群,关键在于验证结合律成立.由乘法表知,**i**,**j**,**k** 三个元素在乘法中地位相当,故只需验证以下诸等式成立即可:

$$(\mathbf{ii})\mathbf{i}=\mathbf{i}(\mathbf{ii}),\quad (\mathbf{ii})\mathbf{j}=\mathbf{i}(\mathbf{ij}),\quad (\mathbf{ji})\mathbf{i}=\mathbf{j}(\mathbf{ii}),$$
$$(\mathbf{ij})\mathbf{i}=\mathbf{i}(\mathbf{ji}),\quad (\mathbf{ij})\mathbf{k}=\mathbf{i}(\mathbf{jk}).$$

不难验证这五个等式都成立，故 G 对所规定的乘法作成一个群.它是一个 8 阶非交换群，通常称这个群为四元数群.

这个群我们以后还要讨论.

下面来讨论群的一些基本性质.

定理 1　群 G 的左单位元也是右单位元，并且是唯一的.

证　1）设 e 是群 G 的左单位元.由于 G 中每个元素都有左逆元，故对 G 中任意元素 a，有 $a^{-1},a'\in G$，使 $a^{-1}a=e,a'a^{-1}=e$.由此可得

$$\begin{aligned}ae&=e(ae)=a'a^{-1}(ae)=a'(a^{-1}a)e=a'ee=a'e\\&=a'(a^{-1}a)=(a'a^{-1})a=ea=a.\end{aligned}$$

即左单位元 e 也是右单位元.

2）设 e 与 e' 都是群 G 的左单位元.则由上知，e' 也是右单位元，从而有

$$ee'=e',\quad ee'=e.$$

因此，$e'=e$.

（证毕）

以后称 e 为群 G 的单位元.

定理 2　群 G 中的元素 a 的左逆元 a^{-1} 也是 a 的右逆元，并且是唯一的.

证　1）根据 $a^{-1}a=e$，再设 $a'a^{-1}=e$. 于是有

$$\begin{aligned}aa^{-1}&=e(aa^{-1})=a'a^{-1}(aa^{-1})\\&=a'(a^{-1}a)a^{-1}=a'ea^{-1}=a'a^{-1}=e,\end{aligned}$$

即有 $a^{-1}a=aa^{-1}=e$.

2）现设 a^{-1} 与 b 都是 a 的左逆元，则由上知

$$b=be=b(aa^{-1})=(ba)a^{-1}=ea^{-1}=a^{-1},$$

即 $b=a^{-1}$，a 的左逆元是唯一的.

（证毕）

以后称 a^{-1} 为元素 a 的逆元.

因为 $aa^{-1}=a^{-1}a=e$，故 a 便是 a^{-1} 的逆元.因此，$(a^{-1})^{-1}=a$.即 a 与 a^{-1} 互为逆元.

由定理 1 和定理 2 可知，在群定义中可把左单位元改成右单位元，同时把左逆元改成右逆元，而别的条件不动.

当然，也可把左单位元改成单位元，把左逆元改成逆元.不过这时群定义中的条件就不是完全独立的了.

推论 1　在群中消去律成立，即

$$ab=ac\implies b=c,$$

$$ba=ca\implies b=c.$$

这个推论的证明是显然的，因为只需用 a^{-1} 分别从左、右乘二等式两端即得.

下面介绍一种同群有密切关系但比群更广泛的代数系统.

定义 2　设 S 是一个非空集合.如果它有一个代数运算满足结合律，则称 S 是一个半群.

如果半群 S 中有元素 e，它对 S 中任意元素 a 都有

$$ea=a,$$

则称 e 为半群 S 的一个左单位元；如果在 S 中有元素 e'，它对 S 中任意元素 a 都有

$$ae'=a,$$

则称 e' 为 S 的一个右单位元.

如果半群 S 有单位元(既是左单位元又是右单位元)，则称 S 为有单位元的半群，或简称幺半群.

在一个半群中，可能既没有左单位元，也没有右单位元；可能只有左单位元，而没有右单位元；也可能只有右单位元，而没有左单位元.但是，如果既有左单位元又有右单位元，则二者必相等，它就是半群的唯一的单位元.

显然，群必为幺半群，但幺半群却不一定是群.

例 5　正整数集对普通乘法作成一个半群，而且是一个幺半群，1 是它的单位元.

例 6　正整数集对普通加法作成一个半群，它既没有左单位元也没有右单位元.

例 7　设 S 是任一非空集合，对 S 中任意元素 a,b，规定

$$a\circ b=b,$$

则 S 作成一个半群，而且 S 中每个元素都是左单位元.但是当 $|S|>1$ 时，S 没有右单位元.

显然以上三个例子中的半群都不是群.

本节最后介绍一个定理，它实际上是群定义的另一种形式.

定理 3　设 G 是一个半群.则 G 作成群的充要条件是，对 G 中任意元素 a,b，方程

$$ax=b,\quad ya=b$$

在 G 中都有解.

证　设 G 作成群，则

$$x=a^{-1}b,\quad y=ba^{-1}$$

显然分别为两个方程的解.

反之，设对 G 中任意元素 a,b，所给两个方程在 G 中都有解.对 G 中一个固定元素 b，设方程 $yb=b$ 在 G 中的解用 e 表示，即有

$$eb=b.$$

再任取 $a\in G$，设方程 $bx=a$ 在 G 中的解为 c，即有

$$bc=a.$$

于是

$$ea=e(bc)=(eb)c=bc=a,$$

即 e 是 G 的左单位元.

最后，对 G 中任意元素 a，由于方程

$$ya=e$$

在 G 中有解，即 a 在 G 中有左逆元.

因此，G 作成一个群.

（证毕）

显然，在群 G 中方程 $ax=b$ 与 $ya=b$ 的解都是唯一的.

推论 2　有限半群 G 作成群的充要条件是，在 G 中两个消去律成立.

证 必要性显然，下证充分性.

设$|G|=n$，且$G=\{a_1,a_2,\cdots,a_n\}$.今在G中任取元素a,b.若半群G满足消去律，易知

$$G=\{aa_1,aa_2,\cdots,aa_n\}\ni b.$$

于是在G中必有某$aa_j=b(1\leqslant j\leqslant n)$，即方程$ax=b$在$G$中有解.

同理可证方程$ya=b$在G中也有解.故由定理3知G作成群.

（证毕）

在推论2中，要求半群G有限是必要的，因为，例如正整数集对乘法作成半群，消去律也成立，但显然它并不作成群.

如果一个交换群G的代数运算用加号“+”表示，我们常称其为一个加群.这时的单位元改用0表示，并称为G的零元；元素a的逆元用$-a$表示，并称为a的负元.

例如，全体整数对数的普通加法作成一个加群，常称其为整数加群；又如全体有理数，更一般地，任意数环或数域对数的普通加法都作成加群.

但应注意，在一般情况下，我们今后讨论抽象群时，其代数运算不管是否满足交换律，仍用通常的乘号表示或省略这个乘号，并仍称为乘法.

习题 2.1

1. 证明：对群中任意元素a,b，有

$$(ab)^{-1}=b^{-1}a^{-1}.$$

又问：$(ab\cdots c)^{-1}=?$

2. 问：自然数集$\mathbf{N}$对运算

$$a\circ b=a+b+ab$$

是否作成半群、幺半群或群？为什么？

3. 令

$$O_n(\mathbf{R})=\{A\mid A\text{ 为 }n\text{ 阶实正交方阵}\}.$$

证明：$O_n(\mathbf{R})$对于方阵的普通乘法作成一个群（此群常称为实正交群）.

4. 设G是一个群，而u是G中任意一个固定的元素.证明：G对新运算$a\circ b=aub$也作成一个群.

5. 设$G=\{(a,b)\mid a,b\text{ 为实数且 }a\neq 0\}$，并规定

$$(a,b)\circ(c,d)=(ac,ad+b).$$

证明：G对此运算作成一个群.又问：此群是否为交换群？

6. 证明：若群G的每个元素都满足方程$x^2=e$，则G必为交换群.

提示：G中每个元素$a=a^{-1}$.

§2 群中元素的阶

设G是一个群.由于G对乘法满足结合律，因此由第一章可知，在G中任意取定n

个元素 $a_1,a_2,\cdots,a_n$ 后，相乘时不管怎样加括号，其结果都是相等的.所以

$$a_1a_2\cdots a_n$$

总是有意义的，它是 G 中一个确定的元素.

下面我们对群中元素引入指数的概念.

任取 $a\in G$，n 是一个正整数，规定

$$a^0=e,\quad a^n=\overbrace{aa\cdots a}^{n},$$

$$a^{-n}=(a^{-1})^n=\overbrace{a^{-1}a^{-1}\cdots a^{-1}}^{n}.$$

由此不难推出通常熟知的指数运算规则在群中也成立：

$$a^ma^n=a^{m+n},\quad (a^m)^n=a^{mn},$$

其中 m,n 为任意整数.

定义 1 设 a 为群 G 的一个元素，使

$$a^n=e$$

的最小正整数 n，叫做元素 a 的阶.

如果这样的 n 不存在，则称 a 的阶为无限.

元素 a 的阶常用 $|a|$ 表示.

由此可知，群中单位元的阶是 1，而其他任何元素的阶都大于 1.

例 1 $G=\{1,-1,\mathrm{i},-\mathrm{i}\}$（i 是虚数单位）关于数的普通乘法作成一个群，即 4 次单位根群.其中 1 的阶是 1，-1 的阶是 2，i 与 $-\mathrm{i}$ 的阶都是 4.

例 2 在正有理数乘群 $\mathbf{Q}_+$ 中，除单位元的阶是 1 外，其余元素的阶均为无限.

例 3 在非零有理数乘群 $\mathbf{Q}^*$ 中，1 的阶是 1，-1 的阶是 2，其余元素的阶均为无限.

定理 1 有限群中每个元素的阶均有限.

证 设 G 为 n 阶有限群，任取 $a\in G$，则

$$a,\quad a^2,\quad \cdots,\quad a^n,\quad a^{n+1}$$

中必有相等的.设 $a^s=a^t\ (1\leqslant t<s\leqslant n+1)$，则 $a^{s-t}=e$，从而 a 的阶有限.

（证毕）

应注意，无限群中元素的阶可能无限，也可能有限，甚至可能每个元素的阶都有限.

例 4 设 U_i（i 是正整数）是全体 i 次单位根对普通乘法作成的群，即 i 次单位根群.现在令

$$U=\bigcup_{i=1}^{\infty}U_i,$$

则由于一个 m 次单位根与一个 n 次单位根的乘积必是一个 mn 次单位根，故 U 对普通乘法作成一个群，而且是一个无限交换群.

这个无限群中每个元素的阶都有限.

定义 2 若群 G 中每个元素的阶都有限，则称 G 为周期群；若 G 中除单位元 e 外，其余元素的阶均无限，则称 G 为无扭群；既不是周期群又不是无扭群的群称为混合群.

由定理 1 知，有限群都是周期群. 又例 4 中的群 U 是无限周期群；例 2 中的正有理数乘群 $\mathbf{Q}_+$ 为无扭群，例 3 中的非零有理数乘群 $\mathbf{Q}^*$ 为混合群.

定理 2 设群 G 中元素 a 的阶是 n，则

$$a^m=e \iff n\mid m.$$

证 设 $a^m=e$，并令

$$m=nq+r,\quad 0\leqslant r<n. \tag{1}$$

由上式得

$$e=a^m=a^{nq+r}=(a^n)^q a^r=a^r.$$

但由于 $|a|=n$，且 $0\leqslant r<n$，故必有 $r=0$. 从而由(1)知，$n\mid m$.

反之，设 $n\mid m$，且令 $m=nq$，则因 a 的阶是 n，故 $a^m=(a^n)^q=e$.

（证毕）

由此定理显然可知，对群中元素 a，有

$$|a|=n \iff a^n=e\text{ 且若 }a^m=e,\text{则 }n\mid m.$$

定理 3 若群中元素 a 的阶是 n，则

$$|a^k|=\frac{n}{(k,n)},$$

其中 k 为任意整数，(k,n) 为 k 与 n 的最大公因数.

证 设 $(k,n)=d$，且

$$n=dn_1,\quad k=dk_1,\quad (n_1,k_1)=1. \tag{2}$$

则由于 $|a|=n$，故有

$$(a^k)^{n_1}=a^{kn_1}=a^{nk_1}=(a^n)^{k_1}=e.$$

即 $(a^k)^{n_1}=e$.

其次，设 $(a^k)^m=e$，则 $a^{km}=e$. 于是由定理 2 知 $n\mid km$，$n_1\mid k_1 m$. 但 $(n_1,k_1)=1$，故 $n_1\mid m$. 因此，a^k 的阶是 n_1，故由(2)知

$$|a^k|=n_1=\frac{n}{(k,n)}.$$

（证毕）

由定理 3 可立得以下二推论.

推论 1 在群中若 $|a|=st$，则 $|a^s|=t$. 其中 s,t 是正整数.

证 因为 $|a|=st$，故由定理 3 知

$$|a^s|=\frac{st}{(s,st)}=\frac{st}{s}=t,$$

即 $|a^s|=t$.

（证毕）

推论 2 在群中若 $|a|=n$，则

$$|a^k|=n \iff (k,n)=1.$$

定理 4 若群中元素 a 的阶是 m，元素 b 的阶是 n，则当 $ab=ba$ 且 $(m,n)=1$ 时，有 $|ab|=mn$，即 $|ab|=|a|\cdot|b|$.

证 首先，由于 $|a|=m$，$|b|=n$，$ab=ba$，故

$$(ab)^{mn}=(a^m)^n\cdot(b^n)^m=e;$$

其次,若有正整数 s 使$(ab)^s=e$,则便有

$$e=(ab)^{sm}=(a^m)^s b^{sm}=b^{sm}.$$

但是$|b|=n$,故 $n|sm$.又因$(m,n)=1$,故 $n|s$.

同理可得 $m|s$.再根据$(m,n)=1$,故 $mn|s$.从而$|ab|=mn$,即$|ab|=|a|\cdot|b|$.

(证毕)

应该十分注意这个定理中的条件 $ab=ba$,因为当 $ab\neq ba$ 时,a 与 b 乘积的阶会出现各种各样的情况.例如,在有理数域上的二阶线性群 $GL_2(\mathbf{Q})$中,易知

$$a=\begin{pmatrix}0&-1\\1&0\end{pmatrix},\quad b=\begin{pmatrix}0&1\\-1&-1\end{pmatrix}$$

的阶都有限,且分别为 4,3,但其乘积

$$ab=\begin{pmatrix}1&1\\0&1\end{pmatrix}$$

的阶却为无限,即$|ab|\neq|a|\cdot|b|$.这个例子也同时说明,一般来说一个群 G 的全体有限阶元素对 G 的乘法并不封闭.

又例如,仍在群 $GL_2(\mathbf{Q})$中,易知

$$c=\begin{pmatrix}1&2\\0&-2\end{pmatrix},\quad d=\begin{pmatrix}1&0\\0&\frac{1}{2}\end{pmatrix}$$

的阶都无限,但其乘积

$$cd=\begin{pmatrix}1&1\\0&-1\end{pmatrix}$$

的阶却有限,是 2.

至于定理 4 中的条件$(m,n)=1$,则是明显必要的,因为易知群中任何元素 a 与其逆元 a^{-1}有相同的阶,但其乘积 e 的阶则是 1.

由此可见,当元素 a 与 b 不满足定理 4 中的假设条件时,其乘积 ab 的阶将无法根据 a,b 的阶来作出判断.

下面再介绍交换群中元素阶的一个性质.

定理 5 设 G 为交换群,且 G 中所有元素有最大阶 m,则 G 中每个元素的阶都是 m 的因数.从而群 G 中每个元素均满足方程 $x^m=e$.

证 设 G 中元素 a 的阶是 m,b 为 G 中任意一个元素,阶为 n.如果 $n\nmid m$,则必存在素数 p 满足以下等式:

$$m=p^k m_1,\quad p\nmid m_1,$$
$$n=p^t n_1,\quad t>k.$$

由于$|a|=m$,$|b|=n$,故由上面推论 1 知

$$|a^{p^k}|=m_1,\quad |b^{n_1}|=p^t.$$

但由于$(m_1,p^t)=1$且 G 是交换群,故由定理 4 知

$$|a^{p^k}b^{n_1}|=p^t m_1>p^k m_1=m.$$

这与 m 是 G 中所有元素的最大阶矛盾，因此，$n|m$.从而由定理 2 知，群 G 中每个元素都满足方程 $x^m=e$.

（证毕）

本定理中要求 G 为交换群是必要的，因为在后面 §6 将看到三元对称群 S_3 就不满足这个定理（S_3 中元素的最大阶是 3，而它有 2 阶元素）.

习题 2.2

1. 证明群中以下每组中的元素有相同的阶：

1) a,a^{-1},cac^{-1}；　2) ab,ba；

3) abc,bca,cab.

2. 设 G 是群，且 $|G|>1$.证明：若 G 中除单位元 e 外其余元素的阶都相同，则这个相同的阶不是无限就是一个素数.

3. 证明：

1) 在一个有限群里，阶大于 2 的元素的个数一定是偶数；

2) 偶数阶群中阶等于 2 的元素的个数一定是奇数.

4. 设群 G 中元素 a 的阶为 n.证明：

$$a^s=a^t \iff n|(s-t).$$

5. 设群 G 中元素 a 的阶是 mn，且 $(m,n)=1$.证明：在 G 中存在元素 b,c，使

$$a=bc=cb,\quad |b|=m,\quad |c|=n,$$

并且这样的 b,c 还是唯一的.

提示：利用 $ms+nt=1$，并令 $b=a^{nt}$.

§3 子　群

子群的概念是群论中一个基本概念，群论的全部内容都在不同程度上和子群有联系.特别是，有时要根据子群的各种特征来对群进行分类，即根据子群来研究群，这也是研究群的重要方法之一.

定义 1　设 G 是一个群，H 是 G 的一个非空子集.如果 H 本身对 G 的乘法也作成一个群，则称 H 为群 G 的一个子群.

如果 $|G|>1$，则群 G 至少有两个子群，一个是只由单位元 e 作成的子群 $\{e\}$（以后常简记为 e），另一个是 G 本身.这两个子群称为群 G 的平凡子群.别的子群，如果存在的话，叫做群 G 的非平凡子群或真子群.

当 H 是群 G 的子群时，简记为 $H\leqslant G$；若 H 是 G 的真子群，则简记为 $H<G$.

例 1　正有理数乘群是非零有理数乘群的一个子群，正实数乘群又是非零实数乘群的子群.

例 2　全体偶数或全体 3 的整倍数，更一般地，全体 n 的整倍数（n 是一个固定整

数)作成的集合

$$\{\cdots,-3n,-2n,-n,0,n,2n,3n,\cdots\}$$

都是整数加群的子群.

例 3 数域 F 上全体 n 阶满秩对角矩阵的集合 G_1 是 F 上一般线性群 $GL_n(F)$ 的一个子群,又 F 上一切标量矩阵 aE ($0\neq a\in F$,E 为 n 阶单位方阵)的集合 G_2 是 G_1 的一个子群,当然也是群 $GL_n(F)$ 的一个子群.

定理 1 设 G 是群,$H\leqslant G$.则子群 H 的单位元就是群 G 的单位元,H 中元素 a 在 H 中的逆元就是 a 在 G 中的逆元.

证 设 e' 是子群 H 的单位元,e 是群 G 的单位元,则

$$e'e'=e'=e'e,$$

于是由消去律知,$e'=e$.

同样,若 a' 是 a 在 H 中的逆元,a^{-1} 是 a 在 G 中的逆元,则

$$a'a=a^{-1}a=e,$$

于是由消去律得 $a'=a^{-1}$.

(证毕)

由下面定理可知,判断群的一个子集是不是作成子群,不必验证群定义中的所有条件.

定理 2 群 G 的一个非空子集 H 作成子群的充要条件是

1) $a,b\in H \implies ab\in H$;

2) $a\in H \implies a^{-1}\in H$.

证 设 $H\leqslant G$,则 G 的代数运算也是 H 的代数运算,因此,当 $a,b\in H$ 时,有 $ab\in H$.

其次,当 $a\in H$ 时由定理 1 知,$a^{-1}\in H$.

反之,设 1)与 2)两个条件满足,则 1)说明 G 的代数运算也是 H 的代数运算;结合律在 G 中成立当然在 H 中也成立;又根据 2),当 $a\in H$ 时 $a^{-1}\in H$,从而再由 1)得

$$aa^{-1}=e\in H,$$

即 H 中有单位元 e,且每个元素都有逆元.从而 H 是 G 的一个子群.

(证毕)

我们还可以进一步将定理 2 的两个条件合并成一个条件.

定理 3 群 G 的非空子集 H 作成子群的充要条件是

$$a,b\in H \implies ab^{-1}\in H.$$

证 设 $H\leqslant G$,则当 $a,b\in H$ 时由定理 2 知,$b^{-1}\in H$,从而

$$ab^{-1}\in H.$$

反之,设当 $a,b\in H$ 时 $ab^{-1}\in H$.则若 $a\in H$,便有

$$aa^{-1}=e\in H,\quad a^{-1}=ea^{-1}\in H.$$

于是当 $a,b\in H$ 时有 $a,b^{-1}\in H$,从而

$$ab=a(b^{-1})^{-1}\in H.$$

故由定理 2 知,$H\leqslant G$.

(证毕)

这个定理中的条件

$$a,b\in H \implies ab^{-1}\in H$$

显然也可以改写成

$$a,b\in H \implies a^{-1}b\in H.$$

由于消去律在群 G 中成立，自然也在其子集 H 中成立，因此由本章§1 推论 2 知，群 G 的有限子集 H 作成子群的充要条件是，H 对 G 的乘法封闭，即

$$a,b\in H \implies ab\in H.$$

例 4 令 H 为数域 F 上行列式等于 1 的全体 n 阶方阵作成的集合.由于

$$\det A=\det B=1 \implies \det(AB^{-1})=1,$$

即由 $A,B\in H$ 可得 $AB^{-1}\in H$，故 H 作成数域 F 上一般线性群 $GL_n(F)$ 的一个子群.

这个子群常记为 $SL_n(F)$，并称为 F 上的特殊线性群.

定义 2 令 G 是一个群，G 中元素 a 如果同 G 中每个元素都可换，则称 a 是群 G 的一个中心元.

群 G 的单位元 e 总是群 G 的中心元，除 e 外可能还有别的中心元.若群 G 的中心元只有 e，则称 G 为无中心群.

交换群的每个元素都是中心元.另外易知，数域 F 上一般线性群 $GL_n(F)$ 除去单位元外还有别的中心元(例如标量矩阵)，但当 $n>1$ 时显然也有非中心元.

定理 4 群 G 的全体中心元作成的集合 $C(G)$ 是 G 的一个子群，称为群 G 的中心.

证 因为 $e\in C(G)$，故 $C(G)$ 非空.又设 $a,b\in C(G)$，则对 G 中任意元素 x 都有

$$ax=xa,\quad bx=xb.$$

由此二等式立即可得

$$(ab)x=x(ab),\quad xa^{-1}=a^{-1}x.$$

故 $ab,a^{-1}\in C(G)$，从而 $C(G)\leqslant G$.

(证毕)

群 G 的中心显然是 G 的一个交换子群，又显然 G 是交换群当且仅当 $C(G)=G$.

群 G 的中心在不发生混淆时也常简记为 C.

定义 3 设 A,B 是群 G 的任二非空子集，规定

$$AB=\{ab\mid a\in A,b\in B\},\quad A^{-1}=\{a^{-1}\mid a\in A\},$$

并分别称 AB 为 A 与 B 的乘积，A^{-1} 为 A 的逆.

由此易知，对群的任意三个非空子集 A,B,C 均有

$$(AB)C=A(BC),\quad A(B\cup C)=AB\cup AC,$$

$$(AB)^{-1}=B^{-1}A^{-1},\quad (A^{-1})^{-1}=A.$$

另外，由定理 2 和定理 3 可直接得到以下两个推论.

推论 1 设 H 是群 G 的一个非空子集，则

$$H\leqslant G \iff HH=H \text{ 且 } H^{-1}=H.$$

证 设 $H\leqslant G$，则 $HH=H$ 显然.又若 $a\in H$，则必有 $a^{-1}\in H$，从而

$$a=(a^{-1})^{-1}\in H^{-1},$$

故 $H\subseteq H^{-1}$.类似可证 $H^{-1}\subseteq H$，故 $H^{-1}=H$.

反之，设 $HH=H,H^{-1}=H$.则由 $HH=H$ 知 H 对 G 的乘法封闭.另外，若 $a\in$

H，则 $a\in H^{-1}$.于是有 $b\in H$ 使

$$a=b^{-1},\quad a^{-1}=b\in H.$$

于是由定理 2 知，$H\leqslant G$.

（证毕）

类似有

推论 2 设 H 是群 G 的一个非空子集，则

$$H\leqslant G\iff HH^{-1}=H.$$

特别地，若 H 是群 G 的一个非空有限子集，则

$$H\leqslant G\iff HH=H.$$

以后将会看到，一个群的两个子群的乘积一般不再是子群.但在一定条件下可以是子群.

定理 5 设 H,K 是群 G 的两个子群，则

$$HK\leqslant G\iff HK=KH.$$

证 1）设 $HK\leqslant G$，则由推论 1 知

$$(HK)^{-1}=HK.$$

但因 H,K 都是子群，故 $H^{-1}=H,K^{-1}=K$. 于是又有

$$(HK)^{-1}=K^{-1}H^{-1}=KH.$$

因此，$HK=KH$.

2）设 $HK=KH$，则有

$$\begin{aligned}(HK)(HK)^{-1}&=(HK)(K^{-1}H^{-1})=HKKH\\&=HKH=HHK=HK.\end{aligned}$$

从而由推论 2 知，$HK\leqslant G$.

（证毕）

应该注意的是，本定理中的条件 $HK=KH$ 是两个集合的相等，并不是说 H 中的任何元素与 K 中任何元素相乘时可以交换.当然，对于交换群则另当别论.交换群的任二子群之积必仍为子群.

习 题 2.3

1. 证明：群 G 的任意个子群的交仍是 G 的一个子群.

2. 设 H 是群 G 的一个非空子集，且 H 中每个元素的阶都有限.证明：$H\leqslant G$ 当且仅当 H 对 G 的乘法封闭.

3. 证明：交换群中所有有限阶元素作成一个子群.又，对非交换群如何？

4. 证明：一般线性群 $GL_n(F)$ 的中心是一切标量矩阵 $aE\,(0\neq a\in F)$ 作成的子群.

5. 设 G 是群，$H\leqslant G$，又 $a\in G,a^m,a^n\in H$，其中 m,n 是两个整数.证明：若 $(m,n)=1$，则

$$a\in H.$$

6. 设 G 是一个阶大于 2 的群，且 G 的每个元素都满足方程 $x^2=e$.证明：G 必含有 4 阶子群.

提示：可利用定理 5 及习题 2.1 第 6 题.

7. 证明:任何群都不能是两个真子群的并.

提示:利用反证法.

§4　循　环　群

循环群是一种很重要的群,也是一种已经被完全解决了的群.就是说,这种群的元素表达方式和运算规则,以及在同构意义下这种群有多少个和它们子群的状况等,都完全研究清楚了.

设 M 是群 G 的任意一个非空子集,G 中包含 M 的子群总是存在的,例如 G 本身就是一个.当然,一般来说,G 中可能还有别的子群也包含 M.现在用 $\langle M\rangle$ 表示 G 中包含 M 的一切子群的交,则 $\langle M\rangle$ 仍是 G 中包含 M 的一个子群,而且 G 中任何一个子群只要包含 M,就必然包含 $\langle M\rangle$.所以 $\langle M\rangle$ 是群 G 中包含 M 的最小子群.

定义 1　称 $\langle M\rangle$ 为群 G 中由子集 M 生成的子群,并把 M 叫做这个子群的生成系.

一个群或子群可能有很多的生成系,甚至可能有无限多个生成系.

集合 M 中的元素可以是无限个,也可以是有限个.当

$$M=\{a_1,a_2,\cdots,a_n\}$$

时,把 $\langle M\rangle$ 简记为 $\langle a_1,a_2,\cdots,a_n\rangle$.特别地,当 $M=\{a\}$ 时,则记作

$$\langle M\rangle=\langle a\rangle.$$

定义 2　如果群 G 可以由一个元素 a 生成,即 $G=\langle a\rangle$,则称 G 为由 a 生成的一个循环群,并称 a 为 G 的一个生成元.

于是,$\langle a\rangle$ 是由一切形如

$$a^k(k\ 是任意整数)$$

的元素作成的群,亦即

$$\langle a\rangle=\{\cdots,a^{-3},a^{-2},a^{-1},a^0,a^1,a^2,a^3,\cdots\}.$$

易知,循环群必是交换群.

若群的代数运算用加号表示,则指数应变成倍数,从而由 a 生成的循环群应表示为

$$\langle a\rangle=\{\cdots,-3a,-2a,-a,0,a,2a,3a,\cdots\}.$$

例 1　整数加群 $\mathbf{Z}$ 是无限循环群.

事实上,$1\in\mathbf{Z}$,又对任意整数 n,有

$$n=n\cdot 1,$$

故 $\mathbf{Z}=\langle 1\rangle$.即 $\mathbf{Z}$ 是一个无限循环群,1 是它的一个生成元.另外易知,-1 也是它的一个生成元.

例 2　n 次单位根群 U_n 是一个 n 阶循环群.

事实上,设 ε 是一个 n 次原根,则 ε 是 U_n 的一个生成元,且

$$U_n=\langle\varepsilon\rangle=\{1,\varepsilon,\varepsilon^2,\cdots,\varepsilon^{n-1}\}.$$

这 n 个复数 $1,\varepsilon,\cdots,\varepsilon^{n-1}$ 是互异的,而对任意整数 k,ε^k 必与这 n 个复数中的一个相等.

定理 1 设 $G=\langle a\rangle$ 为任一循环群，则

1）当 $|a|=\infty$ 时，$G=\langle a\rangle=\{\cdots,a^{-2},a^{-1},e,a,a^2,\cdots\}$ 为无限循环群，且与整数加群 **Z** 同构；

2）当 $|a|=n$ 时，$G=\langle a\rangle=\{e,a,a^2,\cdots,a^{n-1}\}$ 为 n 阶循环群，且与 n 次单位根群 U_n 同构.

证 1）设 $|a|=\infty$，并令

$$\varphi:\quad a^m \longrightarrow m.$$

因若 $a^s=a^t$，则 $a^{s-t}=e$，但 $|a|=\infty$，故必有 $s=t$.因此，φ 是 $G=\langle a\rangle$ 到 **Z** 的一个映射，且显然是双射.又因在 φ 之下有

$$a^s\cdot a^t=a^{s+t}\longrightarrow s+t,$$

故 φ 为无限循环群 $G=\langle a\rangle$ 到整数加群 **Z** 的一个同构映射，因此

$$G=\langle a\rangle=\{\cdots,a^{-2},a^{-1},e,a,a^2,\cdots\}\cong \mathbf{Z}.$$

2）当 $|a|=n$ 时，显然 $e,a,a^2,\cdots,a^{n-1}$ 互异.又对任意整数 m，设

$$m=nq+r,\quad 0\leqslant r<n,$$

则 $a^m=(a^n)^q\cdot a^r=ea^r=a^r\in\{e,a,a^2,\cdots,a^{n-1}\}$.故此时

$$G=\langle a\rangle=\{\cdots,a^{-2},a^{-1},e,a,a^2,\cdots\}=\{e,a,a^2,\cdots,a^{n-1}\}$$

是 n 阶循环群，且易知

$$\tau:\quad a^m\longrightarrow \varepsilon^m\quad(\varepsilon\text{ 为 }n\text{ 次原根})$$

是 $G=\langle a\rangle$ 到 n 次单位根群 $U_n=\{1,\varepsilon,\cdots,\varepsilon^{n-1}\}$ 的一个同构映射，因此

$$G=\langle a\rangle\cong U_n.$$

（证毕）

由于群间的同构关系具有自反性、对称性和传递性，故此定理说明，凡无限循环群都彼此同构，凡有限同阶循环群都彼此同构.而不同阶的群，由于不能建立双射，当然不同构.

这样，抽象地看，即在同构意义下，循环群只有两种，即整数加群和 n 次单位根群，这里 n 是任意正整数.

推论 1 n 阶群 G 是循环群 $\Longleftrightarrow$ G 有 n 阶元素.

证 设 $G=\langle a\rangle$ 是 n 阶循环群，则由定理 1 知，生成元 a 的阶是 n.

反之，设 G 有 n 阶元素 a，则易知

$$H=\{e,a,\cdots,a^{n-1}\}$$

是 G 的一个 n 阶子群.但 G 的阶也是 n，故

$$G=H=\langle a\rangle.$$

（证毕）

由此推论可知，n 阶循环群的一个元素是不是生成元，就看这个元素的阶是不是 n.

定理 2 无限循环群 $\langle a\rangle$ 有两个生成元，即 a 与 a^{-1}；n 阶循环群有 $\varphi(n)$ 个生成元，其中 $\varphi(n)$ 为 Euler（欧拉）函数.

证 当 $|a|=\infty$ 时，$\langle a\rangle$ 只有两个生成元 a 与 a^{-1} 是显然的.

当 $|a|=n$ 时，元素 $a^k\,(0<k<n)$ 是 $\langle a\rangle$ 的生成元当且仅当 a^k 的阶也是 n，亦即

$(k,n)=1$.从而$\langle a\rangle$有$\varphi(n)$个生成元.

（证毕）

例如,4,5,6 阶循环群分别有

$$\varphi(4)=2,\quad \varphi(5)=4,\quad \varphi(6)=2$$

个生成元.

本节最后,我们来讨论循环群的子群.

定理 3 循环群的子群仍为循环群.

证 设 H 是循环群$\langle a\rangle$的任一子群.若 $H=\{e\}$,H 当然是循环群.下设 $H\neq\{e\}$.由于当 $a^m\in H$ 时必有 $a^{-m}\in H$,故可设 a^m 为 H 中 a 的最小正幂,于是

$$\langle a^m\rangle\subseteq H.$$

另一方面,任取 $a^s\in H$,令

$$s=mq+r,\quad 0\leqslant r<m.$$

则由于 $a^s,a^m\in H$,故

$$a^r=a^{s-mq}=a^s\cdot(a^m)^{-q}\in H.$$

但 a^m 是 H 中 a 的最小正幂,故必有 $r=0$.从而由上知

$$a^s=(a^m)^q\in\langle a^m\rangle,$$

于是又有 $H\subseteq\langle a^m\rangle$.因此

$$H=\langle a^m\rangle,$$

即子群 H 也是循环群.

（证毕）

定理 4 无限循环群 $G=\langle a\rangle$有无限多个子群;当 $G=\langle a\rangle$为 n 阶循环群时,对 n 的每个正因数 k,G 有且只有一个 k 阶子群,这个子群就是$\langle a^{\frac{n}{k}}\rangle$.

证 1) 设$|a|=\infty$,则易知

$$\langle e\rangle,\quad \langle a\rangle,\quad \langle a^2\rangle,\quad \cdots$$

是 G 的全部互不相同的子群.且除$\langle e\rangle$外都是无限循环群,从而彼此同构.

2) 设$|a|=n$,$k\mid n$ 且

$$n=kq. \tag{1}$$

则$|a^q|=k$,从而$\langle a^q\rangle$是 G 的一个 k 阶子群.

又设 H 也是 G 的一个 k 阶子群,则由定理 3,设 $H=\langle a^m\rangle$,则$|a^m|=k$.但由§2 知,a^m 的阶是$\dfrac{n}{(m,n)}$,故

$$\frac{n}{(m,n)}=k,\quad n=k(m,n). \tag{2}$$

由(1)式与(2)式得 $q=(m,n)$,$q\mid m$.从而

$$a^m\in\langle a^q\rangle,\quad \langle a^m\rangle\subseteq\langle a^q\rangle.$$

但由于$\langle a^q\rangle$与$\langle a^m\rangle$的阶相同,故

$$H=\langle a^m\rangle=\langle a^q\rangle=\langle a^{\frac{n}{k}}\rangle,$$

即 $G=\langle a\rangle$的 k 阶子群是唯一的.

（证毕）

设 n 是大于 1 的整数，且

$$n=p_1^{k_1}p_2^{k_2}\cdots p_m^{k_m}$$

为 n 的标准分解式.易知 n 共有

$$T(n)=(k_1+1)(k_2+1)\cdots(k_m+1)$$

个正因数，这里 $T(n)$ 表示 n 的正因数的个数.于是由以上定理直接可得以下推论.

推论 2 n 阶循环群有且仅有 $T(n)$ 个子群.

例如，4，5，6 阶循环群分别有 3，2，4 个子群.

这样，通过以上两个定理，对循环群的子群的情况，我们也是了解得很清楚的.

习题 2.4

1. 设 $G=\langle a\rangle$ 为 6 阶循环群.给出 G 的一切生成元和 G 的所有子群.
2. 设群中元素 a 的阶无限.证明：

$$\langle a^s\rangle=\langle a^t\rangle \iff s=\pm t.$$

3. 设群中元素 a 的阶是 n.证明：

$$\langle a^s\rangle=\langle a^t\rangle \iff (s,n)=(t,n).$$

4. 设 a,b 是群 G 中两个有限阶元素且

$$ab=ba,\quad (|a|,|b|)=1.$$

证明：$\langle a,b\rangle=\langle ab\rangle$.

提示：利用本章 §2 定理 4.

5. 设 p 是一个素数，$G_p=\bigcup\limits_{i=1}^{\infty}U_{p^i}$，其中 U_{p^i} 是 p^i 次单位根群.证明：

1) G_p 关于数的普通乘法作成一个群；

2) G_p 的真子群只有 U_{p^i}，$i=1,2,\cdots$.

§5 变换群

本节介绍一种同任何群都有密切联系，从而具有广泛意义的群.

设 M 是任意一个非空集合，则由第一章可知，M 的全体变换关于变换的乘法作成一个半群.我们将较为深入地讨论这个半群的一些重要的子群.

定义 1 设 M 是一个非空集合.则由 M 的一些变换关于变换的乘法所作成的群，称为 M 的一个变换群；由 M 的若干个双射变换关于变换的乘法作成的群，称为 M 的一个双射变换群；由 M 的若干个非双射变换关于变换的乘法作成的群，称为 M 的一个非双射变换群.

当然，M 的双射变换群与非双射变换群都是 M 的变换群.

例 1 设 $|M|>1$，并取定 $a\in M$.则易知

$$\tau:\quad x\longrightarrow a\quad (\forall x\in M)$$

是 M 的一个非双射变换,并且 $\tau^2=\tau$.从而 $G=\{\tau\}$ 作成 M 的一个非双射变换群.

至于 M 的双射变换群,当然也是存在的.

定理 1　设 M 为任一非空集合,$S(M)$为由 M 的全体双射变换作成的集合.则 $S(M)$关于变换的乘法作成一个群.

证　由第一章知道,变换的乘法是 $S(M)$的代数运算且满足结合律.又恒等变换为其单位元且双射变换的逆变换也是双射变换,因此 $S(M)$关于变换的乘法作成一个群.

(证毕)

定义 2　称集合 M 的双射变换群 $S(M)$为 M 上的对称群.当 $|M|=n$ 时,其上的对称群用 S_n 表示,并称为 n 元对称群.

显然,M 的任何双射变换群都是 M 上对称群 $S(M)$的一个子群,即 M 上的对称群是 M 的最大的双射变换群.另外由第一章可知,n 元对称群 S_n 是一个阶为 $n!$ 的有限群.

定理 2　设 G 是集合 M 的一个变换群.则

$$G\text{ 是双射变换群} \iff G\text{ 含有 }M\text{ 的单(满)射变换.}$$

证　必要性显然,下证充分性.

设 G 含有 M 的单射变换 σ,下证 G 中每个元素必为 M 的双射变换.

1) 先证 G 的单位元必是 M 的恒等变换.

设 ε 是变换群 G 的单位元,于是 $\sigma\varepsilon=\sigma$.从而

$$\sigma(\varepsilon(x))=\sigma\varepsilon(x)=\sigma(x)\quad(\forall x\in M).$$

但 σ 是 M 的单射变换,故必有 $\varepsilon(x)=x(\forall x\in M)$.即 ε 是 M 的恒等变换(注意,这当然也说明双射变换群的单位元必是恒等变换).

2) 再证变换群 G 中元素都是 M 的双射变换.

在 G 中任取元素 τ,其逆元用 τ^{-1} 表示,它是 M 的一个变换且

$$\tau^{-1}\tau=\tau\tau^{-1}=\varepsilon.$$

由此可得:若 $\tau(x)=\tau(y)(x,y\in M)$,则必有

$$\tau^{-1}(\tau(x))=\tau^{-1}(\tau(y)),\quad \text{即 }\tau^{-1}\tau(x)=\tau^{-1}\tau(y),$$

从而 $\varepsilon(x)=\varepsilon(y)$,$x=y$.即 τ 是 M 的单射变换.

又由于 $\tau(\tau^{-1}(x))=\tau\tau^{-1}(x)=\varepsilon(x)=x$,即 M 中任意元素 x 在 τ 之下都有逆像,故 τ 又是 M 的满射变换. 因此,τ 是 M 的双射变换.从而 G 是 M 的一个双射变换群.

当 G 含有 M 的满射变换时,可类似证明.

(证毕)

定理 2 的一个直接结果是以下推论.

推论 1　设 G 是集合 M 的一个变换群.则

$$G\text{ 是双射变换群} \iff G\text{ 包含恒等变换.}$$

根据定义 1,一个非双射变换群当然不能包含任何双射变换. 而定理 2 则进一步说明,非双射变换群连任何单射或满射变换也不能包含.就是说在集合 M 的任何变换群中,不可能既含有 M 的双射变换又含有 M 的非双射变换.因此,不是双射变换群的变换群,就必然是非双射变换群.

由此显然可知,如果$|M|>1$,则集合 M 的全体变换的集合$T(M)$只能作成幺半群而不能作成群.

例 2 设$M=\{1,2,3,4\}$.证明:M 的以下二变换

$$\alpha=\begin{pmatrix}1&2&3&4\\1&1&3&4\end{pmatrix},\quad \beta=\begin{pmatrix}1&2&3&4\\1&1&4&3\end{pmatrix}$$

作成 M 的一个非双射变换群.

证 令$G=\{\alpha,\beta\}$,则易知

$$\alpha^2=\beta^2=\alpha,\quad \alpha\beta=\beta\alpha=\beta.$$

因此,G 关于变换的乘法封闭,且 α 是 G 的单位元,α 与 β 的逆元均为自身,故 G 作成群.

又因为 α 与 β 都是 M 的非双射变换,故 G 是 M 的一个非双射变换群.

(证毕)

这是有限集合上的一个非双射变换群.下面再举一个无限集合上的非双射变换群.

例 3 令$M=\{(x,y)\mid x,y$ 为实数$\}$,且对任意实数 a 规定

$$\tau_a:\quad (x,y)\longrightarrow(x+a,0)\quad (\forall (x,y)\in M),$$

证明:$G=\{\tau_a\mid a$ 为实数$\}$作成 M 的一个非双射变换群.

证 τ_a 显然是M 的一个非双射变换.易知

$$\tau_a\tau_b=\tau_{a+b}\in G,$$

即 G 对变换乘法封闭.又 τ_0 是 G 的单位元,且 τ_a 在 G 中有逆元 τ_{-a},故 G 作成群,从而是无限集 M 的一个非双射变换群.

(证毕)

***例 4** 设 M 为整数集.现对任意整数 n 规定

$$\tau_n:\quad x\longrightarrow x+n\quad (\forall x\in M),$$

并令$G=\{\tau_n\mid n\in M\}$.证明:G 是 M 的一个双射变换群,但非 M 上的对称群.

证 首先易知 τ_n 是M 的双射变换,故 $G\subseteq S(M)$.

其次,任取 $\tau_s,\tau_t\in G$,则

$$\tau_s\tau_t(x)=\tau_s(x+t)=x+s+t=\tau_{s+t}(x)\quad (\forall x\in M),$$

即 $\tau_s\tau_t=\tau_{s+t}\in G$.又因为

$$\tau_{-n}\tau_n(x)=x\quad (\forall x\in M),$$

故 $\tau_{-n}\tau_n=\tau_0=\varepsilon$,即 $\tau_n^{-1}=\tau_{-n}\in G$.因此,$G\leqslant S(M)$.从而 G 是 M 的一个双射变换群.

再由于 $\tau:x\longrightarrow -x$ 是 M 的一个双射变换,但易知 $\tau\notin G$,故 G 不是 M 上的对称群.

(证毕)

最后来建立抽象群同变换群之间的联系.

定理 3(A.Cayley) 任何群都同一个(双射)变换群同构.

证 设 G 是任意一个给定的群.任取 $a\in G$,并令

$$\tau_a:\quad x\longrightarrow ax\quad (\forall x\in G),$$

即 $\tau_a(x)=ax$.则易知 τ_a 是 G 的一个双射变换.

现在令 $\overline{G}=\{\tau_a \mid a\in G\}$，并任取 $\tau_a,\tau_b\in\overline{G}$，则

$$\begin{aligned}\tau_a\tau_b(x)&=\tau_a(bx)=a(bx)\\&=(ab)x=\tau_{ab}(x)\quad(\forall x\in G).\end{aligned}$$

因此，

$$\tau_a\tau_b=\tau_{ab}\in\overline{G}.\tag{1}$$

从而 $\tau_{a^{-1}}\tau_a=\tau_e,\tau_a^{-1}=\tau_{a^{-1}}\in\overline{G}$. 故 $\overline{G}\leqslant S(G)$. 即 $\overline{G}$ 是 G 的一个双射变换群.

又显然

$$\varphi:\quad a\longrightarrow\tau_a\quad(\forall a\in G),$$

即 $\varphi(a)=\tau_a$ 是 G 到 $\overline{G}$ 的一个双射，而且由(1)式知

$$\varphi(ab)=\varphi(a)\varphi(b),$$

即 φ 是群 G 到双射变换群 $\overline{G}$ 的一个同构映射，故 $G\cong\overline{G}$.

（证毕）

由这个定理可立即得以下推论.

推论 2 任何 n 阶有限群都与 n 元对称群 S_n 的一个子群同构.

变换群，特别是 n 元对称群，是一种相对具体的群. 以上定理及推论表明，任何一个抽象群都可以找到一个具体的群与它同构. 而同构的群，我们曾说过，除了元素的差别外，就其代数性质，即由代数运算而产生的性质来说，是完全一致的.

尽管如此，但实践表明，研究这种相对具体的群有时并不比研究一些抽象群来得简单.

习 题 2.5

1. 设 $M=\{1,2,3,4\}$，$H=\{\tau,\sigma\}$，其中

$$\tau=\begin{pmatrix}1&2&3&4\\1&1&3&4\end{pmatrix},\quad \sigma=\begin{pmatrix}1&2&3&4\\1&1&3&3\end{pmatrix}.$$

问：H 关于变换的乘法是否作成有单位元的半群？是否作成群？

2. 设 M 为正整数集，而

$$\tau:\quad 1\longrightarrow 1,n\longrightarrow n-1\quad(n>1);\quad \sigma:\quad n\longrightarrow n+1\quad(\forall n\in M).$$

问：$\tau\sigma$ 与 $\sigma\tau$ 各为何？是否相等？

3. 设 M 为有理数集，又令

$$\tau_{(a,b)}:\quad x\longrightarrow ax+b\quad(a,b,x\in M,\text{但 } a\neq 0).$$

问：$G=\{\tau_{(a,b)}\mid 0\neq a,b\in M\}$ 关于变换的乘法是否作成群？是 M 的双射变换群还是非双射变换群？

4. 设 $|M|>1$. 证明：集合 M 的全体非双射变换关于变换的乘法不能作成群.

5. 证明：对任何固定的正整数 n，互不同构的 n 阶群只有有限个.

提示：利用 Cayley 定理.

§6 置 换 群

置换群是群论中很重要的一类群，前面已说过，群论最早就是从研究置换群开始的.利用这种群，Galois 成功地解决了代数方程是否可用根式求解的问题.Galois 在这方面的工作，现在已发展成为代数学中一种专门的理论——Galois 理论.

置换群之所以重要，不仅因为它是最早被研究的一类群，而且因为它是一类重要的非交换群，特别是由上节知，每个有限的抽象群都与一个置换群同构.

这一节我们来讨论置换群的基本性质.

定义 1　n 元对称群 S_n 的任意一个子群，都叫做一个 n 元置换群，简称置换群.

我们在研究有限集合的置换时，这个有限集合中的元素是什么是无关紧要的.因此，为方便起见，这个集合中的元素常用数码 $1,2,\cdots,n$ 表示，并且一般都假设 $n>1$.

定义 2　一个置换 σ 如果把数码 i_1 变成 i_2，i_2 变成 i_3，$\cdots$，i_{k-1} 变成 i_k，又把 i_k 变成 i_1，但别的数码（如果还有的话）都不变，则称 σ 是一个 k-轮换（循环）置换，简称为 k-轮换（循环）或轮换（循环），并表示成

$$\sigma=(i_1i_2\cdots i_k)=(i_2i_3\cdots i_ki_1)=\cdots=(i_ki_1\cdots i_{k-1}).$$

例如

$$\begin{pmatrix}1&2&3\\3&1&2\end{pmatrix}=(132)=(321)=(213),$$

$$\begin{pmatrix}1&2&3\\3&2&1\end{pmatrix}=(13)=(31),$$

等等.为方便起见，把恒等置换叫做 1-轮换，记为

$$(1)=(2)=\cdots=(n).$$

2-轮换简称为对换，无公共数码的轮换称为不相连轮换.

定理 1　不相连轮换相乘时可以交换.

证　设 $\sigma=(i_1i_2\cdots i_k)$ 与 $\tau=(j_1j_2\cdots j_s)$ 为两个不相连轮换，则由变换的乘法知，乘积 $\tau\sigma$ 与 $\sigma\tau$ 都是集合 $\{1,2,\cdots,n\}$ 的以下变换：

$$i_1\longrightarrow i_2,\quad i_2\longrightarrow i_3,\quad \cdots,\quad i_{k-1}\longrightarrow i_k,\quad i_k\longrightarrow i_1,$$
$$j_1\longrightarrow j_2,\quad j_2\longrightarrow j_3,\quad \cdots,\quad j_{s-1}\longrightarrow j_s,\quad j_s\longrightarrow j_1,$$

别的数码不动.

因此，$\tau\sigma=\sigma\tau$.

（证毕）

定理 2　每个（非轮换）置换都可表示为不相连轮换之积，每个轮换都可表示为对换之积.因此，每个置换都可表示为对换之积.

证　1) 任何一个置换都可以把构成一个轮换的所有数码按连贯顺序紧靠在一起，而把不动的数码放在最后.例如

$$\begin{pmatrix}1&2&3&4&5&6&7\\3&5&6&4&2&1&7\end{pmatrix}=\begin{pmatrix}1&3&6&2&5&4&7\\3&6&1&5&2&4&7\end{pmatrix}=(136)(25).$$

一般地，对任意置换 σ 有

$$\sigma=\begin{pmatrix}i_1i_2\cdots i_k&\cdots&j_1j_2\cdots j_s&a\cdots b\\i_2i_3\cdots i_1&\cdots&j_2j_3\cdots j_1&a\cdots b\end{pmatrix}=(i_1i_2\cdots i_k)\cdots(j_1j_2\cdots j_s),$$

即置换 σ 表示成了不相连轮换的乘积.

2）由置换乘法知(1)＝(12)(12)，又

$$(i_1i_2\cdots i_k)=(i_1i_k)(i_1i_{k-1})\cdots(i_1i_3)(i_1i_2).$$

从而定理得证.

（证毕）

用轮换和轮换的乘积来表示置换，在书写时非常简便.

例 1 S_3 的 6 个置换用轮换表示出来就是

$$(1),(12),(13),(23),(123),(132).$$

例 2 S_4 的 24 个置换用轮换或轮换的乘积表示出来就是

(1)；

(12)，(13)，(14)，(23)，(24)，(34)；

(123)，(124)，(132)，(134)，(142)，(143)，(234)，(243)；

(1234)，(1243)，(1324)，(1342)，(1423)，(1432)；

(12)(34)，(13)(24)，(14)(23).

应注意，把一个置换表示成对换的乘积时，表示法不是唯一的.例如：

$$(132)=(12)(13)=(12)(23)(23)(13);$$

$$(1432)=(34)(13)(23)=(23)(12)(14)$$

$$=(23)(13)(23)(13)(14).$$

同一个置换虽然有不同的对换分解，但各分解中对换个数的奇偶性必然相同.此即下面的定理.

定理 3 每个置换表示成对换的乘积时，其对换个数的奇偶性不变.

***证** 设置换 σ 可表示为 m 个对换 $\sigma_1,\sigma_2,\cdots,\sigma_m$ 之积

$$\sigma=\sigma_1\sigma_2\cdots\sigma_m,$$

则因为 σ 将排列 $12\cdots n$ 变成排列

$$\sigma(1)\sigma(2)\cdots\sigma(n), \tag{1}$$

且 $\sigma=\sigma_1\sigma_2\cdots\sigma_m$，故连续施用对换 $\sigma_m,\cdots,\sigma_2,\sigma_1$ 于 $12\cdots n$，也得排列(1).但由高等代数知，每施行一次对换都改变排列的奇偶性，而 $12\cdots n$ 是偶排列，故 m 与排列(1)的奇偶性一致.但不论 σ 表示成多少个对换之积，排列(1)的奇偶性是完全确定的，因此对换个数 m 的奇偶性不变.

（证毕）

定义 3 一个置换若分解成奇数个对换的乘积，则称为奇置换；否则称为偶置换.

特别，恒等置换是偶置换.

由定理 3 知，σ 是奇(偶)置换当且仅当 $\sigma(1)\sigma(2)\cdots\sigma(n)$ 是奇(偶)排列，即其反序数是奇(偶)数.

由于任何奇置换乘上一个对换后变为偶置换，而偶置换乘上一个对换后变为奇置换，故 $n!$ 个 n 元置换中奇偶置换各半，各为 $\frac{n!}{2}$ 个.

由于恒等置换是偶置换，又任二偶置换之积仍为偶置换，因此，S_n 中全体偶置换作成一个 $\frac{n!}{2}$ 阶的子群，记为 A_n，称为 n 元交错群.

n 元对称群 S_n 中的奇、偶置换各占一半，而交错群 A_n 中的置换全为偶置换.更一般地，任何置换群中的置换在奇、偶性上均有此特征.

例 3　证明：一个 n 元置换群 G 中的置换或者全是偶置换，或者奇、偶置换各占一半，且其全体偶置换作成一个子群.

证　设 G 为任意一个 n 元置换群.因为 G 必包含恒等置换，而恒等置换是偶置换，从而 G 必包含偶置换.

如果 G 中的置换全是偶置换，结论已对；如果 G 含有奇置换，任取其一，设为 σ.并令 A，B 分别为 G 中全体奇、偶置换作成的集合，则由于 σ 与 σ^{-1} 都是奇置换，从而易知

$$\varphi:\quad \tau \longrightarrow \tau\sigma \quad (\forall \tau \in A)$$

是 A 到 B 的一个双射.因此，$|A|=|B|$，即 G 中奇、偶置换的个数相等，各占一半（从而还可知，此时阶 $|G|$ 是偶数）.而且此时的全体偶置换显然作成子群.

（证毕）

例 4　证明：

$$K_4=\{(1),(12)(34),(13)(24),(14)(23)\}$$

作成交错群 A_4 的一个交换子群.这个群（以及与其同构的群）称为Klein（C.F.Klein（克莱因），1849—1925）四元群.

证　显然 K_4 中的置换全为偶置换，除恒等置换外其余三个置换的阶都是 2，而且其中任两个相乘等于第三个，即 K_4 对置换的乘法封闭.从而 K_4 是 A_4 的一个子群，且显然是一个交换子群.

（证毕）

关于置换的阶，有以下更一般的判别方法.

定理 4　k-轮换的阶为 k，不相连轮换乘积的阶为各因子的阶的最小公倍数.

证　由直接验算知，当 $1 \leqslant m < k$ 时有

$$(i_1 i_2 \cdots i_k)^m=(i_1 i_{m+1} \cdots) \neq (1),$$

而 $(i_1 i_2 \cdots i_k)^k=(1)$，故 $(i_1 i_2 \cdots i_k)$ 的阶是 k.

其次，设 $\sigma_1, \sigma_2, \cdots, \sigma_s$ 分别是阶为 $k_1, k_2, \cdots, k_s$ 的不相连轮换，且

$$t=[k_1, k_2, \cdots, k_s],$$

则由于 $k_i \mid t$，故 $\sigma_i^t=(1)$. 又因不相连轮换相乘时可以交换，故

$$(\sigma_1 \sigma_2 \cdots \sigma_s)^t=\sigma_1^t \sigma_2^t \cdots \sigma_s^t=(1).$$

另一方面，设若

$$(\sigma_1 \sigma_2 \cdots \sigma_s)^r=(1),$$

则同样有

$$\sigma_1^r \sigma_2^r \cdots \sigma_s^r=(\sigma_1 \sigma_2 \cdots \sigma_s)^r=(1),$$

这只有

$$\sigma_i^r=(1),\quad i=1,2,\cdots,s.$$

否则由于 $\sigma_1^r,\sigma_2^r,\cdots,\sigma_s^r$ 仍是不相连轮换，而不相连轮换的乘积不能是(1).

但 σ_i 的阶是 k_i，故 $k_i\mid r,i=1,2,\cdots,s$.从而 $t\mid r$，即 $\sigma_1\sigma_2\cdots\sigma_s$ 的阶是

$$t=[k_1,k_2,\cdots,k_s].$$

（证毕）

根据这个定理，我们可以很容易地来判断一个具体置换的阶是多少.例如：

(24)的阶是 2，　　(153)的阶是 3，

(24)(153)的阶是 6，　(12)(34)的阶是 2，

而

$$\begin{pmatrix}1&2&3&4&5&6\\2&1&4&5&6&3\end{pmatrix}=(12)(3456)$$

的阶是 4，等等.

定理 5　设有 n 元置换 $\tau=\begin{pmatrix}1&2&\cdots&n\\i_1&i_2&\cdots&i_n\end{pmatrix}$，则对任意 n 元置换 σ，有

$$\sigma\tau\sigma^{-1}=\begin{pmatrix}\sigma(1)&\sigma(2)&\cdots&\sigma(n)\\\sigma(i_1)&\sigma(i_2)&\cdots&\sigma(i_n)\end{pmatrix}.$$

证　由于

$$\sigma=\begin{pmatrix}1&2&\cdots&n\\\sigma(1)&\sigma(2)&\cdots&\sigma(n)\end{pmatrix},$$

故

$$\begin{aligned}\sigma\tau&=\begin{pmatrix}1&2&\cdots&n\\\sigma(1)&\sigma(2)&\cdots&\sigma(n)\end{pmatrix}\begin{pmatrix}1&2&\cdots&n\\i_1&i_2&\cdots&i_n\end{pmatrix}\\&=\begin{pmatrix}1&2&\cdots&n\\\sigma(i_1)&\sigma(i_2)&\cdots&\sigma(i_n)\end{pmatrix},\end{aligned}$$

但是

$$\begin{aligned}\begin{pmatrix}\sigma(1)&\sigma(2)&\cdots&\sigma(n)\\\sigma(i_1)&\sigma(i_2)&\cdots&\sigma(i_n)\end{pmatrix}\sigma&=\begin{pmatrix}\sigma(1)&\sigma(2)&\cdots&\sigma(n)\\\sigma(i_1)&\sigma(i_2)&\cdots&\sigma(i_n)\end{pmatrix}\begin{pmatrix}1&2&\cdots&n\\\sigma(1)&\sigma(2)&\cdots&\sigma(n)\end{pmatrix}\\&=\begin{pmatrix}1&2&\cdots&n\\\sigma(i_1)&\sigma(i_2)&\cdots&\sigma(i_n)\end{pmatrix}=\sigma\tau,\end{aligned}$$

因此

$$\sigma\tau\sigma^{-1}=\begin{pmatrix}\sigma(1)&\sigma(2)&\cdots&\sigma(n)\\\sigma(i_1)&\sigma(i_2)&\cdots&\sigma(i_n)\end{pmatrix}.$$

（证毕）

由这个定理可知，当置换 τ 表示成轮换的乘积时，把出现在各轮换中的数码 i 换成 $\sigma(i)$ 后即得 $\sigma\tau\sigma^{-1}$.

例 5 设 $\sigma=(14)(235)$，$\tau=(153)(24)$.求 $\sigma\tau\sigma^{-1}$.

解 由定理 5 可知

$$\sigma\tau\sigma^{-1}=(\sigma(1)\sigma(5)\sigma(3))(\sigma(2)\sigma(4))=(425)(31).$$

习 题 2.6

1. 1) 设置换 $\sigma=\sigma_1\sigma_2\cdots\sigma_k$（每个 σ_i 都是对换），求 σ^{-1}，再由此说明置换 σ 与 σ^{-1} 有相同的奇偶性；

2) 证明：轮换 $(i_1i_2\cdots i_k)$ 的奇偶性与 k 的奇偶性相反.

2. 证明：

1) $(i_1i_2\cdots i_k)^{-1}=(i_ki_{k-1}\cdots i_2i_1)$；

2) $\begin{pmatrix}1 & 2 & \cdots & n\\ i_1 & i_2 & \cdots & i_n\end{pmatrix}^{-1}=\begin{pmatrix}i_1 & i_2 & \cdots & i_n\\ 1 & 2 & \cdots & n\end{pmatrix}$.

3. 试求下列各置换的阶：

$$\tau_1=(1378)(24),\quad \tau_2=(1372)(234),$$

$$\tau_3=\begin{pmatrix}1 & 2 & 3 & 4 & 5 & 6\\ 6 & 4 & 1 & 5 & 2 & 3\end{pmatrix},\quad \tau_4=\begin{pmatrix}1 & 2 & 3 & 4 & 5 & 6 & 7\\ 5 & 7 & 6 & 3 & 1 & 4 & 2\end{pmatrix}.$$

4. 设 $\tau=(327)(26)(14)$，$\sigma=(134)(57)$.试求 $\sigma\tau\sigma^{-1}$，$\sigma^{-1}\tau\sigma$.

5. 证明：当 $n\geqslant 3$ 时，n 元对称群 S_n 是无中心群.

提示：存在 $\pi(i)=j\neq i$ 及 $\sigma=(jk)(k\neq i,j)$，再求 $\pi\sigma(i)$ 及 $\sigma\pi(i)$ 知 $\pi\sigma\neq\sigma\pi$.

§7 陪集、指数和 Lagrange 定理

陪集和指数是群的理论中最基本的概念，它们和群的阶之间有着密切的联系，这就是著名的 Lagrange（拉格朗日，1736—1813）定理.

定义 1 设 H 是群 G 的一个子群，$a\in G$.则称群 G 的子集

$$aH=\{ax\mid x\in H\}$$

为群 G 关于子群 H 的一个左陪集.而称

$$Ha=\{xa\mid x\in H\}$$

为群 G 关于子群 H 的一个右陪集.

由此可知，不管是左陪集或右陪集，它们都是群的一种特殊的子集.然而，也就是这种特殊的子集在群的讨论中占有很重要的地位.

例如，$H=\{(1),(12)\}$ 是三元对称群 S_3 的一个子群，而

$$(13)H=\{(13),(123)\},\quad (23)H=\{(23),(132)\}$$

是 H 的两个左陪集；又

$$H(13)=\{(13),(132)\},\quad H(23)=\{(23),(123)\}$$

是 H 的两个右陪集.

从这里还可以看出,左陪集 aH 与右陪集 Ha 一般并不相等.但有时也可能相等,特别当 G 是交换群时显然一定相等.

我们下面只讨论左陪集,对右陪集可作类似的讨论.

左陪集有以下一些今后经常用到的重要性质.

1) $a\in aH$.

证 因为 H 是子群,$e\in H$,故

$$a=ae\in aH.$$

(证毕)

2) $a\in H \iff aH=H$.

证 设 $aH=H$.则由 1)知,$a\in aH$,故 $a\in H$.反之,设 $a\in H$.因 H 是子群,故 $aH\subseteq H$.

又任取 $x\in H$.由于 $a\in H$,故 $a^{-1}x\in H$,且

$$x=a(a^{-1}x)\in aH.$$

从而有 $H\subseteq aH$.因此

$$aH=H.$$

(证毕)

3) $b\in aH \iff aH=bH$.

证 设 $b\in aH$.令 $b=ax(x\in H)$,则由 2)有

$$bH=axH=aH.$$

反之,设 $aH=bH$.则因 $b\in bH$,故

$$b\in aH.$$

(证毕)

4) $aH=bH$,即 a 与 b 同在一个左陪集中 $\iff a^{-1}b\in H$(或 $b^{-1}a\in H$).

证 设 $aH=bH$,则

$$a^{-1}aH=a^{-1}bH,\quad H=a^{-1}bH.$$

于是由 2)知,$a^{-1}b\in H$.

反之,若 $a^{-1}b\in H$,则依上倒推回去即得 $aH=bH$.

(证毕)

应注意,把 3)与 4)两条合起来,就是

$b\in aH$,即 a,b 属于同一个左陪集 $\iff aH=bH$

$\iff a^{-1}b\in H$(或 $b^{-1}a\in H$).

5) 若 $aH\cap bH\neq\varnothing$,则 $aH=bH$.

证 设 $c\in aH\cap bH$,则 $c\in aH$,$c\in bH$.于是由 3)知

$$aH=cH=bH.$$

(证毕)

这个性质表明,对任二左陪集来说,要么相等,要么无公共元素(即其交为空集).

这样,群 G 中每个元素必属于一个左陪集(即 1)),而且不能属于不同的左陪集

(即 5)).因此,G 的全体不同的左陪集构成群 G 的元素的一个分类,而且两个元素 a 与 b 同在一类当且仅当 $a^{-1}b\in H$(即 4)).

如果用 $aH,bH,cH,\cdots$ 表示子群 H 在群 G 中的所有不同的左陪集,则有等式

$$G=aH\cup bH\cup cH\cup\cdots,$$

称其为群 G 关于子群 H 的左陪集分解.而称 $\{a,b,c,\cdots\}$ 为 G 关于 H 的一个左陪集代表系.

应注意,子群 H 本身是群 G 的一个左陪集,但 G 的任何其他关于子群 H 的左陪集由于都没有单位元,当然都不是 G 的子群.

同样可讨论群 G 的右陪集和右陪集分解.但应注意,性质 4)对于右陪集应改为

4′) $Ha=Hb \iff ab^{-1}\in H$(或 $ba^{-1}\in H$).

群 G 的左陪集和右陪集有以下关系.

定理 1 设 H 是群 G 的一个子群,又令

$$L=\{aH\mid a\in G\},\quad R=\{Ha\mid a\in G\}.$$

则在 L 与 R 之间存在一个双射,从而左、右陪集的个数或者都无限或者都有限且个数相等.

证 在 L 与 R 之间建立映射:

$$\varphi:\ aH\longrightarrow Ha^{-1}.$$

如果 $aH=bH$,则 $a^{-1}b\in H$,即 $a^{-1}(b^{-1})^{-1}\in H$,从而由 4′)知,

$$Ha^{-1}=Hb^{-1}.$$

反之,若 $Ha=Hb$,可同样推出 $a^{-1}H=b^{-1}H$.即 φ 及其逆映射均为单射,从而为双射.

(证毕)

根据此定理的证明可知,由群 G 的左陪集分解

$$G=aH\cup bH\cup cH\cup\cdots$$

可立即得到群 G 的一个相应的右陪集分解:

$$G=Ha^{-1}\cup Hb^{-1}\cup Hc^{-1}\cup\cdots.$$

这就是说,当 $\{a,b,c,\cdots\}$ 是 G 关于子群 H 的一个左陪集代表系时,$\{a^{-1},b^{-1},c^{-1},\cdots\}$ 必然是 G 关于子群 H 的一个右陪集代表系.

例 1 取 S_3 的子群 $H=\{(1),(12)\}$,则

$$\begin{aligned}&(1)H=\{(1),(12)\}, && H(1)=\{(1),(12)\},\\ &(13)H=\{(13),(123)\}, && H(13)=\{(13),(132)\},\\ &(132)H=\{(132),(23)\}, && H(123)=\{(123),(23)\}.\end{aligned}$$

于是

$$S_3=H\cup(13)H\cup(132)H=H\cup H(13)\cup H(123),$$

它们分别是 S_3 关于子群 H 的左、右陪集分解.而 $\{(1),(13),(132)\}$ 与 $\{(1),(13),(123)\}$ 分别为 S_3 关于 H 的左、右陪集代表系.但显然

$$H\cup(13)H\cup(132)H\neq H\cup H(13)\cup H(132).$$

此例表明,一般来说,当 $a,b,c,\cdots$ 为群 G 关于子群 H 的左陪集代表系时,它却不一定是 G 关于 H 的右陪集代表系.

定义 2 群 G 中关于子群 H 的互异的左(或右)陪集的个数,叫做 H 在 G 里的指数,记为

$$(G:H).$$

例如,在例 1 中有 $(S_3:H)=3$. 当然,一般来说,指数 $(G:H)$ 可能有限也可能无限.

如果 H 与 K 是群 G 的两个子群,则指数 $(G:H\cap K)$ 与 $(G:H)$,$(G:K)$ 之间有重要关系.对此可参阅本章末有关习题,不再详述.

关于子群的阶、指数和群的阶之间,存在着如下极其重要的关系.

定理 2(J.L.Lagrange) 设 H 是有限群 G 的一个子群,则

$$|G|=|H|(G:H),\quad 即(G:H)=\frac{|G|}{|H|}.$$

从而任何子群的阶和指数都是群 G 的阶的因数.

证 令 $(G:H)=s$,且

$$G=a_1H\cup a_2H\cup\cdots\cup a_sH \tag{1}$$

是 G 关于 H 的左陪集分解.易知

$$\varphi:\quad a_ih\longrightarrow a_jh\quad(\forall h\in H)$$

是左陪集 a_iH 到 a_jH 的一个双射,从而 $|a_iH|=|a_jH|$.于是有

$$|a_1H|=\cdots=|a_sH|=|H|.$$

因此由(1)式知,$|G|=|H|\cdot s$,即

$$|G|=|H|(G:H).$$

(证毕)

推论 1 有限群中每个元素的阶都整除群的阶.

证 设 a 是有限群 G 的一个 n 阶元素,则

$$H=\{e,a,\cdots,a^{n-1}\}$$

是 G 的一个 n 阶子群,故由定理 2 知,$n\mid |G|$.

(证毕)

由此推论显然可知:素数阶群必为循环群.

例 2 由于 $|S_3|=6$,故三元对称群 S_3 的子群及元素的阶都是 6 的因数.例如,子群

$$H=\{(1),(12)\}$$

的阶是 2,指数是 3,且有 $|S_3|=|H|(S_3:H)$,即 $6=2\cdot 3$.

子群的指数还有以下重要的基本关系.

定理 3 设 G 是一个有限群,又 $K\leqslant H\leqslant G$,则

$$(G:H)(H:K)=(G:K). \tag{2}$$

证 由 Lagrange 定理知

$$|G|=|H|(G:H)=|K|(G:K),$$

且 $|H|=|K|(H:K)$.将此代入上式并消去 $|K|$,即得(2).

(证毕)

在此定理中,当 $K=\{e\}$ 时即得 Lagrange 定理.因此,公式(2)可视为 Lagrange 定理的一种推广.另外,当 G 为无限群而且 $A=\{a_1,a_2,\cdots\}$ 与 $B=\{b_1,b_2,\cdots\}$ 分别为 G

关于 H 和 H 关于 K 的左陪集代表系时，可以证明

$$AB=\{a_ib_j \mid a_i\in A, b_j\in B\}$$

是 G 关于 K 的一个左陪集代表系.因此，$(G:K)$ 无限当且仅当 $(G:H)$ 与 $(H:K)$ 中至少有一个是无限的.这种情况下也可以认为公式(2)是正确的.

作为陪集分解的一个应用，我们来证明以下定理.

定理 4 设 H,K 是群 G 的两个有限子群，则

$$|HK|=\frac{|H|\cdot|K|}{|H\cap K|}. \tag{3}$$

证 由于 $H\cap K\leqslant H$，设 $\frac{|H|}{|H\cap K|}=m$，且

$$H=h_1(H\cap K)\cup h_2(H\cap K)\cup\cdots\cup h_m(H\cap K),$$
$$h_i\in H,\quad h_i^{-1}h_j\notin K,\quad i\neq j.$$

易知

$$HK=h_1K\cup h_2K\cup\cdots\cup h_mK,$$
$$h_iK\cap h_jK=\varnothing,\quad i\neq j,$$

从而 $|HK|=m|K|$，即

$$|HK|=\frac{|H|\cdot|K|}{|H\cap K|}.$$

（证毕）

应该注意的是，尽管有以上等式，但乘积 HK 仍然不一定是子群.又当 H,K 不是子群时，等式(3)一般不再成立.

由此定理可知，当且仅当子群 H 与 K 的交是单位元时才有

$$|HK|=|H|\cdot|K|.$$

推论 2 设 p,q 是两个素数且 $p<q$，则 pq 阶群 G 最多有一个 q 阶子群.

证 设 H,K 都是 G 的 q 阶子群，则由定理 4 知，

$$|HK|=\frac{q^2}{|H\cap K|},$$

但 $|H\cap K|$ 整除 q，而 q 是素数，故

$$|H\cap K|=1 \text{ 或 } q.$$

若 $|H\cap K|=1$，则由 $q>p$ 知：$|HK|=q^2>pq=|G|$，不可能.故 $|H\cap K|=q$，从而 $H=K$.

（证毕）

以后将知道，这样的群必有 q 阶子群.从而这样的群有且仅有一个 q 阶子群.

由此推论知，6 阶群最多有一个 3 阶子群（实际上是有且仅有一个 3 阶子群），10 与 15 阶群都最多有一个 5 阶子群（实际上也是有且仅有一个 5 阶子群），等等.

另外，尽管这种群的 q 阶子群有且仅有一个，然而其 p 阶子群却可能有很多个.例如，$|S_3|=2\times3$，但三元对称群 S_3 的 2 阶子群却有三个.

习题 2.7

1. 设 G 为 n 阶有限群.证明：G 中每个元素都满足方程 $x^n=e$.

2. 设 H,K 分别为群 G 的 m 阶与 n 阶子群.证明:若 $(m,n)=1$,则 $H\cap K=\{e\}$.

3. 设 G 是群,$K\leqslant H\leqslant G$,又 $A=\{a_1,a_2,\cdots\}$ 与 $B=\{b_1,b_2,\cdots\}$ 分别为 G 关于 H 和 H 关于 K 的左陪集代表系.证明:$AB=\{a_ib_j\mid a_i\in A,b_j\in B\}$ 是 G 关于 K 的一个左陪集代表系.

4. 证明:四元数群的真子群只有 4 个,即

$$\langle -1\rangle,\quad \langle \mathbf{i}\rangle,\quad \langle \mathbf{j}\rangle,\quad \langle \mathbf{k}\rangle.$$

5. 设 G 是群,且 $|G|=p^tm$,p 是素数,$p\nmid m$.又 H,K 分别是 G 的 p^t,p^s $(0<s\leqslant t)$ 阶子群,且 $K\not\subseteq H$.证明:HK 不是 G 的子群.

提示:用反证法并利用定理 4.

*§8 群在集合上的作用

由著名的 Cayley 定理知,每个群 G 都同 G 上的一个双射变换群同构,即有一个群 G 到对称群 $S(G)$ 的同态映射.试设想,如果能把后者的 G 换成对我们的讨论更有利的一个集合 M,即有一个群 G 到对称群 $S(M)$ 的同态映射,则必将使我们的讨论有更广泛的应用范围.

然而,关于群 G 到 $S(M)$ 的同态映射有一个等价的但却更直接的概念,即群在集合上的作用.

定义 1 设 G 是一个群,M 是一个集合.如果有一个

$$G\times M=\{(a,x)\mid a\in G,x\in M\}$$

到 M 的映射 $(a,x)\longrightarrow a\circ x\in M$ 满足

1) $(ab)\circ x=a\circ(b\circ x)$; $(\forall a,b\in G,x\in M)$

2) $e\circ x=x$, (e 是 G 的单位元)

则称群 G 作用于集合 M 上,或称群 G 在集合 M 上有一个作用.并称 M 为作用集合,运算$\circ$为作用乘法.

在举例以前,先来看一下"群 G 在集合 M 上的作用"同"群 G 到 $S(M)$ 的同态映射"的关系.

设群 G 作用于集合 M 上,$a\in G$,则易知

$$\tau_a:\quad x\longrightarrow a\circ x\quad(\forall x\in M)$$

即 $\tau_a(x)=a\circ x$ 是 M 的一个双射变换.

又易知对 $\forall a,b\in G$ 有 $\tau_{ab}=\tau_a\tau_b$,且

$$\varphi:\quad a\longrightarrow\tau_a\quad(\forall a\in G)$$

即 $\varphi(a)=\tau_a$ 是群 G 到对称群 $S(M)$ 的一个同态映射.

反之,任给群 G 到对称群 $S(M)$ 的一个同态映射 φ,则令

$$a\circ x=\varphi(a)x\quad(\forall a\in G,x\in M),$$

易验算这给出了群 G 到集合 M 上的一个作用.

以上表明,寻求群 G 在集合 M 上的一个作用,同寻求群 G 到对称群 $S(M)$ 的一个同态映射本质上是一回事.

例 1 设 G 为任一群.取 $M=G$,则显然

$$a\circ x=ax \quad (\forall a\in G,x\in M)$$

是群 G 到 M 上的一个作用.常称此作用为群 G 在 G 上的左平移.

定义 2　设群 G 作用于集合 M 上,$x\in M$.则称 M 的子集

$$M_x=\{a\circ x\mid a\in G\}$$

为 x 在群 G 作用下的轨道,简称 x 所在的轨道或轨道.

在群作用下,可按轨道对集合 M 的元素进行分类:

对 M 中任意元素 x,$x=e\circ x\in M$;又若 $y\in M_x$,则有 $a\in G$ 使

$$y=a\circ x \quad 或 \quad a^{-1}\circ y=a^{-1}\circ(a\circ x)=x.$$

于是任取 $x'\in M_x$,则有 $a'\in G$ 使 $x'=a'\circ x$.从而由上得

$$x'=a'\circ(a^{-1}\circ y)=(a'a^{-1})\circ y\in M_y.$$

故 $M_x\subseteq M_y$.

同理可得 $M_y\subseteq M_x$.因此,$M_x=M_y$.

这表明,在同一轨道内可取任意元素作为代表.

由此进一步可知,若 $M_x\cap M_y\neq\varnothing$,则必然有 $M_x=M_y$.

这样,在群作用下便给出集合 M 按轨道的一个分类:

$$M=M_x\cup M_y\cup\cdots,$$

其中 $M_x,M_y,\cdots$ 为 M 的全体不同的轨道.我们称$\{x,y,\cdots\}$为轨道的代表元素系.

当 M 为有限集合时,例如设 $M=M_x\cup M_y\cup\cdots\cup M_z$,则有

$$|M|=|M_x|+|M_y|+\cdots+|M_z|. \tag{1}$$

特别地,若 M 只有一个轨道,例如设 $M=M_x$,则此时对 M 中任二元素 y,z,总有群 G 中元素 a 使 $y=a\circ z$.此时称群 G 在集合 M 上的作用是传递的.

例 2　设 G 为群,$H\leqslant G$,$M=\{xH\mid x\in G\}$.则

$$a\circ xH=axH \quad (\forall a,x\in G)$$

是群 G 在集合 M(全体左陪集)上的一个作用:因为

$$(ab)\circ xH=(ab)xH=a(bxH)=a\circ(b\circ xH),$$
$$e\circ xH=exH=xH \quad (\forall a,b,x\in G).$$

并且这个作用还是传递的,即只有一个轨道,因为

$$M_{xH}=\{axH\mid a\in G\}=M.$$

例 3　设 H 是群 G 的一个子群,并取 $M=G$.则

$$a\circ x=ax \quad (\forall a\in H,x\in G)$$

显然是(子)群 H 在 $M=G$ 上的一个作用,且此轨道

$$M_x=\{ax\mid a\in H\}=Hx$$

就是群 G 关于子群 H 的一个右陪集.从而由公式(1)可直接得出我们早已知道的Lagrange定理.

以上是在群作用下侧重对作用集合 M 的讨论,且从以上诸例已看出群作用这一概念的广泛意义.下面则侧重在群作用下对群 G 本身的讨论.

定理 1　设群 G 作用于集合 M,$x\in M$.则 G 的子集

$$G_x=\{a\mid a\in G,a\circ x=x\} \tag{2}$$

是群 G 的一个子群.称其为 M 中元素 x 的稳定子群.

证 首先，由于 $e\circ x=x$，故 $e\in G_x$.其次，任取 $a,b\in G_x$，则由(2)知

$$a\circ x=x,\quad b\circ x=x.$$

由此可得 $a^{-1}\circ x=a^{-1}\circ(a\circ x)=e\circ x=x,\quad a^{-1}\in G_x$，并且

$$(ab)\circ x=a\circ(b\circ x)=a\circ x=x,$$

即 $ab\in G_x$.故 $G_x\leqslant G$.

（证毕）

下面给出轨道 M_x 与稳定子群 G_x 之间的关系.

定理 2 设群 G 作用于集合 M，$x\in M$.则

$$|M_x|=(G:G_x),$$

即轨道 M_x 与全体左陪集 $\{aG_x\mid a\in G\}$ 之间可建立双射.

证 易知

$$\varphi:\quad a\circ x\longrightarrow aG_x\quad(\forall a\in G)$$

是轨道 M_x 到集合 $\{aG_x\mid a\in G\}$ 的一个满射.

又若 $aG_x=bG_x$，则 $a^{-1}b\in G_x$.于是

$$(a^{-1}b)\circ x=x,\quad a^{-1}\circ(b\circ x)=x.$$

从而 $a\circ[a^{-1}\circ(b\circ x)]=a\circ x$，$(aa^{-1})\circ(b\circ x)=a\circ x$，因此

$$e\circ(b\circ x)=a\circ x,\quad b\circ x=a\circ x.$$

即 φ 又是单射，从而 φ 是双射.

（证毕）

由本定理和 Lagrange 定理直接可得以下推论.

推论 设群 G 作用于集合 M.如果 G 是有限群，则对任意 $x\in M$ 都有

$$|G|=|G_x|\cdot|M_x|.$$

由此直接可知，此时轨道的阶 $|M_x|$ 是群的阶 $|G|$ 的一个因数.

例 4 设 $G=GL_n(F)$ 为数域 F 上的 n 阶线性群，M 为 F 上全体 n 阶方阵作成的集合.则易知

$$P\circ A=PAP^{-1}\quad(\forall P\in G,A\in M)$$

是群 G 在集合 M 上的一个作用.并且此时轨道 M_A 就是方阵 A 所在的相似类，即

$$M_A=\{PAP^{-1}\mid P\in G\};$$

而稳定子群 $G_A=\{P\mid P\in G,PAP^{-1}=A\}$，即数域 F 上一切可与 A 交换的 n 阶满秩方阵（关于矩阵乘法）作成的子群.

例 5 设群 G 如上例，但 M 为数域 F 上全体 n 阶对称方阵作成的集合.则

$$P\circ A=PAP^{\mathrm{T}}\quad(\forall P\in G,A\in M)$$

（P^{T} 为 P 的转置矩阵）是群 G 在集合 M 上的一个作用.并且此时的每个轨道就是高等代数二次型理论中 F 上全体 n 阶对称方阵的一个合同类. 当 F 为复数域时，由高等代数知，F 上二 n 阶对称方阵同在一个轨道（即二者合同），当且仅当二方阵的秩相等；当 F 为实数域时，不仅二方阵秩相等，而且符号差也要相等.

习 题 2.8

1. 设 S 为群 G 的任意一个非空子集，又 $M=\{xSx^{-1}\mid x\in G\}$（称子集 xSx^{-1} 与 S 共轭），即与 S

共轭的全部子集作成的集合.证明:

$$a \circ xSx^{-1} = axSx^{-1}a^{-1} \quad (\forall a, x \in G)$$

是群 G 在集合 M 上的一个作用.又问:此时轨道为何?此作用是否为传递的?

2. 设 $G=GL_n(F)$ 为数域 F 上一般线性群,M 为 F 上全体 n 阶方阵作成的集合.证明:

$$P \circ A = PA \quad (\forall P \in G, A \in M)$$

是群 G 在集合 M 上的一个作用.

3. 设 G 是数域 F 上某些 n 阶方阵对于方阵的普通乘法作成的群.证明:G 中的方阵或者全是满秩的,或者全是降秩的.

提示:可利用§1 定理 3.

4. 设 $\langle a^s \rangle$ 与 $\langle a^t \rangle$ 是循环群 $\langle a \rangle$ 的两个子群,s 与 t 为正整数,证明:

1) $\langle a^s \rangle \cap \langle a^t \rangle = \langle a^{[s,t]} \rangle$;

2) $\langle a^s \rangle \langle a^t \rangle = \langle a^{(s,t)} \rangle$,

其中 $[s,t]$ 是 s,t 的最小公倍数,(s,t) 是 s,t 的最大公因数.

5. 证明:群 G 是有限群当且仅当 G 只有有限个子群.

6. 设 H,K 是群 G 的两个子群,证明:

1) $(H : H \cap K) \leqslant (G : K)$;

2) 若 $(G : K)$ 有限,则 $(H : H \cap K) = (G : K)$ 当且仅当 $G=HK$.

提示:$h(H \cap K) \longrightarrow hK\ (h \in H)$ 是单射.

7. 设 G 是一个 $2n$ 阶有限交换群,其中 n 是一个奇数.证明:G 有且只有一个 2 阶子群.

8. 设 H 是群 G 的一个周期子群,且 $(G : H)$ 有限.证明:G 是周期群.

提示:考虑元素 $a, a^2, a^3, \cdots$.

9. 证明:15 阶交换群必为循环群.

10. 证明:无限循环群的非 e 子群的指数均有限.

11. 证明:四元交错群 A_4 无 6 阶子群.

12. 设 H,K 是群 G 的两个子群.证明:

1) 群 G 关于交 $H \cap K$ 的所有左陪集,就是 G 关于 H,K 的左陪集的所有非空的交;

2) 当 $(G : H)$ 与 $(G : K)$ 都有限时,指数 $(G : H \cap K)$ 也有限,且

$$(G : H \cap K) \leqslant (G : H)(G : K).$$

13. 设 H,K 是群 G 的两个子群.证明:若 G 有限且 $(G : H)$ 与 $(G : K)$ 互素,则

$$(G : H \cap K) = (G : H)(G : K),$$

且 $G=HK$.

提示:先利用§7 定理 3 及上题,再利用§7 定理 2 及定理 4 即得.

自测题

第三章
正规子群和群的同态与同构

正规子群是一种特殊的子群，它在整个群的讨论中起着非常重要的作用.把正规子群与群的同态和同构结合起来，可以得到群论中最基本、最重要的一些结果.

本章还介绍在有限群论中占有重要地位的 Sylow 定理和有限交换群基本定理.

§1 群同态与同构的简单性质

我们在研究群时，经常需要对不同的群来进行比较.群的同态，特别是同构，是比较群的最重要、最有力的方法.

群是具有一个代数运算的代数系统，因此，在第一章里所介绍的有关代数系统的同态与同构的概念，可以自然转移到群的同态与同构上去.但是，为了强调这一概念在群的讨论中的重要性，我们有必要对这些概念再作重新的回忆和强调.

设 G 与 $\overline{G}$ 是两个群.如果有一个 G 到 $\overline{G}$ 的映射 φ 保持运算，即

$$\varphi(ab)=\varphi(a)\varphi(b)\quad(\forall a,b\in G),$$

则称 φ 为群 G 到群 $\overline{G}$ 的一个同态映射.

当 φ 又是满射时，称群 G 与 $\overline{G}$ 同态，记为 $G\sim\overline{G}$.

当 φ 还是一个双射时，称 φ 为群 G 到 $\overline{G}$ 的一个同构映射.如果群 G 到群 $\overline{G}$ 存在同构映射，就称群 G 与 $\overline{G}$ 同构，记为

$$G\cong\overline{G}.$$

群 G 到自身的同态映射与同构映射，分别称为群 G 的自同态映射和自同构映射，简称为群 G 的自同态和自同构.

定理 1 设 G 是一个群，$\overline{G}$ 是一个有代数运算(也称为乘法)的集合.如果 $G\sim\overline{G}$，则 $\overline{G}$ 也是一个群.

证 因为 $G\sim\overline{G}$，G 是群，其乘法满足结合律，故由第一章知，$\overline{G}$ 的乘法也满足结合律.

设 e 是群 G 的单位元，$\bar{a}$ 是 $\overline{G}$ 的任一元素，又设 φ 是 G 到 $\overline{G}$ 的满同态，且在 φ 之下

$$e \longrightarrow \bar{e},\quad a \longrightarrow \bar{a},$$

于是

$$ea \longrightarrow \bar{e}\bar{a}.$$

但是 $ea=a$，故 $\bar{e}\bar{a}=\bar{a}$，即 $\bar{e}$ 是 $\overline{G}$ 的单位元.

又设 $a^{-1} \longrightarrow \overline{a^{-1}}$，则

$$a^{-1}a \longrightarrow \overline{a^{-1}}\bar{a}.$$

但是 $a^{-1}a=e$，故 $\overline{a^{-1}}\bar{a}=\bar{e}$，即 $\overline{a^{-1}}$ 是 $\bar{a}$ 的逆元.

因此，$\overline{G}$ 也是一个群.

（证毕）

应注意，本定理中的同态映射 φ 必须是满射. 设 G 是正有理数乘群，$\overline{G}$ 是全体正偶数对 $a \circ b=2$ 作成的半群. 则显然

$$\varphi:\quad x \longrightarrow 2 \quad (\forall x \in G)$$

是 G 到 $\overline{G}$ 的一个同态映射（但不是满射）. G 是群，但 $\overline{G}$ 并不是群.

由定理 1 的证明直接可得以下推论.

推论　设 φ 是群 G 到群 $\overline{G}$ 的一个同态映射（不一定是满射）. 则群 G 的单位元的像是群 $\overline{G}$ 的单位元，G 的元素 a 的逆元的像是 a 的像的逆元，即

$$\overline{a^{-1}}=\bar{a}^{-1} \quad 或 \quad \varphi(a^{-1})=\varphi(a)^{-1}.$$

应注意，如果集合 G 与 $\overline{G}$ 各有一个代数运算，且 $G \sim \overline{G}$，则当 $\overline{G}$ 为群时，G 却不一定是群.

例 1　令 $G=\{$全体正负奇数$\}$，代数运算为数的普通乘法；又 $\overline{G}=\{1,-1\}$ 关于数的普通乘法作成群，令

$$\varphi:\quad 正奇数 \longrightarrow 1,\quad 负奇数 \longrightarrow -1.$$

则易知 φ 是 G 到 $\overline{G}$ 的一个同态满射，故 $G \sim \overline{G}$. $\overline{G}$ 是群，但 G 却不是群.

当然，若 G 与 $\overline{G}$ 为各有一个代数运算的代数系统，且 $G \cong \overline{G}$，则当 G 与 $\overline{G}$ 中有一个是群时，另一个必然也是群.

定理 1 的意义在于，要验证一个集合 G 对所指的代数运算作成群，可找一个已知群，并通过同态来实现.

例 2　证明：$\overline{G}=\{0,1,2,3\}$ 对代数运算

$$a \circ b=r \quad (r 为 a+b 用 4 除所得余数)$$

作成一个群.

证　令 $\mathbf{Z}$ 是整数加群，则易知

$$\varphi:\quad x \longrightarrow x' \quad (\forall x \in \mathbf{Z})$$

是 $\mathbf{Z}$ 到 $\overline{G}$ 的一个同态满射，其中 x' 为整数 x 用 4 除所得余数.

由于 $\mathbf{Z}$ 是群，故由定理 1 知，$\overline{G}$ 也是群.

（证毕）

这样,在证明 $\overline{G}$ 是一个群时,可以减少一些麻烦的验算过程.

定理 2　设 φ 是群 G 到群 $\overline{G}$ 的一个同态映射(不一定是满射),则

1) 当 $H\leqslant G$ 时,有 $\varphi(H)\leqslant\overline{G}$,且 $H\sim\varphi(H)$;

2) 当 $\overline{H}\leqslant\overline{G}$ 时,有 $\varphi^{-1}(\overline{H})\leqslant G$,且在 φ 之下诱导出$\varphi^{-1}(\overline{H})$到 $\overline{H}$ 的一个同态映射.

证　1) 任取 $\bar{a},\bar{b}\in\varphi(H)$,且在 φ 之下令

$$a\longrightarrow\bar{a},\quad b\longrightarrow\bar{b},$$

其中 $a,b\in H$.由于 $H\leqslant G$,故 $ab\in H$,且

$$ab\longrightarrow\bar{a}\bar{b}.$$

从而$\bar{a}\bar{b}\in\varphi(H)$,即 $\varphi(H)$对 $\overline{G}$ 的乘法封闭,且

$$H\sim\varphi(H).$$

但 H 是子群,从而 $\varphi(H)$也是群且是 $\overline{G}$ 的子群.

2) 当 $\overline{H}\leqslant\overline{G}$ 时,由于 $\varphi^{-1}(\overline{H})$显然非空,任取 $a,b\in\varphi^{-1}(\overline{H})$,且在 φ 之下令

$$a\longrightarrow\bar{a},\quad b\longrightarrow\bar{b}.$$

则

$$ab^{-1}\longrightarrow\bar{a}\bar{b}^{-1},$$

其中 $\bar{a},\bar{b}\in\overline{H}$,而 $\overline{H}\leqslant\overline{G}$,故 $\bar{a}\bar{b}^{-1}\in\overline{H}$,从而

$$ab^{-1}\in\varphi^{-1}(\overline{H}).$$

即 $\varphi^{-1}(\overline{H})\leqslant G$,且显然 φ 诱导出 $\varphi^{-1}(\overline{H})$到 $\overline{H}$ 的一个同态映射.

(证毕)

定理 3　群 G 到群 $\overline{G}$ 的同态映射 φ 是单射的充要条件是,群 $\overline{G}$ 的单位元 $\bar{e}$ 的逆像只有 e.

证　必要性显然,下证充分性.

设 φ 是群 G 到群 $\overline{G}$ 的任一同态映射,且在 φ 之下 $\bar{e}$ 的逆像只有 e.又设在 φ 之下

$$a\longrightarrow\bar{a},\quad b\longrightarrow\bar{b},$$

当 $a\neq b$ 时,必有 $\bar{a}\neq\bar{b}$:因若 $\bar{a}=\bar{b}$,则由于

$$ab^{-1}\longrightarrow\bar{a}\bar{b}^{-1}=\bar{e},$$

故 $ab^{-1}=e$,$a=b$,矛盾.因此,φ 是单射.

(证毕)

例 3　设 6 阶群 G 不是循环群.证明:

$$G\cong S_3.$$

证　因为 G 不是循环群,故 G 没有 6 阶元.从而由 Lagrange 定理知,G 必有 2 阶元或 3 阶元.

除 e 外 G 中元素不能都是 2 阶元:若不然,则由习题 2.1 第 6 题知,G 为交换群.于是在 G 中任取互异的 2 阶元 a,b,则易知

$$N=\{e,a,b,ab\}\leqslant G.$$

这与 Lagrange 定理矛盾.

又除 e 外 G 中元素不能都是 3 阶元:若不然,则在 G 中可取 3 阶元 a,b,知 G 有子群

$$H=\{e,a,a^2\},\quad K=\{e,b,b^2\},\quad 其中\ b\notin H,$$

且 $H\cap K=\{e\}$.于是

$$|HK|=\frac{|H|\cdot|K|}{|H\cap K|}=9,$$

这与 $|G|=6$ 矛盾.

因此,G 必有 2 阶元 a 和 3 阶元 b.由此可知

$$G=\{e,a,b,b^2,ab,ab^2\},$$

且易知

$$\varphi:\quad e\longrightarrow(1),\quad a\longrightarrow(12),\quad b\longrightarrow(123),$$
$$ab\longrightarrow(23),\quad b^2\longrightarrow(132),\quad ab^2\longrightarrow(13)$$

是 G 到对称群 S_3 的一个同构映射,故 $G\cong S_3$.

（证毕）

这个例子说明,在同构意义下 6 阶群只有两个:一个是 6 阶循环群,另一个是三元对称群 S_3.

如果再结合本节习题第 3 题即可知,阶小于等于 7 的群的结构已完全清楚.

习　题　3.1

1. 设 H 是群 G 的一个子群,$a\in G$.证明:
$$aHa^{-1}\leqslant G\quad 且\quad H\cong aHa^{-1}.$$
2. 问:$\varphi(A)=A^{\mathrm{T}}$是否为一般线性群 $GL_n(F)(n>1)$的自同构?又 $\sigma(A)=(A^{-1})^{\mathrm{T}}$ 呢?
3. 证明:4 阶群 G 若不是循环群,则必与 Klein 四元群同构.
4. 设 G 是正有理数乘群,$\overline{G}$ 为整数加群.证明:
$$\varphi:\quad 2^n\frac{b}{a}\longrightarrow n$$
是 G 到 $\overline{G}$ 的一个同态满射,其中 a 与 b 是互素的正奇数,n 是整数.

§2　正规子群和商群

正规子群是群论中最重要的概念之一.本节主要介绍:

① 正规子群的定义和简单性质,其中包括子群作成正规子群的条件,在同态映射下正规子群以及正规子群相乘的状况(定理 1、2、3);

② 商群及商群的一个应用(定理 4、5)；

③ 与正规子群密切相关的 Hamilton(哈密顿,1805—1865)群和单群.

由上一章知道,对于群 G 的一个子群 H 来说,左陪集 aH 不一定与右陪集 Ha 相等.但也有些子群对 G 中任意元素 a 都有 $aH=Ha$.具有这种性质的子群,在群论的研究中特别重要.

定义 1 设 N 是群 G 的一个子群.如果对 G 中每个元素 a 都有

$$aN=Na, \quad 即\ aNa^{-1}=N,$$

则称 N 是群 G 的一个正规子群(或不变子群).

这就是说,正规子群的任何一个左陪集都是一个右陪集,因此可以简称为陪集.

若 N 是群 G 的一个正规子群,则记为 $N\trianglelefteq G$;若 N 不是 G 的正规子群,则记为 $N\ntrianglelefteq G$.

若 $N\trianglelefteq G$ 且 $N\neq G$,则记为 $N\triangleleft G$.

交换群的子群当然都是正规子群.因此,正规子群这一概念主要对非交换群才具有真正意义.

设 $N\trianglelefteq G$,又 $N\leqslant H\leqslant G$,则显然 N 也是 H 的一个正规子群.

群 G 的平凡子群 e 与 G 显然都是 G 的正规子群,称其为群 G 的平凡正规子群.G 的其他正规子群,如果存在的话,称为 G 的非平凡正规子群.

显然,群 G 的中心是 G 的一个正规子群.

例 1 证明:$N=\{(1),(123),(132)\}$是三元对称群 S_3 的一个正规子群.但是,S_3 的三个子群

$$H_1=\{(1),(12)\},\quad H_2=\{(1),(13)\},\quad H_3=\{(1),(23)\}$$

都不是 S_3 的正规子群.

证 由上一章§6 定理 5 知,对 S_3 中任意元素 σ 有

$$\sigma N\sigma^{-1}=\{(1),\quad \sigma(123)\sigma^{-1},\quad \sigma(132)\sigma^{-1}\}=N,$$

故 $N\trianglelefteq S_3$.

但由于$(13)H_1\neq H_1(13)$,故 $H_1\ntrianglelefteq S_3$.类似可证 H_2 与 H_3 也不是 S_3 的正规子群.

(证毕)

定理 1 设 G 是群,$N\leqslant G$.则

$$N\trianglelefteq G \iff aNa^{-1}\subseteq N \quad (\forall a\in G).$$

证 设 $N\trianglelefteq G$,则对 G 中任意元素 a 有

$$aNa^{-1}=N,$$

当然有 $aNa^{-1}\subseteq N$.

反之,设对 G 中任意元素 a 有 $aNa^{-1}\subseteq N$,则有

$$aNa^{-1}a\subseteq Na, \quad 即\ aN\subseteq Na;$$

又由 $a^{-1}Na\subseteq N$ 可得 $Na\subseteq aN$.因此

$$aN=Na, \quad 即\ N\trianglelefteq G.$$

(证毕)

本定理显然也可以改述为:设 G 是群,$N\leqslant G$,则

$$N \trianglelefteq G \iff axa^{-1} \in N \quad (\forall a \in G, x \in N).$$

例 2　证明：n 元交错群 A_n 是 n 元对称群 S_n 的一个正规子群.

证　由于任意 n 元置换 σ 与其逆 σ^{-1} 有相同的奇偶性，从而易知 $\sigma A_n \sigma^{-1} \subseteq A_n$，故

$$A_n \trianglelefteq S_n.$$

（证毕）

例 3　证明：Klein 四元群

$$K_4 = \{(1),(12)(34),(13)(24),(14)(23)\}$$

是 S_4 的一个正规子群，因而也是交错群 A_4 的一个正规子群.

证　因为 K_4 中除单位元外的三个元素是 S_4 中仅有的阶为 2 的偶置换，现任取其中一个，设为 x，则对任意 4 元置换 σ，乘积 $\sigma x \sigma^{-1}$ 显然仍是一个阶为 2 的偶置换，从而

$$\sigma x \sigma^{-1} \in K_4,$$

故 $K_4 \trianglelefteq S_4$. 于是也有 $K_4 \trianglelefteq A_4$.

（证毕）

又由于 K_4 是交换群，故

$$B_4 = \{(1),(12)(34)\} \trianglelefteq K_4.$$

从而有 $B_4 \trianglelefteq K_4 \trianglelefteq S_4$. 但是 $B_4 \not\trianglelefteq S_4$：因为易知

$$(13)B_4 \neq B_4(13).$$

这说明，正规子群的正规子群不一定是原群的正规子群. 亦即正规子群不具有传递性.

下面讨论在同态映射下正规子群的状况，以及正规子群的乘积的情形.

定理 2　设 φ 是群 G 到群 $\overline{G}$ 的一个同态满射，则

1) $N \trianglelefteq G \implies \varphi(N) \trianglelefteq \overline{G}$；

2) $\overline{N} \trianglelefteq \overline{G} \implies \varphi^{-1}(\overline{N}) \trianglelefteq G$.

证　1) 因为 $N \trianglelefteq G$，故由上节定理 2 知，

$$\varphi(N) \leqslant \overline{G}.$$

再任取 $\bar{n} \in \varphi(N)$，$\bar{a} \in \overline{G}$，则由于 φ 是同态满射，可令

$$a \longrightarrow \bar{a}, \quad n \longrightarrow \bar{n},$$

其中 $a \in G$，$n \in N$，于是

$$ana^{-1} \longrightarrow \bar{a}\bar{n}\bar{a}^{-1}.$$

但是 $N \trianglelefteq G$，$ana^{-1} \in N$，故 $\bar{a}\bar{n}\bar{a}^{-1} \in \varphi(N)$，从而

$$\bar{a}\varphi(N)\bar{a}^{-1} \subseteq \varphi(N), \quad \varphi(N) \trianglelefteq \overline{G}.$$

2) 若 $\overline{N} \trianglelefteq \overline{G}$，则可类似证明 $\varphi^{-1}(\overline{N}) \trianglelefteq G$.

（证毕）

定理 3　群 G 的一个正规子群与一个子群的乘积是子群，两个正规子群的乘积仍是正规子群.

证　1) 设 $N \trianglelefteq G$，$H \leqslant G$，任取

$$nh \in NH \quad (n \in N, h \in H),$$

由于 $hN=Nh$，故

$$nh\in Nh=hN\subseteq HN,$$

从而 $NH\subseteq HN$.

同理可得 $HN\subseteq NH$.因此 $NH=HN$，从而由上一章§3 定理 5 知，

$$NH\leqslant G.$$

2）设 $N\lhd G, K\lhd G$.则由上知，$NK\leqslant G$.

又对任意 $a\in G$，有

$$\begin{aligned}a(NK)&=(aN)K=(Na)K\\&=N(aK)=N(Ka)=(NK)a,\end{aligned}$$

故 $NK\lhd G$.

（证毕）

正规子群之所以重要，其根本原因在于这种子群的全体陪集对于子集的乘法又可以作成一个新的群.

设 N 是群 G 的一个正规子群，任取二陪集 aN 与 bN，则根据群中子集的乘法有

$$(aN)(bN)=a(Nb)N=a(bN)N=(ab)NN=(ab)N,$$

即 $(aN)(bN)=(ab)N$.我们称此为陪集的乘法.

陪集的乘法，实际上就是在条件 $aN=Na$（a 为群中任意元素）之下群中子集的乘法，但其乘积仍是一个左陪集.因此，当 $N\lhd G$ 时，陪集的乘法是全体陪集的一个代数运算.

进一步还有

定理 4 群 G 的正规子群 N 的全体陪集对于陪集的乘法作成一个群，称为 G 关于 N 的商群，记为 G/N.

证 由于群中子集的乘法满足结合律，故陪集的乘法也满足结合律.又陪集 N 显然是关于陪集乘法的单位元.最后，由于

$$(a^{-1}N)(aN)=a^{-1}aN=N,$$

故 $a^{-1}N$ 是 aN 的逆元，即 $(aN)^{-1}=a^{-1}N$.因此 G/N 作成一个群.

（证毕）

由此定理可知，对任意整数 m 和群 G 中任意元素 a，都有

$$(aN)^m=a^mN.$$

另外，由于商群 G/N 中的元素就是 N 在 G 中的陪集，因此

$$|G/N|=(G:N).$$

又根据 Lagrange 定理，对有限群 G 有

$$|G|=|N|(G:N)=|N|\cdot|G/N|.$$

从而有

$$|G/N|=\frac{|G|}{|N|}.$$

作为商群的一个应用，我们证明以下 Cauchy 定理.

定理 5（A.L.Cauchy） 设 G 是一个 pn 阶有限交换群，其中 p 是一个素数，则 G

有 p 阶元素,从而有 p 阶子群.

证　对 n 用数学归纳法.

当 $n=1$ 时,G 是 p 阶循环群,则 G 的生成元就是一个 p 阶元,定理成立.

假定定理对阶为 $pk(1\leqslant k<n)$ 的交换群成立,下证对阶为 pn 的交换群 G 定理成立.

在 G 中任取 $a\neq e$.若 $p\mid |a|$,令

$$|a|=ps,$$

则 $|a^s|=p$,定理成立.

若 $p\nmid |a|$,令 $|a|=m>1$,则 $(m,p)=1$.由于

$$m\mid pn,$$

故 $m\mid n$.令 $N=\langle a\rangle$,则由于 G 是交换群,故

$$|G/N|=p\cdot\frac{n}{m},\quad 1\leqslant\frac{n}{m}<n.$$

于是由归纳假设,群 G/N 有 p 阶元,任取其一,设为 bN,且 $|b|=r$,则

$$(bN)^r=b^rN=N,$$

从而 $p\mid r$.令 $r=pt$,则 $|b^t|=p$.

（证毕）

实际上,当 G 是非交换群时,这个定理仍成立,将此留作习题,不再赘述.

推论　$pq(p,q$ 为互异素数)阶交换群必为循环群.

证　设 G 为 pq 阶交换群,由定理 5,G 有 p 阶元素 a 与 q 阶元素 b.又因为 p 和 q 是互异素数,故由第二章 §2 定理 4 知,$|ab|=pq=|G|$,从而 G 为循环群.

（证毕）

更一般地,阶为 $p_1p_2\cdots p_s$(p_i 为互异素数)的交换群必为循环群.

本推论中要求群 G 交换是必要的,因为例如 $6=2\cdot3$ 阶群 S_3 就不是循环群.

本节最后,我们来介绍由正规子群所界定的两类群——Hamilton 群和单群.

定义 2　每个子群都是正规子群的非交换群,称为Hamilton 群.

这是由于首先研究此种群而得名.

例 4　证明:四元数群

$$G=\{1,\mathbf{i},\mathbf{j},\mathbf{k},-1,-\mathbf{i},-\mathbf{j},-\mathbf{k}\}$$

是一个 Hamilton 群.

证　首先,G 是非交换群显然.其次,由习题 2.7 第 4 题知,G 的真子群只有

$$\langle -1\rangle,\quad \langle\mathbf{i}\rangle,\quad \langle\mathbf{j}\rangle,\quad \langle\mathbf{k}\rangle.$$

而 $\langle -1\rangle\trianglelefteq G$ 显然.又令

$$N=\langle\mathbf{i}\rangle,\quad x\in G,$$

则由于 $N=\{1,-1,\mathbf{i},-\mathbf{i}\}$,故易知

$$\{x,-x,x\mathbf{i},-x\mathbf{i}\}=\{x,-x,\mathbf{i}x,-\mathbf{i}x\},$$

即 $xN=Nx$,从而 $\langle i\rangle\trianglelefteq G$.

同理可证 $\langle\mathbf{j}\rangle$ 与 $\langle\mathbf{k}\rangle$ 也是 G 的正规子群.因此,G 是一个 Hamilton 群.

（证毕）

1、2、3、5、7 阶群都是循环群，从而都不是 Hamilton 群；又由上节例 3 和习题 3.1 以及本节例 1 可知，4 与 6 阶群也都不是 Hamilton 群．因此由例 4 可知，四元数群（8 阶）是阶数最小的 Hamilton 群．

关于 Hamilton 群的研究有很多深入的结果．例如，Hamilton 群必为周期群，即它的每个元素的阶都有限，Hamilton 群的任何非交换子群都含有四元数群（在同构意义下）为其子群以及有限非交换群为 Hamilton 群的充要条件，等等．这些内容都超出本书范围，不再详述．

下面介绍单群．

定义 3 阶大于 1 且只有平凡正规子群的群，称为单群．

例如，素数阶群显然都是单群；而由例 1 知，三元对称群不是单群．

另外，由例 3 可知交错群 A_4 不是单群．又 A_2 是单位元群，而 A_3 显然是单群．特别当 $n\geqslant 5$ 时，可以证明 A_n 是单群，对此，本书不再证明了．

利用 $n\geqslant 3$ 但 $n\neq 4$ 时 A_n 是单群这一事实，顺便指出 $S_n(n\neq 4)$ 的正规子群除去 $\{(1)\}$ 与 S_n 外只有 A_n．

事实上，设 $N\trianglelefteq S_n$，则 $N\cap A_n\trianglelefteq A_n$．但 A_n 是单群，故

$$N\cap A_n=A_n \quad 或 \quad N\cap A_n=\{(1)\}.$$

当 $N\cap A_n=A_n$ 时，$A_n\subseteq N$．由于置换群不是全由偶置换组成就是含奇、偶置换各半，故

$$N=A_n \quad 或 \quad N=S_n.$$

当 $N\cap A_n=\{(1)\}$ 时，必有 $N=\{(1)\}$：因若不然，设 $\{(1)\}<N$，则同上理由，N 只能再包含一个奇置换，设为 τ．于是

$$N=\{(1),\tau\}\trianglelefteq S_n.$$

从而对 S_n 中任意 σ，必有 $\sigma N\sigma^{-1}=N$，即

$$\sigma\tau\sigma^{-1}=\tau \quad 或 \quad \sigma\tau=\tau\sigma.$$

亦即 τ 是 S_n 的中心元．但当 $n\geqslant 3$ 时 S_n 为无中心群，即中心元只有(1)，故 $\tau=(1)$，矛盾．故此时 $N=\{(1)\}$．

因此，$S_n(n\neq 4)$ 的正规子群只有

$$\{(1)\},\quad A_n,\quad S_n.$$

有限交换单群的情况比较简单，因为有以下定理．

定理 6 有限交换群 G 为单群的充要条件是，$|G|$ 为素数．

证 设 $|G|$ 为素数，则 G 是一个素数阶循环群，从而 G 显然是一个单群．

反之，设 G 是单群且 $|G|=n>1$．在 G 中任取元素 $a\neq e$．若 $|a|<n$，则由于 G 是交换群，故

$$e\triangleleft\langle a\rangle\triangleleft G.$$

这与 G 是单群矛盾．因此必有 $|a|=n$，从而 $G=\langle a\rangle$ 为 n 阶循环群．再由 G 是单群知，n 必为素数．

（证毕）

有限单群是一类重要的群，它长期是群论研究的中心问题之一．有限单群分为四大类：素数阶群、交错群 $A_n(n\geqslant 5)$、有限李型单群和 26 个零散单群．每个有限单群都

同其中的一个单群同构.在零散单群中,阶数最大的一个其阶数约为 10^{54},常称为怪物群或魔群.在置换群理论中,有所谓的 Mathieu(马蒂厄)群,都属于零散单群.在 Mathieu 后约一百年的 1965 年,数学家 Z.Janko(简科)又发现了另一个新的零散单群.尔后,人们又陆续地发现了所有的零散单群.

20 世纪初,W.Burnside(伯恩赛德)关于 $p^s q^t$(p,q 为素数)阶群必为可解群的定理,是有限单群分类问题早期最重要的工作.1942 年至 1954 年间,R.D.Brauer(布饶尔)关于有限单群的研究又创造出新方法,标志着这一工作的新起点,他堪称近代有限单群分类工作的先驱.1962 年,W.Feit(费特)和 J.G.Thompson(汤普森)关于奇数阶群必为可解群的结论是单群分类中最重要的一个定理,它标志着有限单群分类的重大突破.D.Gorenstein(戈伦斯坦)以及世界上众多数学家经过不懈努力,关于有限单群的完全分类(即找出有限单群所有的同构类),终于在 1981 年得到解决.这是 20 世纪世界数学史上一个非凡的成就.

习 题 3.2

1. 证明:指数是 2 的子群必是正规子群.
2. 证明:若群 G 的 n 阶子群有且只有一个,则此子群必为 G 的正规子群.
3. 设 G 为群,又 $H \trianglelefteq G$,且 $(G:H)=m$.证明:对群 G 中任意元素 a 都有 $a^m \in H$.
4. 设 H,K 是群 G 的两个正规子群,且二者的交为 $\{e\}$.证明:H 与 K 中的元素相乘时可换.
5. 设 H 是包含在群 G 的中心内的一个子群.证明:当 G/H 是循环群时,G 是交换群.
6. 设 G 是群,$N \trianglelefteq G$.证明:如果 N 及商群 G/N 都是周期群,则 G 也是周期群.
7. 设 S 为群 G 的非空子集.称

$$N(S)=\{a \mid a\in G, aS=Sa\}$$

为 S 在 G 中的正规化子,并称 aSa^{-1} 为(子群)S 的共轭(子群)子集.证明:

1) $N(aSa^{-1})=aN(S)a^{-1}$;　　2) $N(S)\leqslant G$;

3) 若 $H\leqslant G$,则 $H\trianglelefteq N(H)$;　　4) G 中与 S 共轭的子集数 $=(G:N(S))$.

提示:$\varphi: aSa^{-1} \longrightarrow a\cdot N(S)$.

8. (A.L.Cauchy)设 G 是 pn 阶有限群,p 是素数.证明:G 有 p 阶子群.

提示:对 n 用数学归纳法,并利用上题和本节定理 5.

§3　群同态基本定理

在正规子群、商群以及同态与同构映射之间,存在着一些极为重要的内在联系.通过这些联系,我们将看到正规子群和商群在群论研究中的重要作用.

定理 1　设 N 是群 G 的任一正规子群,则

$$G\sim G/N,$$

即任何群均与其商群同态.

证　在群 G 与商群 G/N 之间建立以下映射:

$$\tau: \quad a \longrightarrow aN \quad (\forall a \in G).$$

这显然是 G 到 G/N 的一个满射.

又任取 $a, b \in G$,则有

$$ab \longrightarrow (ab)N = (aN)(bN),$$

即 τ 是 G 到 G/N 的一个同态满射,故 $G \sim G/N$.

(证毕)

今后称群 G 到商群 G/N 的这个同态满射 τ 为 G 到商群 G/N 的自然同态.

下面将证明,在一定意义下定理 1 的逆定理也成立.为此,先给出以下定义.

定义 设 φ 是群 G 到群 $\overline{G}$ 的一个同态映射,$\overline{G}$ 的单位元在 φ 之下所有逆像作成的集合,叫做 φ 的核,记为 $\mathrm{Ker}\,\varphi$.

群 G 中所有元素在 φ 之下的像作成的集合 $\varphi(G)$,称为 φ 的像集,记为 $\mathrm{Im}\,\varphi$.

显然,核 $\mathrm{Ker}\,\varphi$ 是群 G 的子群,像集 $\mathrm{Im}\,\varphi$ 是群 $\overline{G}$ 的子群.

又易知,定理 1 中的同态映射 τ 的核就是 N.

进一步有

定理 2(群同态基本定理) 设 φ 是群 G 到群 $\overline{G}$ 的一个同态满射.则 $N = \mathrm{Ker}\,\varphi \trianglelefteq G$,且

$$G/N \cong \overline{G}.$$

证 首先,由于 $\overline{G}$ 的单位元构成的集合是 $\overline{G}$ 的一个正规子群,故由上节定理 2 知,其所有逆像的集合,即 φ 的核 $N = \mathrm{Ker}\,\varphi$ 也是 G 的一个正规子群.

其次,设

$$\varphi: \quad a \longrightarrow \bar{a} \quad (a \in G, \bar{a} \in \overline{G}),$$

则在 G/N 与 $\overline{G}$ 之间建立以下映射:

$$\sigma: \quad aN \longrightarrow \bar{a} = \varphi(a).$$

1) 设 $aN = bN$,则 $a^{-1}b \in N$.于是

$$\bar{a}^{-1}\bar{b} = \overline{a^{-1}b} = \bar{e}, \quad \bar{a} = \bar{b},$$

即 G/N 中的每个陪集在 σ 之下在 $\overline{G}$ 中只有一个像.因此,σ 确为 G/N 到 $\overline{G}$ 的一个映射.

2) 任取 $\bar{a} \in \overline{G}$,则因 φ 是满射,故有 $a \in G$ 使 $\varphi(a) = \bar{a}$.从而在 σ 之下元素 $\bar{a}$ 在 G/N中有逆像 aN,即 σ 为 G/N 到 $\overline{G}$ 的一个满射.

3) 又若 $aN \neq bN$,则 $a^{-1}b \notin N$,从而 $\bar{a}^{-1}\bar{b} \neq \bar{e}$,$\bar{a} \neq \bar{b}$.即 σ 为 G/N 到 $\overline{G}$ 的一个单射.

因此,σ 是 G/N 到 $\overline{G}$ 的一个双射.

又由于

$$(aN)(bN) = abN \longrightarrow \overline{ab} = \bar{a}\bar{b},$$

故 σ 为同构映射，从而 $G/N\cong\overline{G}$.

（证毕）

应注意，本定理中的 φ 是一个同态满射.如果 φ 只是一个同态映射（不一定是满射），虽然也有 $\mathrm{Ker}\ \varphi\trianglelefteq G$，但最后结论应改为

$$G/\mathrm{Ker}\ \varphi\cong\varphi(G)=\mathrm{Im}\ \varphi.$$

由定理 1 和定理 2 知

$$\begin{aligned}&G\xrightarrow{\varphi}\overline{G},\\&a\longrightarrow\bar{a}=\varphi(a);\end{aligned}$$

又

$$\begin{aligned}&G\xrightarrow{\tau}G/N\xrightarrow{\sigma}\overline{G},\\&a\longrightarrow aN\longrightarrow\bar{a}=\varphi(a),\end{aligned}$$

其中 $N=\mathrm{Ker}\ \varphi$.因此，$\varphi=\sigma\tau$，即图 2 为交换图.

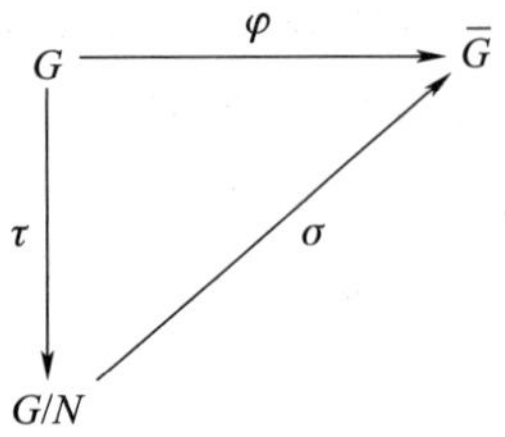

图 2

定理 1 表明，任何群都同它的商群同态；定理 2 表明，如果一个群 G 同另一个群 $\overline{G}$ 同态，则这个群 $\overline{G}$ 在同构意义下是 G 的一个商群.因此，在同构意义下，定理 1 与定理 2 的意思是

每个群能而且只能同它的商群同态.

这是群论中最基本最重要的结论之一，在很多场合下，都要经常用到这个事实.

另外，由定理 2 的证明知，若 $G\sim\overline{G}$，且同态核是 N，则 $\overline{G}$ 中每个元素的全体逆像恰好都是关于 N 的一个陪集.$\overline{G}$ 中元素与陪集的这种对应不仅是一个双射，而且是一个同构映射.

推论 1 设 G 与 $\overline{G}$ 是两个有限群.如果 $G\sim\overline{G}$，则

$$|\overline{G}|\ \Big|\ |G|.$$

证 因为 $G\sim\overline{G}$，设此同态核为 N，则由定理 2 知，

$$G/N\cong\overline{G},$$

从而 $|\overline{G}|=|G/N|$.但是 $|G/N|$ 整除 $|G|$，故 $|\overline{G}|$ 整除 $|G|$.

（证毕）

本节最后，再来讨论循环群的同态像以及在同态映射下两个群的子群间的一些关系.

定理 3 设 G 与 $\overline{G}$ 是两个群且 $G\sim\overline{G}$.若 G 是循环群，则 $\overline{G}$ 也是循环群.即循环群的同态像必为循环群.

证 设 $G=\langle a\rangle$.由于 $G\sim\overline{G}$，设在此同态下 G 的生成元 a 在 $\overline{G}$ 中的像是 $\bar{a}$，下证 $\overline{G}=\langle\bar{a}\rangle$.

事实上，显然 $\langle\bar{a}\rangle\subseteq\overline{G}$；另一方面，任取 $\bar{x}\in\overline{G}$，并令

$$x \longrightarrow \bar{x} \quad (x \in G = \langle a \rangle),$$

且 $x = a^m$，由于在所说的同态之下

$$a^m \longrightarrow \bar{a}^m,$$

故 $\bar{x} = \bar{a}^m \in \langle \bar{a} \rangle$，从而又有 $\overline{G} \subseteq \langle \bar{a} \rangle$. 因此 $\overline{G} = \langle \bar{a} \rangle$，即 $\overline{G}$ 也是循环群.

（证毕）

由以上证明可知，在同态满射下，循环群的生成元的像也是生成元.

由于任何群都与其商群同态，于是由定理 3 可立得以下推论.

推论 2 循环群的商群也是循环群.

为讨论在群同态映射之下两个群的子群间的关系，先证以下引理.

引理 设 φ 是群 G 到群 $\overline{G}$ 的一个同态映射，又 $H \leqslant G$. 如果 $H \supseteq \operatorname{Ker} \varphi$，则

$$\varphi^{-1}[\varphi(H)] = H.$$

证 首先，由习题 1.6 第 4 题知

$$H \subseteq \varphi^{-1}[\varphi(H)].$$

其次，任取 $x \in \varphi^{-1}[\varphi(H)]$，则 $\varphi(x) \in \varphi(H)$. 于是有 $h \in H$ 使

$$\varphi(h) = \varphi(x), \quad \varphi(h^{-1}x) = \bar{e},$$

从而 $h^{-1}x \in \operatorname{Ker} \varphi$. 但由假设 $\operatorname{Ker} \varphi \subseteq H$，故

$$h^{-1}x \in H, \quad x \in H.$$

即又有 $\varphi^{-1}[\varphi(H)] \subseteq H$. 因此，

$$\varphi^{-1}[\varphi(H)] = H.$$

（证毕）

定理 4 设 φ 是群 G 到群 $\overline{G}$ 的一个同态满射，核是 K. 则 G 的含 K 的所有子群与 $\overline{G}$ 的所有子群间可建立一个保持包含关系的双射.

证 设 M 是 G 的含 K 的所有子群作成的集合，$\overline{M}$ 是 $\overline{G}$ 的所有子群的集合，则易知

$$f:\ H \longrightarrow \varphi(H) \quad (\forall H \in M)$$

是 M 到 $\overline{M}$ 的一个映射；其次任取 $\overline{H} \in \overline{M}$，并令 $H = \varphi^{-1}(\overline{H})$，则由 §1 定理 2 知，$H$ 是 G 的一个子群且包含核 K，故 $H \in M$. 再由于 φ 是满同态，故由习题 1.6 第 4 题知

$$\varphi(H) = \varphi[\varphi^{-1}(\overline{H})] = \overline{H},$$

即 f 是 M 到 $\overline{M}$ 的一个满射.

最后，任取 $H_1, H_2 \in M$，若 $f(H_1) = f(H_2)$，即

$$\varphi(H_1) = \varphi(H_2),$$

则 $\varphi^{-1}[\varphi(H_1)] = \varphi^{-1}[\varphi(H_2)]$. 于是由引理知，$H_1 = H_2$. 即 f 是单射.

因此，f 是 M 到 $\overline{M}$ 的一个双射.

又显然对 M 中的 H_1 与 H_2，$H_1 \subseteq H_2$ 当且仅当 $\varphi(H_1) \subseteq \varphi(H_2)$，即双射 f 还保

持 M 与 $\overline{M}$ 中子群间的包含关系.

（证毕）

习 题 3.3

1. 设群 $G\sim\overline{G}$，且同态核是 K.证明：G 中二元素在 $\overline{G}$ 中有相同的像，当且仅当它们在 K 的同一陪集中.

2. 证明：单群的同态像是单群或单位元群（即只含一个元素的群）.

3. 设 N 是群 G 的一个正规子群，又 $N\subseteq H\leqslant G$.证明：H 在自然同态

$$G\sim G/N$$

之下的像是 H/N.

4. 证明：

1）无限循环群与任何循环群同态；

2）两个有限循环群 G 与 $\overline{G}$ 同态，当且仅当 $|\overline{G}|\,\big|\,|G|$.

5. 证明：有理数加群 $\mathbf{Q}_+$ 与非零有理数乘群 $\mathbf{Q}^*$ 不同构.

提示：用反证法并考虑单位元.

§4　群的同构定理

本节介绍群的三个同构定理.这三个定理在群论研究中都很重要，它们的证明有多种方法，其中有的与群同态基本定理有直接的关系.

定理 1（第一同构定理）　设 φ 是群 G 到群 $\overline{G}$ 的一个同态满射，又 $\operatorname{Ker}\varphi\subseteq N\trianglelefteq G$，$\overline{N}=\varphi(N)$，则

$$G/N\cong\overline{G}/\overline{N}.$$

证　为配合本定理证明并增强记忆，先画示意图图 3（其中双直线══表示下方为上方的正规子群）：

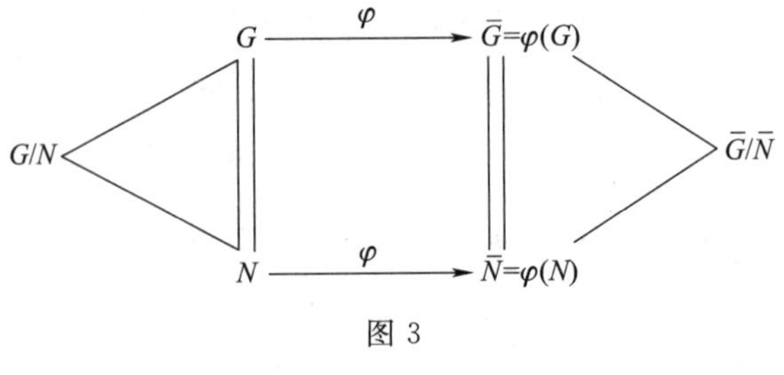

图 3

因为 $N\trianglelefteq G$，又 φ 是满同态，故 $\overline{N}=\varphi(N)\trianglelefteq\overline{G}$.现在令

$$\tau:\quad G/N \longrightarrow \overline{G}/\overline{N},$$
$$xN \longrightarrow \varphi(x)\varphi(N)\quad (\forall\, x\in G).$$

下证 τ 是商群 G/N 到 $\overline{G}/\overline{N}$ 的一个同构映射.

1) τ 是映射:设 $aN=bN(a,b\in G)$,则 $a^{-1}b\in N$.但由于 φ 是同态映射,故

$$\varphi(a)^{-1}\cdot\varphi(b)=\varphi(a^{-1}b)\in\varphi(N)=\overline{N}.$$

从而 $\varphi(a)\overline{N}=\varphi(b)\overline{N}$,即 τ 是 G/N 到 $\overline{G}/\overline{N}$ 的映射.

2) τ 是满射:任取 $\bar{a}\overline{N}\in\overline{G}/\overline{N}(\bar{a}\in\overline{G})$,则因 φ 是满同态,故有 $a\in G$ 使 $\varphi(a)=\bar{a}$.从而在 τ 之下 $\bar{a}\overline{N}$ 有逆像 aN,即 τ 是满射.

3) τ 是单射:设 $\varphi(a)\overline{N}=\varphi(b)\overline{N}$,则

$$\varphi(a^{-1}b)=\varphi(a)^{-1}\varphi(b)\in\overline{N}.$$

但 φ 为满同态且 $\overline{N}=\varphi(N)$,故有 $c\in N$ 使

$$\varphi(a^{-1}b)=\varphi(c)\quad 或\quad \varphi(c^{-1}a^{-1}b)=\bar{e},$$

其中 $\bar{e}$ 是 $\overline{G}$ 的单位元.于是 $c^{-1}a^{-1}b\in\operatorname{Ker}\varphi$.但是 $\operatorname{Ker}\varphi\subseteq N$,故

$$a^{-1}b=c\cdot c^{-1}a^{-1}b\in N.$$

从而 $aN=bN$,即 τ 是单射.

因此,τ 是双射.

又因为显然在 τ 之下有

$$aN\cdot bN=abN\longrightarrow\varphi(ab)\overline{N}=\varphi(a)\varphi(b)\overline{N}=\varphi(a)\overline{N}\cdot\varphi(b)\overline{N},$$

故 τ 是 G/N 到 $\overline{G}/\overline{N}$ 的同构映射.因此

$$G/N\cong\overline{G}/\overline{N}.$$

(证毕)

以上的同构当然也可以写成

$$G/N\cong\varphi(G)/\varphi(N).$$

但应注意,定理 1 中的 φ 必须是满同态而且 N 必须是 G 的包含核 $\operatorname{Ker}\varphi$ 的正规子群.

另外,也可证明:$G\sim\overline{G}/\overline{N}(a\longrightarrow\varphi(a)\overline{N})$,且此同态核为 N.从而,由同态基本定理可给出第一同构定理的另一证法.

推论 设 H,N 是群 G 的两个正规子群,且 $N\subseteq H$,则

$$G/H\cong(G/N)/(H/N).$$

证 因为自然同态

$$G\sim G/N$$

的核为 $N\subseteq H$,而 H 在这个同态下的像为 H/N,故由定理 1 得

$$G/H\cong(G/N)/(H/N).$$

(证毕)

例 1　设 H,K 是群 G 的两个正规子群.证明：

$$G/HK\cong(G/H)/(HK/H). \tag{1}$$

证　因为 $H\trianglelefteq G,K\trianglelefteq G$,故 $HK\trianglelefteq G$.又显然 $H\trianglelefteq HK$,故直接由以上推论知,(1)式成立.

（证毕）

定理 2(第二同构定理)　设 G 是群,又 $H\leqslant G,N\trianglelefteq G$.则 $H\cap N\trianglelefteq H$,并且

$$HN/N\cong H/(H\cap N). \tag{2}$$

证　因为 $H\leqslant G,N\trianglelefteq G$,故 $HN\leqslant G$,且 $N\trianglelefteq HN$.又易知

$$\varphi:\quad x\longrightarrow xN\quad(\forall x\in H)$$

是子群 H 到商群 HN/N 的同态满射,且核为 $H\cap N$,故由群同态基本定理知:$H\cap N\trianglelefteq H$ 且

$$H/(H\cap N)\cong HN/N.$$

从而(2)式成立(如图 4 所示).

（证毕）

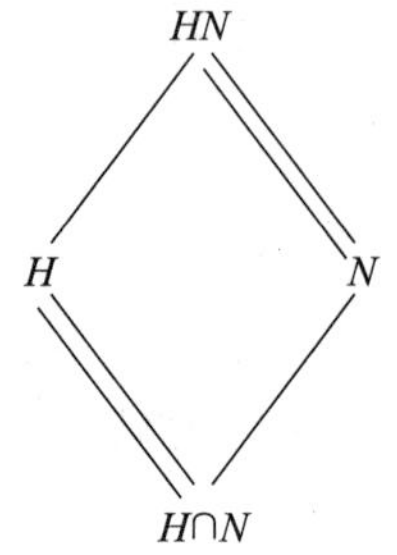

图 4

例 2　设 S_3,S_4 分别为三、四元对称群,K_4 为 Klein 四元群.证明：

$$S_4/K_4\cong S_3.$$

证　因为 $S_3\leqslant S_4$(把 S_3 中每个置换 τ 视为 $\tau(4)=4$),又 $K_4\trianglelefteq S_4$,故

$$K_4\trianglelefteq S_3K_4\leqslant S_4. \tag{3}$$

再由于 S_3 中每个置换把 4 变为 4,故 $S_3\cap K_4=\{(1)\}$.从而

$$|S_3K_4|=\frac{|S_3|\cdot|K_4|}{|S_3\cap K_4|}=\frac{6\times4}{1}=24.$$

但是$|S_4|=24$,故由(3)式知,$S_4=S_3K_4$.于是由定理 2 得

$$S_4/K_4=S_3K_4/K_4\cong S_3/(S_3\cap K_4)\cong S_3.$$

因此,$S_4/K_4\cong S_3$.

（证毕）

定理 3(第三同构定理)　设 G 是群,又 $N\trianglelefteq G,\overline{H}\leqslant G/N$.则

1）存在 G 的唯一子群 $H\supseteq N$,且 $\overline{H}=H/N$;

2）又当 $\overline{H}\trianglelefteq G/N$ 时,有唯一的 $H\trianglelefteq G$ 使

$$\overline{H}=H/N\quad 且\quad G/H\cong(G/N)/(H/N).$$

证　1）设在自然同态

$$\tau:\quad G\sim G/N$$

之下 $\overline{H}$ 的逆像为 H.则 $N\subseteq\tau^{-1}(\overline{H})=H\leqslant G$,且因 τ 是满同态,故由习题 1.6 第 4 题知

$$\tau(H)=\tau[\tau^{-1}(\overline{H})]=\overline{H}.$$

但由习题 3.3 第 3 题知，$\tau(H)=H/N$，故

$$\overline{H}=H/N.$$

由于 G 中含 N 的不同子群其像也不同，再由上节定理 4，可知这样的 H 也是唯一的.

2) 当 $\overline{H}$ 是 G/N 的正规子群时，由 1)及 §2 定理 2 知，G 有唯一正规子群 $H\supseteq N$ 使 $\overline{H}=H/N$.又由于在自然同态

$$G\sim G/N$$

之下有 $H\supseteq N$，且 H 的像是 H/N，故由第一同构定理知

$$G/H\cong(G/N)/(H/N).$$

（证毕）

此定理表明，商群 G/N 的子群仍为商群，且具有形式 H/N，其中 H 是 G 的含 N 的子群；又 H 是 G 的正规子群当且仅当 H/N 是 G/N 的正规子群.

习 题 3.4

1. 设 H,K 是群 G 的两个子群，$K'\trianglelefteq K$.证明：

1) $H\cap K'\trianglelefteq H\cap K$；

2) $(H\cap K)/(H\cap K')$与 K/K'的一个子群同构.

2. 设 G 是群，又 $K\leqslant H\trianglelefteq G$，$K\trianglelefteq G$.证明：若 G/K 是交换群，则G/H也是交换群.

3. 设 G 是一个群，又 $H_1\leqslant G$，$H_2\trianglelefteq G$，$N\trianglelefteq G$.证明：如果$|H_1|$，$|H_2|$与$(G:N)$均有限，且

$$(|H_i|,(G:N))=1,\quad i=1,2,$$

则 $H_1H_2\leqslant N$.

提示：利用第二同构定理.

4. 设 G 是群，$N\triangleleft G$.如果当 $N\leqslant H\triangleleft G$ 时必有 $N=H$，则称 N 是 G 的一个极大正规子群.证明：

$$N\text{ 是 }G\text{ 的极大正规子群}\iff G/N\text{ 是单群}.$$

提示：利用第三同构定理.

§5 群的自同构群

本节讨论由群的全体自同构作成的群.为此，先讨论更一般的代数系统的自同构群.

定理 1 设 M 是有一个代数运算（叫做乘法）的代数系统.则 M 的全体自同构关于变换的乘法作成一个群，称为 M 的自同构群.

证 设 σ,τ 是 M 的任意两个自同构，则对 M 中任二元素 a,b 有

$$\sigma\tau(ab)=\sigma[\tau(ab)]=\sigma[\tau(a)\tau(b)]=\sigma\tau(a)\cdot\sigma\tau(b),$$

即乘积 $\sigma\tau$ 也是 M 的一个自同构.

又因为对 M 中任意元素 x 有

$$\sigma\sigma^{-1}(x)=\sigma^{-1}\sigma(x)=x,$$

故

$$\begin{aligned}\sigma^{-1}(ab)&=\sigma^{-1}[\sigma\sigma^{-1}(a)\cdot\sigma\sigma^{-1}(b)]\\&=\sigma^{-1}[\sigma(\sigma^{-1}(a)\cdot\sigma^{-1}(b))]\\&=\sigma^{-1}(a)\cdot\sigma^{-1}(b),\end{aligned}$$

即 σ^{-1} 也是 M 的自同构.因此,M 的全体自同构作成 M 上的对称群 $S(M)$(M 的全体双射变换作成的群)的一个子群.

(证毕)

推论 1 群 G 的全体自同构关于变换的乘法作成一个群.这个群称为群 G 的自同构群,记为 $\operatorname{Aut} G$.

例 1 求 Klein 四元群

$$K_4=\{(1),(12)(34),(13)(24),(14)(23)\}$$

的自同构群.

解 把 K_4 的四个元素依次记为 e,a,b,c.再令 x,y,z 代表 a,b,c 中三个不同的元素,则 xyz 是 a,b,c 的任意一个排列.由于自同构把单位元变成单位元,故根据 K_4 中元素的乘法易知,置换

$$\begin{pmatrix} e & a & b & c \\ e & x & y & z \end{pmatrix}$$

是 K_4 的一个自同构.由于三个元素共有 $3!=6$ 个排列,从而 K_4 共有 6 个自同构.因此,在同构意义下,K_4 的自同构群就是三元对称群 S_3,即 $\operatorname{Aut} K_4=S_3$.这里的 S_3 是集合 $\{a,b,c\}$ 上的三元对称群.

定理 2 无限循环群的自同构群是一个 2 阶循环群;n 阶循环群的自同构群是一个 $\varphi(n)$ 阶群,其中 $\varphi(n)$ 为 Euler 函数.

证 由于在同构映射下,循环群的生成元与生成元相对应,而生成元的相互对应完全决定了群中所有元素的对应,因此,一个循环群有多少个生成元就有多少个自同构.

由于无限循环群有两个生成元,n 阶循环群有 $\varphi(n)$ 个生成元,从而其自同构群分别为 2 阶循环群和 $\varphi(n)$ 阶群.

(证毕)

推论 2 无限循环群的自同构群与 3 阶循环群的自同构群同构.

证 由定理 2 知,这两种群的自同构群都是 2 阶群.凡 2 阶群显然彼此同构.

(证毕)

下面进一步讨论群的一种特殊的自同构——内自同构.

定理 3 设 G 是一个群,$a\in G$.则

1) $\tau_a: x\longrightarrow axa^{-1}\quad(\forall x\in G)$

是 G 的一个自同构,称为 G 的一个内自同构;

2) G 的全体内自同构作成一个群,称为群 G 的内自同构群,记为 $\operatorname{Inn} G$;

3) $\operatorname{Inn} G\trianglelefteq\operatorname{Aut} G$.

证 1)易知 τ_a 是 G 的一个双射变换.又由于

$$a(xy)a^{-1}=(axa^{-1})(aya^{-1}),$$

即 $\tau_a(xy)=\tau_a(x)\cdot\tau_a(y)$,故 τ_a 是 G 的一个自同构.

2) 设 τ_a 与 τ_b 为 G 的任二内自同构,则对 G 中任意元素 x 有

$$\begin{aligned}\tau_a\tau_b(x)&=\tau_a(\tau_b(x))=\tau_a(bxb^{-1})\\&=a(bxb^{-1})a^{-1}=(ab)x(ab)^{-1}=\tau_{ab}(x),\end{aligned}$$

即 $\tau_a\tau_b=\tau_{ab}$ 仍为 G 的一个内自同构.

又易知 $\tau_{a^{-1}}$ 是 τ_a 的逆元,即 $\tau_a^{-1}=\tau_{a^{-1}}$.

因此,$\mathrm{Inn}\,G\leqslant\mathrm{Aut}\,G$,即 $\mathrm{Inn}\,G$ 作成一个子群.

3) 设 σ 是 G 的任意一个自同构,τ_a 是 G 的任意一个内自同构.任取 $x\in G$,令 $\sigma^{-1}(x)=y$,即 $\sigma(y)=x$,则

$$\begin{aligned}\sigma\tau_a\sigma^{-1}(x)&=\sigma\tau_a(y)=\sigma(aya^{-1})\\&=\sigma(a)\sigma(y)\sigma(a^{-1})=\sigma(a)x\sigma(a)^{-1}=\tau_{\sigma(a)}(x),\end{aligned}$$

即 $\sigma\tau_a\sigma^{-1}=\tau_{\sigma(a)}$ 仍是 G 的一个内自同构.故

$$\mathrm{Inn}\,G\trianglelefteq\mathrm{Aut}\,G.$$

(证毕)

设 N 为群 G 的一个正规子群,则对 G 中任意元素 a,有

$$aNa^{-1}\subseteq N\quad 或\quad \tau_a(N)\subseteq N,$$

即 N 对 G 的任意内自同构都不变.反之,若 G 的一个子群有此性质,则它显然是 G 的一个正规子群.这就是说,G 的正规子群就是对 G 的所有内自同构都不变的子群.因此,也常称正规子群为不变子群.

定义 1 对群 G 的所有自同构都不变的子群,亦即对 G 的任何自同构 σ 都有

$$\sigma(N)\subseteq N$$

的子群 N,叫做 G 的一个特征子群.

显然,群 G 与 e 都是 G 的特征子群.

特征子群一定是正规子群,但反之不成立.例如,由于 Klein 四元群 K_4 是交换群,它的每个子群都是正规子群,因此由例 1 知,$N=\{e,a\}$ 是 K_4 的一个正规子群,但它不是 K_4 的特征子群,因为由例 1 知

$$\sigma=\begin{pmatrix}e&a&b&c\\e&b&a&c\end{pmatrix}$$

是 K_4 的一个自同构,然而却有

$$\sigma(N)=\{e,b\}\not\subseteq N.$$

再讨论一种比特征子群更特殊的子群——全特征子群.

定义 2 设 H 是群 G 的一个子群.如果 H 对 G 的每个自同态映射都不变,即对 G 的每个自同态映射 φ 都有

$$\varphi(H)\subseteq H,$$

则称 H 为群 G 的一个全特征子群.

同样,G 与 e 显然都是群 G 的全特征子群.又显然全特征子群一定是特征子群.但反之不成立.

例 2　证明：群 G 的中心 C 是 G 的一个特征子群.

证　任取 $c\in C, x\in G, \sigma\in \mathrm{Aut}\,G$，则

$$\begin{aligned}\sigma(c)x&=\sigma(c)\cdot\sigma[\sigma^{-1}(x)]=\sigma[c\cdot\sigma^{-1}(x)]\\&=\sigma[\sigma^{-1}(x)c]=\sigma[\sigma^{-1}(x)]\cdot\sigma(c)\\&=x\sigma(c),\end{aligned}$$

即 $\sigma(c)\in C, \sigma(C)\subseteq C$.因此 C 是 G 的一个特征子群.

（证毕）

但应注意，群的中心不一定是全特征子群.

例 3　证明：有理数域 $\mathbf{Q}$ 上的 2 阶线性群 $G=GL_2(\mathbf{Q})$ 的中心（$\mathbf{Q}$ 上所有 2 阶标量矩阵）不是全特征子群.

证　任取 $A\in G$，即 A 为有理数域 $\mathbf{Q}$ 上一个 2 阶满秩方阵，则行列式 $\det A$ 是个有理数.因此可令

$$\det A=\frac{b}{a}2^{n(A)},$$

其中 a, b 为奇数，$n(A)$ 是与 A 有关的整数.

对于 $A, B\in G$，由于 $\det(AB)=\det A\cdot\det B$，故有

$$n(AB)=n(A)+n(B).$$

于是易知

$$\varphi:\quad A\longrightarrow\begin{pmatrix}1&n(A)\\0&1\end{pmatrix}$$

是 G 到自身的一个映射.又由于

$$\begin{aligned}\varphi(AB)&=\begin{pmatrix}1&n(AB)\\0&1\end{pmatrix}=\begin{pmatrix}1&n(A)+n(B)\\0&1\end{pmatrix}\\&=\begin{pmatrix}1&n(A)\\0&1\end{pmatrix}\begin{pmatrix}1&n(B)\\0&1\end{pmatrix}=\varphi(A)\varphi(B),\end{aligned}$$

故 φ 是群 G 的一个自同态映射.但是，φ 把 G 的中心元 $\begin{pmatrix}2&0\\0&2\end{pmatrix}$ 变成非中心元 $\begin{pmatrix}1&2\\0&1\end{pmatrix}$，因此，$G$ 的中心不是全特征子群.

（证毕）

例 4　证明：循环群 $G=\langle a\rangle$ 的子群都是全特征子群.

证　设 $H=\langle a^s\rangle\leqslant G$，$\varphi$ 为 G 的任一自同态且 $\varphi(a)=a^t$，则 $\varphi(a^s)=a^{st}\in H$.从而 $\varphi(H)\subseteq H$，即 H 是 G 的全特征子群.

（证毕）

由以上讨论和例子可知，全特征子群、特征子群和正规子群（不变子群）之间的关系是

$$\text{全特征子群}\subset\text{特征子群}\subset\text{正规子群}.$$

定理 4　设 C 是群 G 的中心，则

$$\mathrm{Inn}\,G\cong G/C.$$

证　易知

$$\varphi: \quad a \longrightarrow \tau_a \quad (\forall a \in G)$$

是群 G 到 Inn G 的一个满射.又由定理 3 知 $\tau_{ab}=\tau_a\tau_b$，即 $\varphi(ab)=\varphi(a)\varphi(b)$，故 $G\sim$ Inn G.

又若 τ_a 是 G 的恒等自同构，即对 G 中任意元素 x 都有$\tau_a(x)=x$，即有 $axa^{-1}=x$，$ax=xa$，则 $a\in C$.

反之，任取 $c\in C$，则显然 τ_c 是 G 的恒等自同构，故

$$C=\mathrm{Ker}\ \varphi.$$

于是由群同态基本定理知，

$$\mathrm{Inn}\ G\cong G/C.$$

（证毕）

此定理表明，欲求群 G 的内自同构群 Inn G，只需求 G 的中心 C，再作 G/C，即得 Inn G.但是要定出一个已知群的自同构群，一般是非常困难的.这是因为，在大多数情况下，一个群的本身的性质不能转移到它的自同构群上去.例如，由例 1 知，交换群的自同构群可能是不可交换的；推论 2 说明，不同构的群其自同构群却可能是同构的.另外，无限群的自同构群可能无限也可能有限，等等.

尽管如此，对有些群则可以定出它的自同构群的一些性质.例如，可以证明无中心群的自同构群也必为无中心群.从而可知，当$n\geqslant 3$ 时 Aut S_n 是无中心群.将此留作习题，不再详述.

习 题 3.5

1. 证明：阶数≤7 的循环群的自同构群都是循环群.

2. 证明：非交换群的自同构群不能是循环群.

提示：用反证法并利用定理 4.

3. 证明：若群 G 的自同构群是一个单位元群(即 G 只有恒等自同构)，则 G 必为交换群且每个元素都满足方程 $x^2=e$.

提示：利用定理 4 并证明 $a\longrightarrow a^{-1}$是 G 的自同构.

4. 证明：任何非交换单群 G 必与其内自同构群 Inn G 同构.

*§6　Sylow 定理

有限群是代数学的一个重要分支，它在群的理论中占有非常重要的地位.有限群之所以重要，不仅因为这种理论对数学本身特别是群论产生重要影响，而且在实际应用中，例如在理论物理、量子力学、量子化学以及结晶学等方面都有广泛应用.前述关于有限单群分类问题解决后，对整个有限群理论研究带来深远影响，一些长期得不到解决的猜想迎刃而解.尽管如此，有限群理论中仍存在大量问题等待进一步研究解决.

在本书此前的所有讨论中，除置换群外，虽然也不断地涉及有限群并得到有限群的一些结论，但那仍然是关于有限群的一些零星结果.本章最后两节，将集中介绍有限

群理论中两个最基本最重要的内容，即 Sylow 定理和有限交换群基本定理.本节先讨论关于有限群的 Sylow 定理.

为此，下面先介绍群直积的概念.

在群的研究中，往往要从已知的群出发，来研究与其相关联的一些群，如子群、正规子群和商群，等等.其中商群就是从已知的群与其正规子群出发所构造出来的一种新的群，它与原来的群有着密切的联系.下面介绍另外一种非常重要而且基本的方法，利用这种方法也可以从已知的群构造出新的群来，这就是群的直积.

首先介绍 Descartes(笛卡儿)积的概念.

设 $A_1,A_2,\cdots,A_n$ 为任意 n 个集合，则称集合

$$A_1\times A_2\times\cdots\times A_n=\{(a_1,a_2,\cdots,a_n)\mid a_i\in A_i\}$$

为这 n 个集合的Descartes 积.并且规定

$$(a_1,a_2,\cdots,a_n)=(b_1,b_2,\cdots,b_n)$$

当且仅当 $a_1=b_1,a_2=b_2,\cdots,a_n=b_n$.

在 Descartes 积的基础上，我们来介绍群的直积的概念.

设 $A_1,A_2,\cdots,A_n$ 为任意 n 个群.则 Descartes 积 $A_1\times A_2\times\cdots\times A_n$ 对运算

$$(a_1,a_2,\cdots,a_n)(b_1,b_2,\cdots,b_n)=(a_1b_1,a_2b_2,\cdots,a_nb_n)$$

显然作成一个群，而且$(e_1,e_2,\cdots,e_n)$(e_i 为 A_i 的单位元)为其单位元，又$(a_1^{-1},a_2^{-1},\cdots,a_n^{-1})$是$(a_1,a_2,\cdots,a_n)$的逆元.我们称这个群为群 $A_1,A_2,\cdots,A_n$ 的直积，而称每个 A_i 为这个直积的一个直积因子.

易知，直积是交换群(有限群)当且仅当每个直积因子都是交换群(有限群).而且当每个 A_i 都是有限群时，有

$$|A_1\times A_2\times\cdots\times A_n|=|A_1|\cdot|A_2|\cdot\cdots\cdot|A_n|.$$

在直积中，若令

$$G_i=\{(e_1,\cdots,e_{i-1},a_i,e_{i+1},\cdots,e_n)\mid a_i\in A_i\},$$

则易知

$$\varphi_i:\quad a_i\longrightarrow(e_1,\cdots,e_{i-1},a_i,e_{i+1},\cdots,e_n)$$

是 A_i 到 G_i 的一个同构映射.因此，G_i 是直积的一个子群，且

$$A_i\cong G_i,\quad i=1,2,\cdots,n.$$

定理 1 设 $A_1,A_2,\cdots,A_n$ 是 n 个群，又

$$G=A_1\times A_2\times\cdots\times A_n,$$

则 G 的上述子群 $G_1,G_2,\cdots,G_n$ 与 G 有以下关系：

1) $G_1,G_2,\cdots,G_n$ 都是 G 的正规子群；

2) $G=G_1G_2\cdots G_n$，即 G 中每个元素都可表示为 $G_1,G_2,\cdots,G_n$ 中元素的积；

3) $G_1G_2\cdots G_{i-1}\cap G_i=e,\quad i=2,\cdots,n.$

证 1) 例如，任取

$$(a_1,e_2,\cdots,e_n)\in G_1,\quad(x_1,x_2,\cdots,x_n)\in G,$$

其中 e_i 为群 A_i 的单位元，则

$$(x_1,x_2,\cdots,x_n)(a_1,e_2,\cdots,e_n)(x_1,x_2,\cdots,x_n)^{-1}=(x_1a_1x_1^{-1},e_2,\cdots,e_n)\in G_1,$$

故 $G_1\lhd G$.

同理有 $G_i \trianglelefteq G, i=2,\cdots,n$.

2)与 3)显然.

（证毕）

定义 1 设 $G_1,G_2,\cdots,G_n$ 为群 G 的 n 个子群.如果这 n 个子群满足定理 1 中的条件 1),2),3),则称群 G 是子群 $G_1,G_2,\cdots,G_n$ 的内直积.而把此前用 Descartes 积所表示的直积称为外直积.

定理 2 设 $G_1,G_2,\cdots,G_n$ 为群 G 的 n 个子群,则 G 是这 n 个子群的内直积的充要条件是

1° $G=G_1G_2\cdots G_n$,且 G 中每个元素的表示法是唯一的;

2° G_i 中任意元素同 $G_j(i\neq j)$ 中任意元素可换.

证 必要性.设 G 是子群 $G_1,G_2,\cdots,G_n$ 的内直积,但 G 中有元素 x 表示为 $G_1,G_2,\cdots,G_n$ 中元素相乘时不唯一.令

$$x=a_1\cdots a_{i-1}a_i\cdots a_n=b_1\cdots b_{i-1}b_i\cdots b_n \quad (a_j,b_j\in G_j, j=1,2,\cdots,n),$$

$$a_i\neq b_i,\quad a_{i+1}=b_{i+1},\quad \cdots,\quad a_n=b_n,$$

则有

$$(b_1\cdots b_{i-1})^{-1}(a_1\cdots a_{i-1})=b_ia_i^{-1}\in G_1\cdots G_{i-1}\cap G_i,$$

这与 $G_1\cdots G_{i-1}\cap G_i=e$ 矛盾.故条件 1°成立.

又设 $i\neq j$,任取 $a_i\in G_i, a_j\in G_j$,则由定理 1 知,G_i,G_j 都是 G 的正规子群,故

$$a_ia_ja_i^{-1}a_j^{-1}\in G_i\cap G_j.$$

但由定理 1 易知 $G_i\cap G_j=e$,故

$$a_ia_ja_i^{-1}a_j^{-1}=e,\quad a_ia_j=a_ja_i,$$

即条件 2°也成立.

充分性.设 G 的子群 $G_1,G_2,\cdots,G_n$ 满足条件 1°,2°,下证必满足定理 1 中的条件 1),2),3).

满足条件 2)显然,故只需证明满足条件 1),3).

任取 $x_i\in G_i, a\in G$,且令

$$a=a_1a_2\cdots a_i\cdots a_n \quad (a_j\in G_j, j=1,2,\cdots,n),$$

则由 2°易知

$$ax_ia^{-1}=a_ix_ia_i^{-1}\in G_i,$$

故 $G_i\trianglelefteq G$,即定理 1 中的条件 1)成立.

又若 $G_1G_2\cdots G_{i-1}\cap G_i\neq e$,则必有

$$e\neq a_i=a_1a_2\cdots a_{i-1}\in G_1G_2\cdots G_{i-1}\cap G_i,$$

其中 $a_j\in G_j, j=1,2,\cdots,i$.这与 1°矛盾.故定理 1 中的条件 3)也成立.因此,群 G 是子群 $G_1,G_2,\cdots,G_n$ 的内直积.

（证毕）

这个定理说明,对于子群的内直积来说,定理 1 中的条件 1),2),3)同定理 2 中的条件 1°,2°是等价的.从而也可以利用条件 1°,2°来作为内直积的定义.

另外易知,定理 1 中的条件 3)也可以换成条件

3′) $G_1G_2\cdots G_{i-1}G_{i+1}\cdots G_n\cap G_i=e,\quad i=1,2,\cdots,n.$

由定理 1 知，由群的外直积可以引出一个内直积.同样，由内直积也将引出一个外直积.

事实上，设群 G 是其子群 $G_1, G_2, \cdots, G_n$ 的内直积，则令

$$\overline{G}=G_1\times G_2\times\cdots\times G_n,$$

易知

$$\varphi:\quad a_1a_2\cdots a_n\longrightarrow(a_1,a_2,\cdots,a_n)\quad(a_i\in G_i)$$

是群 G 与群 $\overline{G}$ 的一个同构映射.因此 $G\cong\overline{G}$.

这样一来，如果把同构的群不加区分的话，外直积与内直积就是一致的了.因此，当群 G 是子群 $G_1, G_2, \cdots, G_n$ 的内直积时，也往往表示成

$$G=G_1\times G_2\times\cdots\times G_n.$$

而且在一般情况下，把内或外直积均简称为直积.

一个群若能分解成其子群的直积，则称为可分解群；否则称为不可分解群.

加群的直积称为直和，并用符号$\oplus$代替$\times$.

下面再转向对 Sylow 定理的介绍.

根据 Lagrange 定理，如果 H 是有限群 G 的一个子群，则 $|H|$ 是 $|G|$ 的一个因数.但是，这个定理的逆定理不成立，即若 m 是 $|G|$ 的一个因数，则 G 并不一定有 m 阶子群.例如，四元交错群 A_4，$|A_4|=12$，尽管易知它有 2，3，4 阶子群，但它却没有 6 阶子群.

虽然不是对 $|G|$ 的每个因数 m 群 G 都有 m 阶子群，但是对 $|G|$ 的某些特殊因数 m，G 却有 m 阶子群.例如习题 3.2 第 8 题指出，对 $|G|$ 的每个素因数 p，G 必有 p 阶子群.本节要证明的 Sylow 定理，将进一步推广这一结果，并包含着与其相关联的一系列非常深刻的结论.

定义 2 设 G 是一个有限群，且 $|G|=p^s m$，其中 p 是素数，s 是非负整数，$p\nmid m$.则称 G 的 p^s 阶子群为 G 的一个 Sylow p 子群.

Sylow p 子群有时也简称为 Sylow 子群.

对于任意有限群 G 与任意的素数 p 来说，G 的 Sylow p 子群是否存在？如果存在，有多少个以及它们之间有些什么样的关系？以下所证明的三个 Sylow 定理，将对这些问题作出全面而彻底的回答.

为了证明 Sylow 定理，下面先介绍重陪集概念及其简单性质.

定义 3 设 H, K 为群 G(不一定有限)的两个子群，又令 $x\in G$.则称 G 的子集

$$HxK=\{hxk\mid h\in H, k\in K\}$$

为群 G 关于子群 H, K 的一个重陪集.

简称 HxH 为关于子群 H 的一个重陪集.

引理 1 对群 G 的任二重陪集 HxK 与 HyK，若

$$HxK\cap HyK\neq\varnothing,$$

则必有 $HxK=HyK$.

证 由于 $HxK\cap HyK\neq\varnothing$，故有元素 $a\in HxK\cap HyK$.令

$$a=h_1xk_1=h_2yk_2\quad(h_i\in H, k_i\in K),$$

则 $x=h_1^{-1}h_2yk_2k_1^{-1}\in HyK$.从而对任意 $h\in H,k\in K$,有

$$hxk=(hh_1^{-1}h_2)y(k_2k_1^{-1}k)\in HyK,$$

因此,$HxK\subseteq HyK$.

同理有 $HyK\subseteq HxK$.故 $HxK=HyK$.

(证毕)

由于对群 G 中任何元素 x 总有 $x\in HxK$,因此,这个引理表明,类似于群的左或右陪集分解,可将 G 分解成互不相交的若干个重陪集的并.而称这种分解为群 G 关于子群 H,K 的重陪集分解.

另外,显然

$$HxK=\bigcup_{k\in K}Hxk=\bigcup_{h\in H}hxK,$$

即重陪集 HxK 是一切形如 $Hxk(k\in K)$的右陪集的并,同时也是一切形如 $hxK(h\in H)$的左陪集的并.因此,群 G 的重陪集分解,实际上就是 G 的普通左或右陪集分解按某种方式的重组与合并.

现在进一步问:包含在重陪集 HxK 内的 H 的右陪集有多少个?

下面的引理回答这个问题.

引理 2 在群 G 的重陪集 HxK 中,含子群 H 的右陪集的个数等于

$$(K:K\cap x^{-1}Hx);$$

含子群 K 的左陪集的个数等于

$$(H:H\cap xKx^{-1}).$$

证 设

$$S=\{Hxk\mid k\in K\},\quad T=\{(K\cap x^{-1}Hx)k\mid k\in K\};$$

并令

$$\varphi:\quad Hxk\longrightarrow(K\cap x^{-1}Hx)k\quad(\forall k\in K).$$

如果 $Hxk_1=Hxk_2(k_1,k_2\in K)$,则

$$xk_1\cdot k_2^{-1}x^{-1}\in H,\quad k_1k_2^{-1}\in x^{-1}Hx,$$

从而 $k_1k_2^{-1}\in K\cap x^{-1}Hx$.因此

$$(K\cap x^{-1}Hx)k_1=(K\cap x^{-1}Hx)k_2,$$

这说明 φ 是 S 到 T 的一个映射.

类似证明,可知 φ 是单射.又显然 φ 是满射.

因此,φ 是 S 到 T 的一个双射.

同理可证引理中的另一结论.

(证毕)

引理 3 设 $G=Hx_1H\cup Hx_2H\cup\cdots\cup Hx_rH$ 是有限群 G 关于子群 H 的重陪集分解.则对任意 $Ha\subseteq N(H)$,都有某个 Hx_j 使

$$Ha=Hx_j\quad(1\leqslant j\leqslant r).$$

证 因为任何右陪集必含于某个重陪集中,故不妨设

$$Ha\subseteq Hx_jH,\quad 1\leqslant j\leqslant r,$$

于是 $a\in Hx_jH$.令 $a=h_1x_jh_2(h_1,h_2\in H)$,则 $x_j=h_1^{-1}ah_2^{-1}$.据此,并根据 $a\in Ha\subseteq N(H)$与 $aH=Ha$ 便可得 $Hx_j=Ha$,即

$$Ha=Hx_j.$$

(证毕)

此引理表明,含于正规化子 $N(H)$内的关于 H 的任意右陪集均与 $Hx_1,Hx_2,\cdots,Hx_r$ 中的某个右陪集相等.

有了以上引理,下面就可以来证明三个 Sylow 定理了.

定理 3(第一 Sylow 定理——存在性和包含性) 设 G 是有限群,且 $|G|=p^sm$,其中 p 是素数,s 是正整数,$p\nmid m$.则对 G 的每个 $p^i(i=0,1,\cdots,s-1)$阶子群 H,总存在 G 的 p^{i+1}阶子群 K,使$H\trianglelefteq K$.

证 设 G 关于 $p^i(0\leqslant i<s)$阶子群 H 的重陪集分解为

$$G=Hx_1H\cup Hx_2H\cup\cdots\cup Hx_rH, \tag{1}$$

且 Hx_jH 是由 t_j 个 H 的右陪集所组成.于是由引理 2 及(1)知

$$t_j=(H:H\cap x_j^{-1}Hx_j),\quad j=1,2,\cdots,r. \tag{2}$$

$$(G:H)=t_1+t_2+\cdots+t_r. \tag{3}$$

又因为$|H|=p^i(0\leqslant i<s)$,故

$$|G|=p^sm=|H|(G:H)=p^i(G:H),$$

从而 $p\,|\,(G:H)$.于是分别由(3)及(2)得

$$p\,|\,t_1+t_2+\cdots+t_r,\quad t_j\,|\,p^i,\quad j=1,2,\cdots,r. \tag{4}$$

下证:$t_j=1 \iff Hx_j\subseteq N(H)$.

1) 设 $t_j=1$.由(2)得 $1=(H:H\cap x_j^{-1}Hx_j)$.因此

$$H=H\cap x_j^{-1}Hx_j\subseteq x_j^{-1}Hx_j.$$

但是$|H|=|x_j^{-1}Hx_j|$,故 $H=x_j^{-1}Hx_j$,$x_jH=Hx_j$,$x_j\in N(H)$.从而

$$Hx_j\subseteq N(H).$$

2) 设 $Hx_j\subseteq N(H)$.由于 $x_j\in Hx_j$,故 $Hx_j=x_jH$,$x_j^{-1}Hx_j=H$.从而

$$t_j=(H:H\cap x_j^{-1}Hx_j)=1.$$

由引理 3,正规化子 $N(H)$内的右陪集均呈 Hx_j 形,故以上说明:在 $t_1,t_2,\cdots,t_r$ 中 $t_j=1$ 的个数就是 $N(H)$中(关于 H 的)右陪集的个数,也就是指数$(N(H):H)$.从而由(4)知

$$p\,|\,(N(H):H)\quad 或\quad p\,|\,|N(H)/H|.$$

于是由习题 3.2 第 8 题知,商群 $N(H)/H$ 有 p 阶子群.又由群的第三同构定理,此 p 阶子群设为$K/H(H\trianglelefteq K\leqslant N(H))$,从而 $H\trianglelefteq K$ 且

$$|K|=|K/H|\cdot|H|=p\cdot p^i=p^{i+1}.$$

由于当 $i=0$ 时 $p^0=1$ 阶子群(即单位元群)总存在,从而以上论证表明 $p,p^2,\cdots,p^s$ 阶子群总存在,且其中的 p^i 阶子群还是 p^{i+1}阶子群的正规子群.特别其中的 p^s 阶子群就是G 的 Sylow p 子群.

(证毕)

定理 4(第二 Sylow 定理——共轭性) 设 G 是有限群,p 是素数.则 G 的所有

Sylow p 子群恰好是群 G 的一个共轭子群类.

证 设 $|G|=p^s m$, $p\nmid m$. 显然,与 Sylow p 子群共轭的子群都是 Sylow p 子群.

下面进一步证明:G 的任二 Sylow p 子群必共轭.

设 H,K 是群 G 的任二 Sylow p 子群,从而

$$|H|=|K|=p^s.$$

根据引理 1,设 G 关于 H,K 的重陪集分解为

$$G=Hx_1K\cup Hx_2K\cup\cdots\cup Hx_rK,$$

且重陪集 Hx_iK 中含 H 的右陪集的个数为

$$t_i=(K:K\cap x_i^{-1}Hx_i),\quad i=1,2,\cdots,r.$$

由此得

$$(G:H)=t_1+t_2+\cdots+t_r. \tag{5}$$

由于 $|G|=|H|(G:H)$ 和 $|H|=p^s$,故 $p\nmid(G:H)$;又因为每个 t_i 都是 p 的非负整数次幂,故由(5)知,至少有一个 $t_i=1$.例如不妨设 $t_1=1$,即

$$(K:K\cap x_1^{-1}Hx_1)=1,$$

从而 $K=K\cap x_1^{-1}Hx_1\subseteq x_1^{-1}Hx_1$.但是 $|K|=|x_1^{-1}Hx_1|=p^s$,故

$$K=x_1^{-1}Hx_1,$$

即 H 与 K 共轭.

因此,G 的全体 Sylow p 子群恰好是一个共轭子群类.

(证毕)

例 1 求出三元对称群 S_3 的所有 Sylow p 子群.

解 由于 $|S_3|=6=2\cdot 3$,故当素数 $p\neq 2,3$ 时,S_3 的 Sylow p 子群就是 S_3 的 $p^0=1$ 阶子群,即 $\{(1)\}$.S_3 的 Sylow 2 子群($p=2$)有 3 个,即

$$H_1=\{(1),(12)\},\quad H_2=\{(1),(13)\},\quad H_3=\{(1),(23)\}.$$

它们是 S_3 的一个共轭子群类.最后,S_3 的 Sylow 3 子群($p=3$)只有一个,即 $H_4=\{(1),(123),(132)\}$,它当然是 S_3 的一个正规子群.

再来证明最后一个 Sylow 定理.

定理 5(第三 Sylow 定理——计数定理) 设 G 是有限群,且 $|G|=p^s m$,其中 p 是素数,$p\nmid m$.若 G 的 Sylow p 子群共有 k 个,则 $k\mid |G|$ 且 $p\mid(k-1)$,即

$$k\equiv 1\pmod p.$$

证 首先,设 H 是群 G 的一个 Sylow p 子群,则由定理 4 及习题 3.2 第 7 题知,

$$k=(G:N(H)).$$

从而 $k\mid |G|$.

其次,根据引理 1,设

$$G=Hx_1H\cup Hx_2H\cup\cdots\cup Hx_rH$$

是 G 关于 H 的重陪集分解,并设

$$t_i=(H:H\cap x_i^{-1}Hx_i)\quad (i=1,2,\cdots,r)$$

是 Hx_iH 中含 H 的右陪集的个数，则

$$(G:H)=t_1+t_2+\cdots+t_r. \tag{6}$$

同定理 3 一样，$t_1,t_2,\cdots,t_r$ 中共有 $(N(H):H)$ 个是 1，而其余的 t_i 都是 p 的正整数次幂. 于是由(6)知

$$p\mid((G:H)-(N(H):H)). \tag{7}$$

但是

$$(G:H)=(G:N(H))(N(H):H)=k(N(H):H), \tag{8}$$

故由(7)知，p 整除 $k(N(H):H)-(N(H):H)$，即

$$p\mid(N(H):H)(k-1). \tag{9}$$

又因为现在的 H 是 G 的 Sylow p 子群，故 $p\nmid(G:H)$. 从而由(8)知，

$$p\nmid(N(H):H).$$

再由(9)得 $p\mid(k-1)$，即

$$k\equiv1(\bmod p).$$

（证毕）

作为第三 Sylow 定理的一个应用，我们来证明

定理 6　设 G 是有限群，$|G|=pq$，其中 p,q 是互异的素数，且

$$p\nmid(q-1),q\nmid(p-1).$$

则 G 是一个循环群.

证　由第三 Sylow 定理，G 的 Sylow p 子群的个数 k 整除 $|G|=pq$，且 $p\mid(k-1)$，从而 $p\nmid k$，$(k,p)=1$，故 $k\mid q$. 但 q 是素数，故

$$k=1 \text{ 或 } q.$$

又由假设 $p\nmid(q-1)$，故 $k\neq q$，只有 $k=1$. 即 G 只有一个 Sylow p 子群 P，从而是 G 的一个正规子群.

同理，G 只有一个 Sylow q 子群 Q，它也是 G 的一个正规子群.

由于 $p\neq q$，故 $|P|=p$，$|Q|=q$，从而 P,Q 都是素数阶循环群. 设

$$P=\langle a\rangle,\quad Q=\langle b\rangle,$$

由 Lagrange 定理知，$|P\cap Q|=1$. 但是 $P\trianglelefteq G$，$Q\trianglelefteq G$，故

$$aba^{-1}b^{-1}\in P\cap Q,\quad ab=ba,$$

于是 $|ab|=pq=|G|$. 因此，G 是循环群且

$$G=\langle ab\rangle.$$

（证毕）

例 2　证明：凡 15 阶群都是循环群.

证　设 G 是任意一个 15 阶群. 由于 $|G|=3\cdot5$，$3\nmid(5-1)$，$5\nmid(3-1)$，故由定理 6 知，G 是一个循环群.

（证毕）

例 3　证明：凡 33 阶群及 35 阶群都是循环群.

证　同例 2 一样，由定理 6 直接可得.

（证毕）

例 4　证明：凡 200 阶群都不是单群.

证 设 G 是任意一个 200 阶群. 则由于

$$|G|=200=2^3\cdot 5^2,$$

故 G 有 5^2 阶子群,即 G 的 Sylow 5 子群. 设 G 共有 k 个 Sylow 5 子群,则由第三 Sylow 定理知,

$$k\mid 2^3\cdot 5^2 \quad 且 \quad k\equiv 1(\mathrm{mod}\ 5).$$

由此又易知只能 $k=1$.即 G 的 Sylow 5 子群只有一个,于是它是 G 的正规子群.故 G 不是单群.

(证毕)

一般来说,一个群不能是其 Sylow 子群的直积.例如,由例 1 可知,三元对称群 S_3 就属于这种情况.

下面给出有限群是其 Sylow 子群直积的充要条件.

定理 7 设 G 是有限群,且 $|G|=p_1^{k_1}p_2^{k_2}\cdots p_m^{k_m}$ 为标准分解式.则 G 是其 Sylow p_i 子群 $P_i(i=1,2,\cdots,m)$ 的直积的充要条件是,每个 P_i 都是 G 的正规子群.

证 必要性显然,下证充分性.

设每个 $P_i(i=1,2,\cdots,m)$ 都是 G 的正规子群.则由于

$$|P_i|=p_i^{k_i},\quad i=1,2,\cdots,m,$$

从而有 $|P_1P_2\cdots P_m|=p_1^{k_1}p_2^{k_2}\cdots p_m^{k_m}=|G|$.因此

$$G=P_1P_2\cdots P_m.$$

又易知 $P_1P_2\cdots P_{i-1}\cap P_i=e, i=2,\cdots,m$,故

$$G=P_1\times P_2\times\cdots\times P_m.$$

(证毕)

顺便指出,这个定理中的 Sylow p_i 子群 P_i 就是由 G 中所有阶为 p_i 的方幂的元素作成的集合.

由定理 7 立即可得

推论 1 任何有限交换群都是其所有 Sylow 子群的直积.

对于有限交换群来说,Lagrange 定理的逆定理也成立.即以下的推论.

推论 2 设 G 是有限交换群.如果 $d\mid |G|$,则 G 有 d 阶子群.

证 设 $|G|=p_1^{k_1}p_2^{k_2}\cdots p_m^{k_m}$ 为 $|G|$ 的标准分解式.由于 $d\mid |G|$,故可设

$$d=p_1^{r_1}p_2^{r_2}\cdots p_m^{r_m},$$

其中 $0\leqslant r_i\leqslant k_i, i=1,2,\cdots,m$.但由第一 Sylow 定理知,$G$ 有 $p_i^{r_i}$ 阶子群 $H_i(i=1,2,\cdots,m)$,从而 G 有 d 阶子群

$$H=H_1\times H_2\times\cdots\times H_m.$$

(证毕)

下一节我们还将进一步专门讨论有限交换群的基本理论.

本节最后介绍一种与 Sylow p 子群密切相关的群——p 群.

定义 4 若群 G 中每个元素的阶都有限,并且都是素数 p 的方幂,则称 G 是一个 p 群.

习题 2.4 第 5 题中的群 G_p 是一个无限 p 群.

显然,由第一 Sylow 定理知,有限群 G 的每个 p 子群都包含在 G 的某个 Sylow p

子群中.

当然,群 G 的两个不同的 p 子群可能被包含在 G 的两个不同的 Sylow p 子群中.

关于有限 p 群,有以下定理.

定理 8 有限群 G 是 p 群的充要条件是,$|G|$ 是 p 的方幂.

证 充分性显然,下证必要性.

设有限群 G 是 p 群,但 $|G|$ 有素因数 $q \neq p$.则由 Sylow 定理知,G 有 q 阶元素.这与 G 是 p 群矛盾.因此,$|G|$ 必是素数 p 的方幂.

(证毕)

由于 Sylow p 子群都是 p 群,因此由推论 1 可知,任何有限交换群都可表示为 p 群的直积.这表明在群论中研究 p 群的重要性.

p 群有很多基本和重要的性质,不再赘述.

习 题 3.6

1. 试求出四元交错群 A_4 的所有 Sylow 子群.

2. 设 G 是 np 阶群(p 是素数).证明:若 $n<p$,则 G 有 p 阶正规子群.

提示:利用第三 Sylow 定理.

3. 设 G 是一个有限群,P 是 G 的一个 Sylow p 子群,H 是 G 的一个 p 子群.证明:若 $H \subseteq N(P)$,则 $H \subseteq P$.

4. 设 K 是群 G 的一个有限正规子群,P 是 K 的一个 Sylow p 子群.证明:$G=N(P)K$.

5. 设 P 是有限群 G 的一个 Sylow p 子群.证明:若 G 有子群 H 包含 $N(P)$,则 $N(H)=H$.

6. 设 H,K 是群 G(不一定有限)的两个 p 子群,且 $K \trianglelefteq G$.证明:HK 也是 G 的一个 p 子群.

提示:利用群同构定理:$HK/K \cong H/(H \cap K)$.

7. 证明:196 阶群 G 必有一个阶大于 1 的 Sylow 子群,它是 G 的一个正规子群.

8. 证明:有限群 G 必有一个最大正规 p 子群 H.即 H 是 G 的正规 p 子群,又若 K 也是 G 的正规 p 子群,则必有 $K \subseteq H$.

*§7 有限交换群

上一节利用 Sylow 定理证明了有限交换群可以分解成它的 Sylow 子群的直积.但 Sylow 子群不一定是循环群,也不一定是不可分解群.本节将进一步加细这种分解,从而得到有限交换群的基本定理和结构定理.

为证明有限交换群的基本定理,先证明以下引理.

引理 设 a 是群 G 的一个有限阶元素,且 $H \leqslant G$.又设 k 是使 $a^k \in H$ 的最小正整数.则

1) 当 $a^s \in H$ 时,$k \mid s$;

2) 当 $\langle a \rangle \cap H \neq e$ 时,$k < |a|$.

证 1) 令

$$s=kq+r,\quad 0\leqslant r<k.$$

则由于 $H\leqslant G$，故

$$a^s=a^{kq}\cdot a^r,\quad a^r=a^s\cdot(a^k)^{-q}\in H.$$

再由 k 的最小性知，$r=0$.因此，$k\mid s$.

2) 因为 $\langle a\rangle\cap H\neq e$，故有 $b\in\langle a\rangle\cap H$，$b\neq e$.令

$$b=a^s\in H.$$

因为 $a^{|a|}=e\in H$，故由 k 的最小性知，$k\leqslant|a|$.

如果 $k=|a|$，则由 1)知，$|a|\mid s$.于是

$$b=a^s=e,$$

这与 $b\neq e$ 矛盾.因此，$k<|a|$.

（证毕）

定理 1（有限交换群基本定理） 任何阶大于 1 的有限交换群 G 都可以唯一地分解为素幂阶循环群（从而为不可分解群）的直积：

$$G=\langle a_1\rangle\times\langle a_2\rangle\times\cdots\times\langle a_n\rangle,$$

其中 $\langle a_i\rangle$ 是 $p_i^{\alpha_i}$（p_i 为素数，$i=1,2,\cdots,n$ 且 $\alpha_i>0$）阶循环群.

我们称每个素数幂 $p_i^{\alpha_i}$（$i=1,2,\cdots,n$）为群 G 的初等因子，而称其全体 $\{p_1^{\alpha_1},p_2^{\alpha_2},\cdots,p_n^{\alpha_n}\}$ 为群 G 的初等因子组.

证 由于阶大于 1 的有限交换群都可以唯一地分解为其 Sylow 子群的直积，故只需假设 G 是素幂阶有限交换群即可.因此，设

$$|G|=p^\alpha,\quad p\text{ 是素数},\quad \alpha\text{ 是正整数}.$$

1) 存在性.设 $G=\langle a_1,a_2,\cdots,a_n\rangle$，且 $a_1,a_2,\cdots,a_n$ 是 G 的使

$$|a_1|+|a_2|+\cdots+|a_n|$$

最小的一组 n 元生成系.即对 G 的任何一组 n 元生成系 $x_1,x_2,\cdots,x_n$ 均有

$$|a_1|+|a_2|+\cdots+|a_n|\leqslant|x_1|+|x_2|+\cdots+|x_n|.$$

下证

$$G=\langle a_1\rangle\times\langle a_2\rangle\times\cdots\times\langle a_n\rangle.\tag{1}$$

为此，令

$$H_t=\langle a_1\rangle\cdots\langle a_{t-1}\rangle\langle a_{t+1}\rangle\cdots\langle a_n\rangle,\quad t=1,2,\cdots,n.$$

于是，要证(1)成立显然只需证明：

$$\langle a_t\rangle\cap H_t=e,\quad t=1,2,\cdots,n.$$

设若不然，例如不妨设

$$\langle a_i\rangle\cap H_i\neq e,\quad i=1,2,\cdots,r,$$

$$\langle a_j\rangle\cap H_j=e,\quad j=r+1,r+2,\cdots,n,$$

其中 $r\geqslant 1$.现在令 k_i 是使 $a_i^{k_i}\in H_i(i=1,2,\cdots,r)$ 的最小正整数，且不妨设

$$k_1=\min(k_1,k_2,\cdots,k_r).$$

则由于 $a_i^{|a_i|}=e\in H_i$，故由引理，$k_i\mid|a_i|$.但是，$|G|=p^\alpha$，故每个 $|a_i|$（从而每个 k_i）都是 p 的方幂.于是

$$k_1 \mid k_i, \quad i=2,3,\cdots,r. \tag{2}$$

特别地，由引理还可知

$$k_1<|a_1|. \tag{3}$$

再由于 $a_1^{k_1} \in H_1=\langle a_2\rangle\langle a_3\rangle\cdots\langle a_n\rangle$，故可令

$$a_1^{k_1}=a_2^{s_2}a_3^{s_3}\cdots a_r^{s_r}a_{r+1}^{s_{r+1}}\cdots a_n^{s_n}. \tag{4}$$

但是

$$a_j^{s_j} \in \langle a_j\rangle \cap H_j=e, \quad j=r+1,r+2,\cdots,n.$$

故 $a_j^{s_j}=e, j=r+1,r+2,\cdots,n$.于是由(4)知

$$a_1^{k_1}=a_2^{s_2}a_3^{s_3}\cdots a_r^{s_r}. \tag{5}$$

由此等式又可知 $a_i^{s_i} \in H_i$，从而由引理，$k_i \mid s_i$.再由(2)知，$k_1 \mid s_i (i=2,3,\cdots,r)$.令

$$s_i=k_1q_i, \quad i=2,3,\cdots,r. \tag{6}$$

并且令

$$b_1=a_1a_2^{-q_2}\cdots a_r^{-q_r}. \tag{7}$$

则由此可知 $a_1=b_1a_2^{q_2}\cdots a_r^{q_r}$.从而

$$G=\langle b_1,a_2,\cdots,a_n\rangle,$$

即 $b_1,a_2,\cdots,a_n$ 也是群 G 的一组 n 元生成系.

然而由(7)以及(5)、(6)可知

$$b_1^{k_1}=a_1^{k_1}a_2^{-k_1q_2}\cdots a_r^{-k_1q_r}=e,$$

于是由(3)知，$|b_1|\leqslant k_1<|a_1|$.从而

$$|b_1|+|a_2|+\cdots+|a_n|<|a_1|+|a_2|+\cdots+|a_n|,$$

这与 $|a_1|+|a_2|+\cdots+|a_n|$ 的最小性矛盾.因此(1)式成立.

2）唯一性.设

$$G=\langle a_1\rangle\times\langle a_2\rangle\times\cdots\times\langle a_r\rangle=\langle b_1\rangle\times\langle b_2\rangle\times\cdots\times\langle b_s\rangle \tag{8}$$

是 G 的两种这样的分解，且其初等因子组分别为

$$\{m_1,m_2,\cdots,m_r\}, \quad \{n_1,n_2,\cdots,n_s\}.$$

其中每个 m_i 和每个 $n_j (i=1,2,\cdots,r;j=1,2,\cdots,s)$ 都是 p 的方幂.不妨假定

$$m_1\geqslant m_2\geqslant\cdots\geqslant m_r, \quad n_1\geqslant n_2\geqslant\cdots\geqslant n_s.$$

若 $r\neq s$，不妨设 $r<s$.

① 若 $m_1=n_1,\cdots,m_r=n_r$，则由(8)知，G 的阶按第一种分解为

$$m_1m_2\cdots m_r=n_1n_2\cdots n_r,$$

而按第二种分解又为

$$n_1n_2\cdots n_r\cdot n_{r+1}\cdots n_s,$$

这显然是不可能的.

② 若 $m_1=n_1,\cdots,m_{t-1}=n_{t-1}$，但 $m_t>n_t$.则令

$$H=\{x^{n_t} \mid x\in G\},$$

并由此易知 $H\leqslant G$，且由(8)有

$$H=\langle a_1^{n_t}\rangle\times\cdots\times\langle a_r^{n_t}\rangle=\langle b_1^{n_t}\rangle\times\cdots\times\langle b_s^{n_t}\rangle.$$

因为 $|a_i|=m_i$，故

$$|a_i^{n_t}|=\frac{m_i}{(n_t,m_i)},\quad i=1,2,\cdots,r.$$

但因 m_i 与 n_j 都是 p 的方幂，故 $n_t|m_i(i=1,2,\cdots,r)$.从而 H 的阶按第一种分解为正整数

$$\frac{m_1}{n_t},\frac{m_2}{n_t},\cdots,\frac{m_{t-1}}{n_t},\frac{m_t}{n_t},\frac{m_{t+1}}{(n_t,m_{t+1})},\cdots,\frac{m_r}{(n_t,m_r)}$$

之积.同理，H 的阶按第二种分解又为正整数

$$\frac{n_1}{n_t},\frac{n_2}{n_t},\cdots,\frac{n_{t-1}}{n_t},1,1,\cdots,1$$

之积.这显然也是不可能的.

因此，由①与②可知：$r=s$ 且 $m_i=n_i(i=1,2,\cdots,r)$.从而 $\langle a_i\rangle\cong\langle b_i\rangle$.亦即 G 的两种分解的初等因子组相同.

（证毕）

应注意，如果有限交换群 G 的初等因子组为 $\{p_1^{k_1},p_2^{k_2},\cdots,p_n^{k_n}\}$，则其中的素数 $p_1,p_2,\cdots,p_n$ 不一定是互不相同的，甚至也可以是完全相同的.另外，在 G 的两种这样的分解中，如果 $|a_i|=|b_i|$，则只能肯定 $\langle a_i\rangle\cong\langle b_i\rangle$，但却不一定有

$$\langle a_i\rangle=\langle b_i\rangle.$$

由定理 1 可知，一个有限交换群完全由其初等因子组所决定.

定理 2 两个阶大于 1 的有限交换群同构的充要条件是，二者有相同的初等因子组.

证 1）充分性.设阶大于 1 的有限交换群 G 与 $\overline{G}$ 有相同的初等因子组

$$\{p_1^{k_1},p_2^{k_2},\cdots,p_n^{k_n}\}.$$

则由定理 1 知，G 与 $\overline{G}$ 有相应的分解：

$$G=\langle a_1\rangle\times\langle a_2\rangle\times\cdots\times\langle a_n\rangle,$$

$$\overline{G}=\langle b_1\rangle\times\langle b_2\rangle\times\cdots\times\langle b_n\rangle,$$

其中 $|a_i|=|b_i|=p_i^{k_i},i=1,2,\cdots,n$.于是据此易知

$$\varphi:\quad a_1^{x_1}a_2^{x_2}\cdots a_n^{x_n}\longrightarrow b_1^{x_1}b_2^{x_2}\cdots b_n^{x_n}$$

（其中 $x_1,x_2,\cdots,x_n$ 为任意整数）是群 G 到 $\overline{G}$ 的一个同构映射，因此，$G\cong\overline{G}$.

2）必要性.设 $G\cong\overline{G}$，且仍用 φ 表示群 G 到 $\overline{G}$ 的一个同构映射.如果 G 的初等因子组为

$$\{p_1^{k_1},p_2^{k_2},\cdots,p_n^{k_n}\},$$

则由定理 1 知，G 有分解：

$$G=\langle a_1\rangle\times\langle a_2\rangle\times\cdots\times\langle a_n\rangle,$$

其中 $|a_i|=p_i^{k_i},i=1,2,\cdots,n$.在 φ 之下仍设

$$\varphi:\quad a_i\longrightarrow b_i,\quad i=1,2,\cdots,n.$$

由于 φ 是同构映射，故

$$|b_i|=|a_i|=p_i^{k_i},\quad i=1,2,\cdots,n.$$

从而由此以及 $|\overline{G}|=|G|=p_1^{k_1}p_2^{k_2}\cdots p_n^{k_n}$ 可知

$$\overline{G}=\langle b_1\rangle\times\langle b_2\rangle\times\cdots\times\langle b_n\rangle,$$

即 $\overline{G}$ 与 G 有相同的初等因子组 $\{p_1^{k_1},p_2^{k_2},\cdots,p_n^{k_n}\}$.

（证毕）

我们知道，循环群是完全研究清楚了的一个群类.现在由定理 1 与定理 2 可知，有限交换群也是研究清楚了的另一个重要群类.这两类群在群论的整个研究中占着重要地位并起着基本的作用.

下面介绍一种特殊的有限交换群.

定义　初等因子组为 $\{p,p,\cdots,p\}$（p 为素数）的有限交换群，称为初等交换群.

例 1　给出 Klein 四元群的直积分解和其初等因子组.

解　令 $e=(1)$, $a=(12)$, $b=(34)$, $c=(12)(34)$，则 Klein 四元群为 $K_4=\{e,a,b,c\}$，且易知

$$K_4=\langle a\rangle\times\langle b\rangle=\langle a\rangle\times\langle c\rangle=\langle b\rangle\times\langle c\rangle,$$

从而其初等因子组为 $\{2,2\}$.因此，Klein 四元群是一个初等交换群.

例 2　在同构意义下，给出所有 8 阶交换群.

解　因为 $8=2^3$，故相应 8 阶交换群的初等因子组共有三种：

$$\{2^3\},\quad \{2,2^2\},\quad \{2,2,2\}.$$

因此，在同构意义下 8 阶交换群共有三个，即

$$C_8,\quad C_2\times C_4,\quad C_2\times C_2\times C_2,$$

其中 C_i 为 i 阶循环群，$i=2,4,8$.

例 3　在同构意义下，给出所有 45 阶交换群.

解　因为 $45=3^2\times 5$，故相应 45 阶交换群的初等因子组共有两种：

$$\{3^2,5\},\quad \{3,3,5\}.$$

因此，在同构意义下 45 阶交换群共有两个，即

$$C_9\times C_5,\quad C_3\times C_3\times C_5,$$

其中 C_i 为 i 阶循环群，$i=3,5,9$.

而且由此可知，45 阶交换群都不是初等交换群.实际上，更一般地，凡阶有两个或两个以上互异素因子的交换群都不是初等交换群.

有限交换群基本定理，是有限交换群的最重要的结构定理.但是，有限交换群还有另一形式的结构定理，即以下结论.

定理 3（不变因子定理）　任何阶大于 1 的有限交换群 G 都可以唯一地分解为以下循环群的直积：

$$G=\langle b_1\rangle\times\langle b_2\rangle\times\cdots\times\langle b_m\rangle,$$

其中 $|b_i|>1, i=1,2,\cdots,m$ 且 $|b_i|\,\big|\,|b_{i+1}|, i=1,2,\cdots,m-1$.

我们称每个 $|b_i|$ 为群 G 的不变因子，而称其全体 $\{|b_1|,|b_2|,\cdots,|b_m|\}$ 为 G 的不变因子组.

证　1) 存在性.根据定理 1，不妨设 G 的全体初等因子是

$$p_1^{k_{11}}\leqslant p_1^{k_{12}}\leqslant\cdots\leqslant p_1^{k_{1s_1}},\quad \cdots,\quad p_r^{k_{r1}}\leqslant p_r^{k_{r2}}\leqslant\cdots\leqslant p_r^{k_{rs_r}},\tag{9}$$

其中 $p_1,p_2,\cdots,p_r$ 为互异的素数.并设在 G 的该直积分解中，相应于初等因子 $p_i^{k_{ij}}$ 的

循环群为$\langle a_{ij}\rangle$(即$|a_{ij}|=p_i^{k_{ij}}$).现在令$m=\max(s_1,s_2,\cdots,s_r)$,且

$$b_m=a_{1s_1}a_{2s_2}\cdots a_{rs_r}.$$

则易知

$$|b_m|=|a_{1s_1}|\cdot|a_{2s_2}|\cdots|a_{rs_r}|=p_1^{k_{1s_1}}p_2^{k_{2s_2}}\cdots p_r^{k_{rs_r}}.$$

再令$b_{m-1}=a_{1,s_1-1}a_{2,s_2-1}\cdots a_{r,s_r-1}$,同样有

$$|b_{m-1}|=p_1^{k_{1,s_1-1}}p_2^{k_{2,s_2-1}}\cdots p_r^{k_{r,s_r-1}}.$$

如此下去(当某个$p_i^{k_{ij}}$在(9)中取完时就不再取),可得$b_1,b_2,\cdots,b_{m-1},b_m$,且显然有

$$G=\langle b_1\rangle\times\langle b_2\rangle\times\cdots\times\langle b_m\rangle$$

和$|b_i|>1,|b_i|\,|\,|b_{i+1}|$.

2) 唯一性.设G除上面的分解外另有

$$G=\langle c_1\rangle\times\langle c_2\rangle\times\cdots\times\langle c_s\rangle,$$

其中$|c_i|>1,|c_i|\,|\,|c_{i+1}|$.则将每个循环群$\langle c_i\rangle$按定理1分解为阶是素数幂的循环群的直积,所有这些素数幂($i=1,2,\cdots,s$)就是G的初等因子组,即(9).

但由于$|c_i|\,|\,|c_{i+1}|$,故必有

$$|c_s|=p_1^{k_{1s_1}}p_2^{k_{2s_2}}\cdots p_r^{k_{rs_r}}=|b_m|.$$

如此下去,必有$s=m$且$|c_i|=|b_i|$,从而$\langle c_i\rangle$与$\langle b_i\rangle$同构,$i=1,2,\cdots,m$.

(证毕)

由定理2和定理3直接可得以下推论.

推论 两个阶大于1的有限交换群同构的充要条件是,二者有相同的不变因子组.

例4 设C_i是i阶循环群.求有限交换群

$$G=(C_2\times C_8)\times(C_3\times C_9\times C_9)\times(C_5\times C_{25})$$

的初等因子组、不变因子组和关于不变因子的直积分解.

解 G的初等因子组为

$$\{2,2^3;\quad 3,3^2,3^2;\quad 5,5^2\}.$$

再根据定理3可知,G的不变因子组为$2^3\cdot3^2\cdot5^2,2\cdot3^2\cdot5,3$,即

$$\{3,90,1\,800\}.$$

最后,关于G的不变因子的直积分解为

$$G=C_3\times(C_2\times C_9\times C_5)\times(C_8\times C_9\times C_{25})=C_3\times C_{90}\times C_{1\,800}.$$

例5 在同构意义下,利用不变因子给出所有72阶交换群.

解 因为$72=2^3\cdot3^2$,故相应于72阶交换群的初等因子组共有以下六种:

$$\{2,2,2,3,3\},\quad\{2,2^2,3,3\},\quad\{2^3,3,3\},$$

$$\{2,2,2,3^2\},\quad\{2,2^2,3^2\},\quad\{2^3,3^2\}.$$

故相应的不变因子组也共有六种,即

$$\{2,6,6\},\quad\{6,12\},\quad\{3,24\},$$

$$\{2,2,18\},\quad\{2,36\},\quad\{72\}.$$

从而互不同构的 72 阶交换群共有六个,它们是

$$C_2\times C_6\times C_6,\quad C_6\times C_{12},\quad C_3\times C_{24},$$
$$C_2\times C_2\times C_{18},\quad C_2\times C_{36},\quad C_{72}.$$

由本节的讨论明显可知,有限交换群的初等因子和不变因子的概念和理论,完全类似于高等代数中 λ-矩阵的初等因子和不变因子的概念和理论.

习 题 3.7

1. 证明:对任意素数 $p_1,p_2,\cdots,p_m$ 和任意正整数 $k_1,k_2,\cdots,k_m$,总存在有限交换群 G,其初等因子组为

$$\{p_1^{k_1},p_2^{k_2},\cdots,p_m^{k_m}\}.$$

2. 设 p 是素数.试给出同构意义下的所有 p^4 阶交换群.

3. 给出同构意义下的所有 108 阶交换群.

4. 设 G 是阶大于 1 的有限交换群.证明:若除 e 外其余元素的阶均相同,则 G 必为素幂阶群.

5. 设 G 是群,$H\leqslant G$.证明:如果关于 H 的任意两个左陪集的乘积仍是一个左陪集,则 $H\trianglelefteq G$.

6. 举例指出,存在群 G,C 为其中心,而商群 G/C 的中心的阶大于 1.

7. 设 G 为群,$N\trianglelefteq G$,$|N|=m$,$(m,n)=1$.证明:若 $|a|=n$,则 aN 在商群 G/N 中的阶也是 n;反之,若 aN 的阶是 n,则在 G 中有 n 阶元素 b 使 $bN=aN$.

提示:令 $ms+nt=1$,$b=a^{ms}$.

8. 称群 G 中元素 $a^{-1}b^{-1}ab$ 为 G 中元素 a 与 b 的换位元,记为 $a\circ b$.证明:

1) 由 G 中所有换位元生成的子群 K 是 G 的一个正规子群;

2) G/K 是交换群;

3) 若 $N\trianglelefteq G$,且 G/N 可换,则 $N\supseteq K$.

9. 设 H,K 是群 G 的两个有限正规子群,并且 $(|H|,|K|)=1$.证明:如果商群 G/H 与 G/K 都是交换群,则 G 也是交换群.

10. 设 k 是一个奇数.证明:$2k$ 阶群 G 必有一个 k 阶子群.

提示:在 G 中取一个 2 阶元 a,可先证

$$G=\{x_1,x_2,\cdots,x_k,ax_1,ax_2,\cdots,ax_k\};$$

再由 Cayley 定理,$G\cong\overline{G}$ 且

$$(x_1,ax_1)(x_2,ax_2)\cdots(x_k,ax_k)\in\overline{G};$$

再利用第二章 §6 例 3 即得.

11. 设 G 是一个阶大于 1 的有限 p 群.证明:G 的中心 C 的阶大于 1.

12. 证明:p^2 阶群必是交换群,其中 p 是一个素数.

提示:利用上题和习题 3.2 第 5 题.

13. 证明:如果有限 p 群 G 只有一个指数为 p 的子群,则 G 是一个循环群.

提示:令 $|G|=p^n$,并对 n 用数学归纳法.

14. 证明:n 阶群的自同构群是有限群,且其阶是 $(n-1)!$ 的一个因数.

15. 设 S_3 是 $M=\{1,2,3\}$ 上的三元对称群.证明:

$$\text{Aut } S_3\cong S_3.$$

提示:$\text{Aut } S_3\ni\tau\rightarrow$ 由 τ 导出 $\{H_1,H_2,H_3\}$(H_i 是 S_3 的 2 阶子群)上的一个置换.

16. 设 G 是一个有限群，且 $|G|=p^2q$，其中 p,q 是两个互异素数.证明：G 不是单群.

提示：利用 Sylow 定理.

17. 设 G 是一个有限群，且 $|G|=pqr$，其中 p,q,r 是互异素数.证明：G 不是单群.

提示：利用 Sylow 定理.

18. 设 G 是一个有限非交换单群，p 是一个素数，且 $p\mid |G|$.证明：G 的 Sylow p 子群的个数 $k>1$.

自测题

第四章 环与域

群是有一个代数运算的代数系统.但是,我们在数学特别是在高等代数中,遇到的很重要的讨论对象,例如,数、多项式、函数、矩阵和线性变换等,都有两个代数运算.这一事实说明,在近世代数中研究有两个代数运算的代数系统,也具有非常重要的现实意义.在有两个代数运算的代数系统中,最基本最重要的就是环与域.

环论起源于19世纪关于实数域的扩张和分类的研究.后来在J.H.M.Wedderburn(韦德伯恩)、A.E.Noether(诺特)、E.Artin(阿廷)及N.Jacobson(雅各布森)等人的不懈努力下,环论的研究不断发展,日臻完善,现在已成为代数学研究的一个重要分支.

这一章主要介绍环与域的定义和初步性质、一些常见的重要环类,以及理想、环同态基本定理,等等.

§1 环的定义

在给出环定义之前,我们需要先回顾一下加群的概念,并对其稍作进一步的介绍.

我们知道,一个交换群的代数运算叫做加法并用加号表示时,称为一个加群.为了符合通常习惯,加群中的单位元用0表示,并称为零元;元素a的逆元用$-a$表示,并称为a的负元.于是有

$$0+a=a+0=a,$$
$$a+(-a)=-a+a=0.$$

如果我们把$a+(-b)$简记为$a-b$,那么在加群中就有了一个减法,它是加法的逆运算.

易知,在加群中以下运算规则总是成立的:

$$-a+a=a-a=0,$$
$$-(-a)=a,$$
$$a+c=b \iff c=b-a,$$
$$-(a+b)=-a-b,\quad -(a-b)=b-a.$$

另外,乘群中通常的指数运算规则在加群中则自然改为倍数规则,即

$$0a=0\quad (\text{左边的 0 是数零,右边的 0 是零元}),$$

$$na=\overbrace{a+\cdots+a}^{n个},$$

$$(-n)a=n(-a)=-(na),\quad n 为正整数;$$

且对任意整数 m,n 又有

$$ma+na=(m+n)a,$$

$$m(na)=(mn)a,$$

$$n(a+b)=na+nb.$$

相应地，加群的非空子集 H 能作成子群的充要条件则改写成

$$a,b\in H \implies a+b\in H,$$

$$a\in H \implies -a\in H,$$

或

$$a,b\in H \implies a-b\in H.$$

有了这些说明，下面来介绍环的定义.

定义 1 设非空集合 R 有两个代数运算，一个叫做加法（一般用$+$表示），另一个叫做乘法.如果

1）R 对加法作成一个加群；

2）R 对乘法满足结合律：

$$(ab)c=a(bc);$$

3）乘法对加法满足左右分配律：

$$a(b+c)=ab+ac,\quad (b+c)a=ba+ca,$$

其中 a,b,c 为 R 中任意元素，

则称 R 对这两个代数运算作成一个环.

根据这个定义，凡数环都是环；另外，数域 F 上全体多项式的集合 $F[x]$，数域 F 上全体 n 阶方阵的集合，对各自通常的加法和乘法都作成环.我们分别称其为数域 F 上的多项式环和 n 阶全矩阵环.

如果环 R 的乘法满足交换律，即对 R 中任意元素 a,b 都有

$$ab=ba,$$

则称 R 为交换环（可换环）；否则称 R 为非交换环（非可换环）.

如果环 R 只含有限个元素，则称 R 为有限环；否则称 R 为无限环.

有限环 R 的元素个数称为 R 的阶，无限环的阶称为无限.环 R 的阶用 $|R|$ 表示.

数环和数域上的多项式环都是交换环.当 $n>1$ 时，数域上的 n 阶全矩阵环.

除去数环 $\{0\}$ 外，上面所举出的环都是无限环.在后面 §4 中我们将介绍一种重要的有限环.

例 1 设 R 是一个加群，再对 R 中任意元素 a,b 规定

$$ab=0,$$

则 R 显然作成一个环.这种环称为零乘环.

例 2 设 R 为整数集.证明 R 对以下二运算作成环：

$$a\oplus b=a+b-1,\quad a\circ b=a+b-ab.$$

证 容易验算 R 对$\oplus$作成一个加群，1 是零元，$2-a$ 是元素 a 的负元.

此外,易验证 R 对乘法满足结合律.下面仅证乘法对加法也满足左分配律:因为

$$a\circ(b\oplus c)=a\circ(b+c-1)=a+(b+c-1)-a(b+c-1)$$
$$=2a+b+c-ab-ac-1,$$
$$(a\circ b)\oplus(a\circ c)=(a+b-ab)\oplus(a+c-ac)=(a+b-ab)+(a+c-ac)-1$$
$$=2a+b+c-ab-ac-1,$$

故 $a\circ(b\oplus c)=(a\circ b)\oplus(a\circ c)$.乘法对加法的右分配律类似可证.

因此,R 对 $\oplus$,$\circ$ 作成环,且显然是一个交换环.

（证毕）

定义 2 如果环 R 中有元素 e,它对 R 中每个元素 a 都有

$$ea=a,$$

则称 e 为环 R 的一个左单位元;如果环 R 中有元素 e',它对 R 中每个元素 a 都有

$$ae'=a,$$

则称 e' 为环 R 的一个右单位元.

环 R 中既是左单位元又是右单位元的元素,叫做 R 的单位元.

实际上,由于环 R 对其乘法显然作成一个半群,故 R 的左、右单位元或单位元也就是该半群的左、右单位元或单位元.

如果环 R 有单位元,则显然是唯一的,一般用 1 表示.

一个环可能既无左单位元,也无右单位元,例如偶数环;也可能只有左单位元,而无右单位元,例如数域 F 上一切形如

$$\begin{pmatrix} a & b \\ 0 & 0 \end{pmatrix} \quad (\forall a,b\in F)$$

的方阵作成的环,$\begin{pmatrix} 1 & x \\ 0 & 0 \end{pmatrix}$($\forall x\in F$)都是左单位元,但无右单位元.反之,也可能只有右单位元,而无左单位元,例如数域 F 上一切形如

$$\begin{pmatrix} a & 0 \\ b & 0 \end{pmatrix} \quad (\forall a,b\in F)$$

的方阵作成的环,$\begin{pmatrix} 1 & 0 \\ x & 0 \end{pmatrix}$($\forall x\in F$)都是右单位元,但无左单位元.

但是,如果一个环 R 既有左单位元 e 也有右单位元 e',则由定义可知 $ee'=e'=e$,即它们相等,就是 R 的单位元.

下面进一步给出环中元素关于乘法的一些运算规则.

1) $0a=a0=0$ （0 是环 R 的零元).

因为 $0a+0a=(0+0)a=0a$,故 $0a=0$;

又 $a0+a0=a(0+0)=a0$,故 $a0=0$.因此

$$0a=a0=0.$$

2) $(-a)b=a(-b)=-ab$.

因为 $(-a)b+ab=(-a+a)b=0b=0$,故

$$(-a)b=-ab;$$

同理 $a(-b)=-ab$,得证.

3) $(-a)(-b)=ab$.

因为$(-a)(-b)=a[-(-b)]=ab$,故

$$(-a)(-b)=ab.$$

4) $c(a-b)=ca-cb,\quad (a-b)c=ac-bc$.

因为

$$c(a-b)=c[a+(-b)]=ca+c(-b)=ca-cb,$$
$$(a-b)c=[a+(-b)]c=ac+(-b)c=ac-bc,$$

故得证.

5) $\left(\sum_{i=1}^{m}a_i\right)\left(\sum_{j=1}^{n}b_j\right)=\sum_{i=1}^{m}\sum_{j=1}^{n}a_ib_j$.

此等式可对 m,n 用数学归纳法证得.

6) $(ma)(nb)=(na)(mb)=(mn)(ab)$,其中 m,n 为任意整数.

事实上,当 m 与 n 为正整数时上式就是式 5)的特殊情况;当 m 与 n 中有一个为零时等式显然成立;当 m 与 n 中有负整数,例如 $m=-m'$ 为负整数时,利用 $ma=-m'a=m'(-a)$,类似可得.

在一般环中还可以引入正整数指数幂的概念,即令

$$a^n=\overbrace{aa\cdots a}^{n\text{个}}.$$

当环有单位元时,还可对环中任意元素 a 规定

$$a^0=1.$$

当环有单位元,并且元素 a 有逆元(对乘法而言),即在环中存在元素 b 使 $ab=ba=1$(b 由 a 唯一确定,记为 a^{-1},且称 a 可逆)时,还可对 a 引入负整数指数幂的概念,即规定

$$a^{-n}=(a^{-1})^n.$$

同样可验证通常的指数运算规则成立.

以上诸性质说明,数的普通运算规则在环中基本都成立.但是应注意,并不是数的所有运算规则在环中都成立.例如,由于环的乘法不一定可换,因此,在一般环中以下运算规则不成立:

$$(ab)^n=a^nb^n,\quad (a+b)^2=a^2+2ab+b^2.$$

定义 3 设 S 是环 R 的一个非空子集.如果 S 对 R 的加法与乘法也作成一个环,则称 S 是 R 的一个子环,记为 $S\leqslant R$ 或 $R\geqslant S$.

定理 1 环 R 的非空子集 S 作成子环的充要条件是

$$a,b\in S\implies a-b\in S,$$
$$a,b\in S\implies ab\in S.$$

这个定理的证明是显然的,故从略.

与群论中一个相应的情况类似,一个环的一个非空有限子集作成子环当且仅当它对环的加法与乘法封闭,即其中任二元素之和与积仍属于这个有限子集.

设 S 是环 R 的一个子环.应注意,当 R 有单位元时,S 不一定有;当 S 有单位元时,R 不一定有;即使二者都有单位元,此二单位元也未必相同.对此,可利用下面的全

矩阵环举出各种不同的例子来.

例 3　环 R 上的 n 阶全矩阵环 $R_{n\times n}$：设 R 为任意环,称

$$A=\begin{pmatrix} a_{11} & a_{12} & \cdots & a_{1n} \\ a_{21} & a_{22} & \cdots & a_{2n} \\ \vdots & \vdots & & \vdots \\ a_{m1} & a_{m2} & \cdots & a_{mn} \end{pmatrix} \quad (a_{ij}\in R)$$

为环 R 上的一个 $m\times n$ 矩阵.当 $m=n$ 时,称 A 为环 R 上的一个 n 阶方阵.

环上矩阵的相等、R 中元素与矩阵的乘法以及矩阵的加法与乘法,同数域上的矩阵完全类似,不再赘述.同样可以证明,环 R 上的全体 n 阶方阵关于方阵的加法与乘法作成一个环.这个环用 $R_{n\times n}$ 表示,并称为环 R 上的 n 阶全矩阵环.

这样,在环 R 的基础上,当 n 为任意正整数时,据此又可作出无数个新的环来.

当环 R 有单位元时,$R_{n\times n}$ 也有单位元,即

$$E=\begin{pmatrix} 1 & & 0 \\ & \ddots & \\ 0 & & 1 \end{pmatrix} \quad (1\text{ 是环 } R \text{ 的单位元}).$$

本节最后介绍另一类环.

我们知道,一个环 R 关于其加法作成一个加群,用 $(R,+)$ 表示,并称其为环 R 的加群.如果加群 $(R,+)$ 是一个循环群,则称环 R 是一个循环环.这样,如果 $(R,+)=\langle a\rangle$,则循环环 R 可表示为

$$R=\{\cdots,-2a,-a,0,a,2a,\cdots\},\quad a^2=ka,\quad k\text{ 为整数}.$$

特别地,如果 a 在加群 $(R,+)$ 中的阶为 n,则 R 又可进一步表示为

$$R=\{0,a,2a,\cdots,(n-1)a\},\quad a^2=ka,\quad 0\leqslant k\leqslant n-1,\quad k\text{ 为整数}.$$

例如,整数环是一个无限循环环.又易知循环环必是交换环,而且循环环的子环也是循环环.但循环环不一定有单位元,例如,偶数环就是一个没有单位元的循环环.

定理 2　素数阶环,更一般地,阶为互异素数之积的有限环必为循环环.

由上一章 §2 推论知,这个定理是显然的.

由此定理可知,凡阶为 2,3,5,6,7,10,11,13,14,15,17,19,21,23,29,30,…的环均为循环环.由此可见,循环环是相当广泛的一类环.

在我们的环定义中,要求乘法必须满足结合律(从而也往往称此为结合环).受量子力学影响而发展起来的非结合环(即乘法不要求满足结合律),其研究也日趋完整.还有比非结合环更广泛的环类(要求条件更弱),是 1936 年 H.Zassenhaus(扎森豪斯)所提出的拟环(加法不要求可换)和 20 世纪 40 年代由 H.S.Vandiver(范迪维尔)所提出的半环(加法只要求作成半群).这些环受自然科学和数学中的非线性同调代数、泛函分析、组合数学以及计算机科学等的推动而迅速发展,现已成为环论中各自独立的分支.

但应注意,我们今后提到环时均仍指满足定义 1 的(结合)环.

习　题　4.1

1. 设 $\mathbf{R}$ 为实数集.问:$\mathbf{R}$ 对数的普通加法以及新规定的乘法

$$a\circ b=|a|b\quad(\forall a,b\in\mathbf{R})$$

是否作成环？

2. 数域 F 上一切形如

$$\begin{pmatrix}a & b\\0 & 0\end{pmatrix}\quad(\forall a,b\in F)$$

的方阵对普通加法和乘法是否作成环？是否可换和有单位元？哪些元素有逆元？

3. 设 R 为所有有理数对 (x_1,x_2) 作成的集合，加法与乘法分别为

$$(a_1,a_2)+(b_1,b_2)=(a_1+b_1,a_2+b_2),$$

$$(a_1,a_2)(b_1,b_2)=(a_1b_1,a_2b_2).$$

问：R 是否作成环？是否可换和有单位元？哪些元素有逆元？

4. 如果环 R 中的元素 a 满足 $a^2=a$，则称 a 为 R 的幂等元. 如果环 R 中每个元素都是幂等元，则称 R 为 Boole(布尔，1815—1864)环. 证明：Boole 环是交换环，而且其中任何元素 a 都满足

$$a+a=0.$$

5. 证明：加群 G 的全体自同态映射对运算

$$(\sigma+\tau)a=\sigma a+\tau a,\quad(\sigma\tau)a=\sigma(\tau a)\quad(\forall a\in G)$$

(σ,τ 为 G 的自同态映射)作成一个有单位元的环.

称这个环为加群 G 的自同态环.

6. 证明：循环环必是交换环，并且其子环也是循环环.

§2 环的零因子和特征

众所周知，在数的普通乘法中，如果 $a\neq0,b\neq0$，则必有 $ab\neq0$. 但这一性质在一般环中不再成立.

定义 1 设 $a\neq0$ 是环 R 的一个元素. 如果在 R 中存在元素 $b\neq0$ 使 $ab=0$，则称 a 为环 R 的一个左零因子.

同样可定义右零因子.

左、右零因子统称为零因子，只在有必要区分时才加左或右.

既不是左零因子也不是右零因子的元素，称为正则元.

例 1 设 R 为由一切形如

$$\begin{pmatrix}x & 0\\y & 0\end{pmatrix}\quad(x,y\text{ 为有理数})$$

的方阵关于方阵的普通加法与乘法作成的环，则 $\begin{pmatrix}1 & 0\\0 & 0\end{pmatrix}$ 是 R 的一个左零因子，因为有

$$\begin{pmatrix}1 & 0\\0 & 0\end{pmatrix}\begin{pmatrix}0 & 0\\1 & 0\end{pmatrix}=\begin{pmatrix}0 & 0\\0 & 0\end{pmatrix};$$

但 $\begin{pmatrix}1 & 0\\0 & 0\end{pmatrix}$ 不是 R 的右零因子，因为，若

$$\begin{pmatrix}x & 0\\y & 0\end{pmatrix}\begin{pmatrix}1 & 0\\0 & 0\end{pmatrix}=\begin{pmatrix}0 & 0\\0 & 0\end{pmatrix},$$

则只有 $x=y=0$.

例 2 数域 F 上二阶全矩阵环中，$\begin{pmatrix}1&0\\2&0\end{pmatrix}$既是左零因子又是右零因子，因为有

$$\begin{pmatrix}1&0\\2&0\end{pmatrix}\begin{pmatrix}0&0\\1&3\end{pmatrix}=\begin{pmatrix}2&-1\\0&0\end{pmatrix}\begin{pmatrix}1&0\\2&0\end{pmatrix}=\begin{pmatrix}0&0\\0&0\end{pmatrix}.$$

数环以及数域上的多项式环，都无零因子.

在无零因子的环中，关于乘法的消去律成立.

定理 1 在环 R 中，若 a 不是左零因子，则

$$ab=ac,a\neq 0 \implies b=c; \tag{1}$$

若 a 不是右零因子，则

$$ba=ca,a\neq 0 \implies b=c. \tag{2}$$

证 由 $ab=ac$，得

$$a(b-c)=0.$$

由于 $a\neq 0$ 且 a 不是左零因子，故 $b-c=0,b=c$.

同理可证另一结论.

（证毕）

如果对环 R 中任意元素 $a\neq 0,b,c$，(1)成立，则称环 R 满足左消去律；若(2)成立，则称 R 满足右消去律.

推论 若环 R 无左(或右)零因子，则消去律成立；反之，若 R 中有一个消去律成立，则 R 无零因子，且另一个消去律也成立.

证 由于当 R 无左零因子时，R 也无右零因子，故由定理 1 即得消去律成立.

反之，设在 R 中左消去律成立，且

$$a\neq 0,ab=0,\quad \text{即 } ab=a0,$$

则 $b=0$，即 R 无左零因子，从而 R 也无右零因子，于是右消去律也成立.

（证毕）

定义 2 阶大于 1、有单位元且无零因子的交换环称为整环.

例如，整数环和数域上的多项式环都是整环.而例 1 和例 2 中的方阵环都不是整环.

整环的定义在不同的书中往往稍有差异，请予留意.

下面讨论把环看作加群时，其元素的阶的情况.

定义 3 若环 R 的元素(对加法)有最大阶 n，则称 n 为环 R 的特征(或特征数).

若环 R 的元素(对加法)无最大阶，则称 R 的特征是无限(或零).

用 $\operatorname{char} R$ 表示环 R 的特征.

由于有限群中每个元素的阶都有限，故有限环的元素对加法有最大阶，从而有限环的特征必有限.但是，以后将知道，无限环的特征也可能有限.

显然，一阶环即仅包含零元素的环，其特征是 1.而在数环中，除去$\{0\}$外，其特征均无限.

一般来说，环中各元素(对加法)的阶是不相等的.但对无零因子的环来说，这种情况不会发生.

定理 2 设 R 是一个无零因子环，且 $|R|>1$. 则

1) R 中所有非零元素(对加法)的阶均相同；

2) 若 R 的特征有限，则必为素数.

证 1) 若 R 中每个非零元素的阶都无限，定理已对；若 R 中有某个元素 $a\neq 0$ 的阶为 n，则在 R 中任取 $b\neq 0$，有

$$a(nb)=(na)b=0b=0.$$

但 $a\neq 0$，R 又无零因子，故 $nb=0$，$|b|\leqslant n$.

设 $|b|=m$，则 $(ma)b=a(mb)=0$，$ma=0$，故 $n\mid m$. 从而 $n\leqslant m=|b|$.

因此 $|b|=n$，即 R 中每个非零元素的阶都是 n.

2) 设 $\operatorname{char} R=n>1$，且

$$n=n_1n_2,\quad 1<n_i<n.$$

在 R 中任取 $a\neq 0$，由于 R 中每个非零元素的阶都是 n，故

$$n_1a\neq 0,\quad n_2a\neq 0.$$

但是

$$(n_1a)(n_2a)=(n_1n_2)a^2=na^2=0,$$

这与 R 是无零因子环矛盾，故 n 必是素数.

(证毕)

由此定理知，任何阶大于 1 的有限环若无零因子，则其特征都是素数.

如果环 R 的特征是素数 p 且 R 又是一个交换环，则对 R 中任意元素 $a_1,a_2,\cdots,a_n$ 必有

$$(a_1+a_2+\cdots+a_n)^p=a_1^p+a_2^p+\cdots+a_n^p. \tag{3}$$

这是因为将 $(a_1+a_2+\cdots+a_n)^p$ 展开后，除去项 $a_1^p,a_2^p,\cdots,a_n^p$ 外其余各项的系数都是 p 的倍数，从而都是 R 的零元.

等式(3)显然是与数的普通运算规则很不一样的一个等式.

当环有单位元时其特征更明显.

定理 3 若环 R 有单位元，则单位元在加群 $(R,+)$ 中的阶就是 R 的特征.

证 若单位元 1 在 $(R,+)$ 中的阶无限，则 R 的特征当然无限；若 1 的阶是正整数 n，则在 R 中任取 $a\neq 0$，有

$$na=(n\cdot 1)a=0a=0.$$

即 n 是 R 中非零元素的最大阶，亦即

$$\operatorname{char} R=n.$$

(证毕)

习 题 4.2

1. 证明：

1) 若环 R 有正则元，则其全体正则元对乘法作成一个半群.

2) 环 R 的元素 $a\neq 0$ 是正则元，当且仅当由 $axa=0$ 可得 $x=0$.

2. 证明：数域上 n 阶全矩阵环的元素 $A\neq O$ 若不是零因子，就是可逆元(即可逆方阵).

3. 设 $P(M)$ 为集合 M 的幂集.

1) 证明 $P(M)$ 对运算

$$A+B=A\cup B-A\cap B,\quad AB=A\cap B\quad (\forall A,B\subseteq M)$$

作成一个有单位元的交换环(此环称为 M 的幂集环).

2) $P(M)$ 的零因子为何? 其特征又为何?

3) 再证 M 的全体有限子集(包括空集)作成 $P(M)$ 的子环.

4. 设 R 是一个环,又

$$M=\{n\mid n \text{ 是正整数且对 } \forall a\in R, na=0\}.$$

证明:若 $M=\varnothing$,则 R 的特征无限;若 $M\neq\varnothing$,则 M 中最小正整数是 R 的特征.

提示:可利用第二章 §2 定理 5.

§3　除环和域

我们知道,一个环不一定有单位元,即使有单位元,也不一定每个非零元都有逆元.但是,有些环却具有这种性质.例如,数域不仅有单位元,而且每个非零元都有逆元.

定义 1　设 R 是一个环.如果 $|R|>1$,又 R 有单位元且每个非零元都有逆元,则称 R 是一个除环(或体).

可换除环称为域.

按照这个定义,数域都是域;整数环是有单位元且无零因子的交换环,即整环,但不是域.

除环和域有以下重要性质.

定理 1　除环和域没有零因子.

证　设 R 是一个除环,$a\in R$.如果

$$a\neq 0,\quad ab=0,$$

则 $b=a^{-1}(ab)=0$,从而可知 R 无零因子.

(证毕)

由此定理可知,除环和域的特征只能是素数或无限.

下面的例 1 介绍一个重要的除环——四元数除环.

例 1　令

$$D=\{a\cdot 1+b\mathbf{i}+c\mathbf{j}+d\mathbf{k}\mid a,b,c,d \text{ 为实数}\},$$

并称 D 中的元素为四元数.另规定系数为零的项可以略去不写,且

$$a1=a,\quad 1\mathbf{i}=\mathbf{i},\quad 1\mathbf{j}=\mathbf{j},\quad 1\mathbf{k}=\mathbf{k}.$$

于是

$$G=\{1,\mathbf{i},\mathbf{j},\mathbf{k},-1,-\mathbf{i},-\mathbf{j},-\mathbf{k}\}\subseteq D.$$

由第二章 §1 例 4 知,G 对所规定的乘法作成一个群,即四元数群.根据 G 的乘法现在再规定:

1) $a_1+a_2\mathbf{i}+a_3\mathbf{j}+a_4\mathbf{k}=b_1+b_2\mathbf{i}+b_3\mathbf{j}+b_4\mathbf{k}$ 当且仅当对应系数相等;

2) $(a_1+a_2\mathbf{i}+a_3\mathbf{j}+a_4\mathbf{k})+(b_1+b_2\mathbf{i}+b_3\mathbf{j}+b_4\mathbf{k})$

$=(a_1+b_1)+(a_2+b_2)\mathbf{i}+(a_3+b_3)\mathbf{j}+(a_4+b_4)\mathbf{k}$;

3) 两个四元数相乘可按通常分配律先展开，再合并各项中的实系数，最后根据四元数群的乘法表代入相应元素，即

$$\begin{aligned}&(a_1+a_2\mathbf{i}+a_3\mathbf{j}+a_4\mathbf{k})(b_1+b_2\mathbf{i}+b_3\mathbf{j}+b_4\mathbf{k})\\=&(a_1b_1-a_2b_2-a_3b_3-a_4b_4)+(a_1b_2+a_2b_1+a_3b_4-a_4b_3)\mathbf{i}+\\&(a_1b_3+a_3b_1+a_4b_2-a_2b_4)\mathbf{j}+(a_1b_4+a_4b_1+a_2b_3-a_3b_2)\mathbf{k}.\end{aligned}$$

因此，任意两个四元数的和与积仍是一个四元数.

对以上规定的加法和乘法，可以验算 D 作成一个环，1 是它的单位元.又因为

$$(a-b\mathbf{i}-c\mathbf{j}-d\mathbf{k})(a+b\mathbf{i}+c\mathbf{j}+d\mathbf{k})=a^2+b^2+c^2+d^2,$$

故当 $a+b\mathbf{i}+c\mathbf{j}+d\mathbf{k}\neq 0$(即 a,b,c,d 不全为 0)时它有逆元，且

$$(a+b\mathbf{i}+c\mathbf{j}+d\mathbf{k})^{-1}=\frac{a-b\mathbf{i}-c\mathbf{j}-d\mathbf{k}}{a^2+b^2+c^2+d^2}.$$

因此，D 作成一个除环，通常称其为四元数除环.

由于 $\mathbf{ij}\neq\mathbf{ji}$，故四元数除环是一个无限非可换除环.

这是历史上第一个非可换除环的例子，它是 1843 年由 Hamilton 首先提出来的.

这里顺便指出，有限除环必为域，即有限除环一定可换.这就是著名的 Wedderburn 定理，是在 1905 年由 Wedderburn 首先证明的，以后又有一些初等证法.对此，我们就不再详述了.

定理 2 阶大于 1 的有限环若有非零元不是零因子，则必有单位元，且每个非零又非零因子的元素都是可逆元.

证 设 $a\neq 0$ 是有限环 R 的任意非零因子元素，则 $a,a^2,a^3,\cdots$ 中必有相等的，不妨设

$$a^m=a^n,\quad 1\leqslant m<n, \tag{1}$$

于是有 $a^{m-1}(a-a^{n-m+1})=0$.但 $a\neq 0$ 且 a 不是零因子，故

$$a-a^{n-m+1}=0,\quad a=a^{n-m+1}. \tag{2}$$

从而对任意 $x\in R$，有 $ax=a^{n-m+1}x$，$a(x-a^{n-m}x)=0$(若 $m=1$，则可由(1)直接得(2)).于是

$$x-a^{n-m}x=0,\quad a^{n-m}x=x.$$

同理由(2)又有 $xa^{n-m}=x$.即 a^{n-m} 是环 R 的单位元.

再由 $a\cdot a^{n-m-1}=a^{n-m-1}\cdot a=a^{n-m}$ 可知，a 是 R 的可逆元.

(证毕)

推论 阶大于 1 的有限环 R 若无零因子，则必为除环.

实际上，根据 Wedderburn 定理，这样的环 R 还是一个域.这也就是说，凡阶大于 1 的有限环若无零因子，则必然是一个域.

定理 3 设 R 是环且 $|R|>1$.则 R 是除环当且仅当对 R 中任意元素 $a\neq 0$ 和 b，方程

$$ax=b\quad(\text{或 } ya=b)$$

在 R 中有解.

证 必要性显然，下证充分性.

1) 先证环 R 无零因子.在 R 中任取 $a\neq 0$，$b\neq 0$.因为方程 $ax=b$ 在 R 中有解，设

为 c，即有

$$ac=b.$$

又因方程 $bx=c$ 在 R 中有解，设为 d，即又有

$$bd=c.$$

于是 $abd=ac=b\neq0$.从而 $ab\neq0$，即 R 无零因子.

2）再证 R 有单位元.在 R 中任取 $a\neq0$.因方程 $ax=a$ 在 R 中有解，设为 e，即 $ae=a$.从而有

$$ae^2=ae,\quad a(e^2-e)=0.$$

但 $a\neq0$，R 又无零因子，故 $e^2-e=0$，$e^2=e\neq0$.

现在取 $b\in R$，则由上知

$$(be-b)e=0,\quad e(eb-b)=0.$$

但 $e\neq0$，故 $be-b=eb-b=0$，从而

$$be=eb=b.$$

即 e 是 R 的单位元.

3）最后证 R 中每个非零元都有逆元.在 R 中任取 $a\neq0$.因方程 $ax=e$ 在 R 中有解，设为 a'，即有 $aa'=e$.下证 $a'a=e$.

$$(a'a-e)a'=a'aa'-ea'=a'e-a'=a'-a'=0.$$

但 $a'\neq0$，故必有 $a'a-e=0$，$a'a=e$.因此

$$aa'=a'a=e,$$

即 a 在 R 中有逆元.

因此，R 是一个除环.

（证毕）

我们知道，粗略地说，在环中可以施行“加、减、乘”运算.定理 3 表明，在除环（或域）中还可以施行“除”运算.但是应注意，由于除环（对乘法）不一定可换，故在除环中虽然 $a^{-1}b\,(a\neq0)$ 及 ba^{-1} 都有意义，是除环中确定的元素，但二者并不一定相等.

当然，如果是在域中，便有 $a^{-1}b=ba^{-1}$.这时我们就把这个共同的元素记为 $\dfrac{b}{a}$，亦即

$$\frac{b}{a}=a^{-1}b=ba^{-1}\quad(a\neq0).$$

由此我们可以进一步得到通常熟知的以下分式运算规则在域中都成立：

1）$\dfrac{b}{a}=\dfrac{d}{c}\Longleftrightarrow ad=bc$；

2）$\dfrac{b}{a}+\dfrac{d}{c}=\dfrac{bc+ad}{ac}$；

3）$\dfrac{b}{a}\cdot\dfrac{d}{c}=\dfrac{bd}{ac}$；

4）$\dfrac{\frac{b}{a}}{\frac{d}{c}}=\dfrac{bc}{ad}$，其中 $a\neq0,c\neq0,d\neq0$.

与子环的概念类似，我们可同样给出子除环和子域的概念.而且易知：域 F 的子集 $F_1(|F_1|>1)$ 作成子域的充要条件是

$$a,b\in F_1 \implies a-b\in F_1,$$
$$0\neq a,b\in F_1 \implies a^{-1}b\in F_1.$$

即 F_1 对 F 的“减法”与“除法”封闭.

我们知道，整数环 $\mathbf{Z}$ 同有理数域 $\mathbf{Q}$ 的关系是，每个有理数都是二整数之商，且 $\mathbf{Q}$ 是包含 $\mathbf{Z}$ 的最小数域.$\mathbf{Z}$ 与 $\mathbf{Q}$ 的这种关系可以更一般地推广.

定义 2 设 R 是一个整环，K 是包含 R 为其子环的一个域.则

$$F=\left\{\frac{b}{a}=a^{-1}b\ \middle|\ 0\neq a,b\in R\right\}$$

作成 K 的一个包含 R 为其子环的子域(而且是包含 R 的最小域).称 F 为整环 R 的分式域或商域.

易知 R 的分式域是存在的，而且对环的加法与乘法来说，同构整环的分式域必同构.对此不再赘述.

本节最后，我们来介绍环的单位群.

我们知道，除环或域(更一般地，对任何环)对加法作成一个交换群(即加群)，但对乘法只能作成一个半群而不能作成群，因为其零元没有逆元.但是，除环的全体非零元对乘法显然作成一个群，而且域的全体非零元对乘法还作成一个交换群.更一般地，一个有单位元的环的全体可逆元对乘法显然也作成群.

定义 3 设 R 是一个有单位元的环，则 R 的可逆元也称为 R 的单位；R 的全体可逆元(单位)作成的群，称为 R 的乘群或单位群，并用 $U(R)$ 或 R^* 表示.

例如，整数环 $\mathbf{Z}$ 和 12 阶循环环 $R_{12}=\{0,e,2e,\cdots,11e\}(e^2=e)$ 的单位群分别为

$$U(\mathbf{Z})=\{1,-1\},\quad U(R_{12})=\{e,5e,7e,11e\},$$

其中 $U(R_{12})$ 的单位元是 e 且每个元素的逆元为自身.又数域 F 上 n 阶全矩阵环的单位群是全体 n 阶满秩方阵对乘法作成的群，即 F 上的 n 阶线性群 $GL_n(F)$.

例 2 证明：

$$\mathbf{Z}[\mathrm{i}]=\{a+b\mathrm{i}\mid a,b\in\mathbf{Z}\}$$

作成一个整环(这个环称为 Gauss(高斯)整环)，并且其单位群是 $\{\pm1,\pm\mathrm{i}\}$.

证 $\mathbf{Z}[\mathrm{i}]$ 作成整环显然.又显然 $\pm1,\pm\mathrm{i}$ 均为其单位.下证 $\mathbf{Z}[\mathrm{i}]$ 没有别的单位.

设 $\varepsilon=a+b\mathrm{i}$ 是 $\mathbf{Z}[\mathrm{i}]$ 的任一单位，则有 $\eta\in\mathbf{Z}[\mathrm{i}]$ 使

$$\varepsilon\eta=1,\quad |\varepsilon|^2|\eta|^2=1.$$

这只有 $|\varepsilon|^2=a^2+b^2=1$，从而只有

$$a=\pm1,b=0 \quad 或 \quad a=0,b=\pm1.$$

即 ε 只能是 ±1 及 $\pm\mathrm{i}$.

因此，±1 和 $\pm\mathrm{i}$ 是环 $\mathbf{Z}[\mathrm{i}]$ 的全部单位.故

$$U(\mathbf{Z}[\mathrm{i}])=\{\pm1,\pm\mathrm{i}\}.$$

(证毕)

利用单位群来研究环，是研究环的重要方法之一.例如，S.Z.Ditor，K.E.Eldridge 和 R.W.Gilmer 等人于 1970 年前后便利用这种方法研究环，后者还完全确定了单位群是

循环群的有限交换环.

习　题 4.3

1. 证明:域和其子域有相同的单位元.

2. 设 α,β,γ 是三个四元数.证明:

$$(\alpha\beta-\beta\alpha)^2\gamma=\gamma(\alpha\beta-\beta\alpha)^2.$$

提示:若 $\Delta=a\mathbf{i}+b\mathbf{j}+c\mathbf{k}$,则 $\Delta^2=-a^2-b^2-c^2$,再计算 $\alpha\beta-\beta\alpha$.

3. 证明:

1) 集合

$$R=\left\{\begin{pmatrix}a & 2b\\ b & a\end{pmatrix}\middle| a,b\in 数域\ F\right\}$$

关于方阵的普通加法与乘法作成一个有单位元的交换环.又问:单位群 $U(R)=$?

2) 当 F 为有理数域时 R 还作成域,但当 F 为实数域时 R 不作成域.

4. 设 F 是一个域,且 $|F|=4$.证明:

1) $\operatorname{char} F=2$;

2) F 中非 0 及 1 的两个元素都满足方程 $x^2=x+1$.

§4　模 n 剩余类环

本节和下节介绍两类具体的环,一类是重要的有限环——模 n 剩余类环,另一类是重要的无限环——环与域上的多项式环.

任意取定一个正整数 n,令 $\mathbf{Z}_n$ 为由 n 个剩余类

$$\overline{0},\overline{1},\overline{2},\cdots,\overline{n-1}$$

作成的集合.下面规定剩余类的加法与乘法,使 $\mathbf{Z}_n$ 作成一个环.

任取 $\overline{i},\overline{j}\in\mathbf{Z}_n$,规定:

$$\overline{i}+\overline{j}=\overline{i+j},\quad \overline{i}\,\overline{j}=\overline{ij}.$$

下面证明这是 $\mathbf{Z}_n$ 的两个代数运算.

设 $\overline{i}=\overline{s},\overline{j}=\overline{t}$,则

$$n\mid(i-s),\quad n\mid(j-t).$$

从而 $n\mid((i+j)-(s+t))$,即有

$$\overline{i+j}=\overline{s+t}.$$

这就是说,剩余类的加法与每类中代表元素的选择无关,故加法是 $\mathbf{Z}_n$ 的一个代数运算.

此加法显然满足结合律与交换律;又 $\overline{0}$ 是零元,$\overline{-i}$ 是 $\overline{i}$ 的负元.因此,$\mathbf{Z}_n$ 对加法作成一个加群.

同法可证,剩余类乘法 $\overline{i}\,\overline{j}=\overline{ij}$ 也是 $\mathbf{Z}_n$ 的一个代数运算.

又易知乘法满足结合律和交换律，且乘法对加法满足分配律，故 $\mathbf{Z}_n$ 作成一个环，且是一个 n 阶有单位元的交换环.我们称其为以 n 为模的剩余类环，简称模 n 剩余类环.

显然，环 $\mathbf{Z}_n=\{\bar{0},\bar{1},\bar{2},\cdots,\overline{n-1}\}$ 关于加法作成一个 n 阶循环群，从而 $\mathbf{Z}_n$ 是一个 n 阶循环环.

下面进一步讨论这种环的一些性质.

首先，对任意整数 i 和任意整数 q，由于

$$(i,n)=(i+nq,n),$$

故类 $\bar{i}$ 中若有一个整数同 n 互素，则这个类中的所有整数都同 n 互素.因此，我们就说类 $\bar{i}$ 与 n 互素.

这样，在类 $\bar{0},\bar{1},\bar{2},\cdots,\overline{n-1}$ 中，有且只有 $\varphi(n)$ 个类同 n 互素.

定理 1 $\mathbf{Z}_n$ 中非零元 $\bar{m}$ 如果与 n 互素，则为可逆元；如果不与 n 互素，则为零因子.

证 设 $\bar{m}\neq\bar{0}$，且 $(m,n)=1$，则存在整数 s,t 使

$$ms+nt=1.$$

于是 $\bar{m}\bar{s}=\overline{ms+nt}=\bar{1}$，即 $\bar{s}$ 是 $\bar{m}$ 的逆元.

又当 $(m,n)=d>1$ 时，令

$$m=dm_1,\quad n=dn_1,\quad 1\leqslant n_1<n,$$

则 $\bar{n}_1\neq\bar{0}$ 且

$$\bar{m}\bar{n}_1=\overline{mn_1}=\overline{nm_1}=\bar{0},$$

即此时 $\bar{m}$ 是 $\mathbf{Z}_n$ 的一个零因子.

（证毕）

此定理表明，模 n 剩余类环 $\mathbf{Z}_n$ 的单位群是一个 $\varphi(n)$ 阶交换群.

定理 2 如果 p 是素数，则环 $\mathbf{Z}_p$ 是一个域；如果 n 是合数，则环 $\mathbf{Z}_n$ 有零因子，从而不是域.

证 因为 $\mathbf{Z}_p$ 的所有非零元都同 p 互素，于是由定理 1 知，每个非零元都有逆元，故 $\mathbf{Z}_p$ 是一个域.

当 n 是合数时，设

$$n=n_1n_2,\quad 1<n_i<n.$$

则 $\bar{n}_1\neq\bar{0},\bar{n}_2\neq\bar{0}$，且

$$\bar{n}_1\ \bar{n}_2=\bar{n}=\bar{0}.$$

故 $\mathbf{Z}_n$ 有零因子，从而不是域.

（证毕）

对于任意正整数 n，由于 $\mathbf{Z}_n$ 有单位元且

$$n\cdot\bar{1}=\bar{n}=\bar{0},\quad k\cdot\bar{1}=\bar{k}\neq\bar{0}\quad(1\leqslant k<n),$$

故环 $\mathbf{Z}_n$ 的特征是 n.因此，$\mathbf{Z}_n$ 是一个有单位元且特征是 n 的 n 阶交换环.

例 1 $\mathbf{Z}_5$ 是域.又由于

$$\bar{1}\cdot\bar{1}=\bar{1},\quad \bar{2}\cdot\bar{3}=\bar{1},\quad \bar{4}\cdot\bar{4}=\bar{1},$$

故 $\overline{1},\overline{4}$ 的逆元为自身，而 $\overline{2}$ 与 $\overline{3}$ 互为逆元.

例 2　$\mathbf{Z}_6$ 是环不是域.又由于

$$(1,6)=(5,6)=1,$$
$$(2,6)=(4,6)=2,\quad (3,6)=3,$$

故 $\overline{1},\overline{5}$ 是 $\mathbf{Z}_6$ 的可逆元，但 $\overline{2},\overline{3},\overline{4}$ 是 $\mathbf{Z}_6$ 的零因子.

为介绍剩余类环和循环环的同态与同构，下面先简略介绍环的同态与同构.

定义　如果有一个环 R 到环 $\overline{R}$ 的映射 φ 满足

$$\varphi(a+b)=\varphi(a)+\varphi(b),$$
$$\varphi(ab)=\varphi(a)\varphi(b)\quad (\forall\, a,b\in R),$$

则称 φ 为环 R 到 $\overline{R}$ 的一个同态映射.

如果有一个 R 到 $\overline{R}$ 的同态满射，则简称 R 与 $\overline{R}$ 同态，记为

$$R\sim\overline{R}.$$

如果 φ 是环 R 到 $\overline{R}$ 的一个同态映射，而且 φ 又是双射，则称 φ 为环 R 到 $\overline{R}$ 的一个同构映射.当 R 与 $\overline{R}$ 之间存在同构映射时，称环 R 与 $\overline{R}$ 同构，记为

$$R\cong\overline{R}.$$

特别当 $R=\overline{R}$ 时，称 φ 为环 R 的一个自同构.

当 R 与 $\overline{R}$ 为除环或域时，以上的同态映射、同构映射或自同构就称为除环或域的同态映射、同构映射或自同构.

与群的同态相平行，环的同态也有类似结论，现归纳如下：

1）设 R 与 $\overline{R}$ 是各有两个代数运算的集合，且 $R\sim\overline{R}$.则当 R 是环时，$\overline{R}$ 也是一个环.

2）设 R 与 $\overline{R}$ 是两个环，且 $R\sim\overline{R}$.则 R 的零元的像是 $\overline{R}$ 的零元，R 的元素 a 的负元的像是 a 的像的负元；当 R 是交换环时，$\overline{R}$ 也是交换环；当 R 有单位元时，$\overline{R}$ 也有，并且单位元的像是单位元.

3）设 R 与 $\overline{R}$ 是两个环，且 $R\cong\overline{R}$.则 R 是整环（除环、域）当且仅当 $\overline{R}$ 是整环（除环、域）.

以上三个结论的证明是明显的，不再赘述.

定理 3　设 m,n 是两个正整数，则

$$\mathbf{Z}_m\sim\mathbf{Z}_n\quad\Longleftrightarrow\quad n\mid m.$$

证　令

$$\mathbf{Z}_m=\{\overline{0},\overline{1},\cdots,\overline{m-1}\},\quad \mathbf{Z}_n=\{\widetilde{0},\widetilde{1},\cdots,\widetilde{n-1}\},$$

并设 $\mathbf{Z}_m\sim\mathbf{Z}_n$ 且 φ 为其一同态满射，则在 φ 之下单位元的像是单位元，即 $\overline{1}\longrightarrow\widetilde{1}$，从而对任意整数 x 有

$$\varphi:\ \overline{x}\longrightarrow\widetilde{x},$$

特别有

$$\bar{0}=\overline{m}\longrightarrow \tilde{m}=\tilde{0}.$$

由于$\tilde{m}=\tilde{0}\in \mathbf{Z}_n$，故 $n\mid m$.

反之，设 $n\mid m$.则易知上面的对应法则 φ 是剩余类环 $\mathbf{Z}_m$ 到 $\mathbf{Z}_n$ 的一个满射，而且是一个满同态，故 $\mathbf{Z}_m\sim\mathbf{Z}_n$.

（证毕）

本节最后来介绍循环环的一个重要结论.

定理 4 除去零乘环外，在同构意义下，循环环有而且只有整数环及其子环以及剩余类环及其子环.

证 整数环及其子环以及剩余类环及其子环都是循环环，这是显然的.下证在同构意义下只有这些循环环.设

$$R=\{\cdots,-2a,-a,0,a,2a,\cdots\},\quad a^2=ka,\quad k\in\mathbf{Z}$$

为任一循环环且不是零乘环，则 $k\neq 0$.如果 a 在加群$(R,+)$中的阶无限，则易知

$$\varphi:\quad ta\longrightarrow tk\quad（t \text{ 为任意整数}）$$

是循环环 R 到整数环 $\mathbf{Z}$ 的子环

$$\langle k\rangle=\{\cdots,-2k,-k,0,k,2k,\cdots\}$$

的一个同构映射，因此 $R\cong\langle k\rangle$.

如果 a 在加群$(R,+)$中的阶有限，而且是 n，则此时

$$R=\{0,a,2a,\cdots,(n-1)a\},\quad a^2=ka,1\leqslant k<n,$$

且易知以上的对应法则 φ 是 n 阶循环环 R 到模 nk 剩余类环 $\mathbf{Z}_{nk}$ 的子环

$$\overline{R}=\{\bar{0},\bar{k},\overline{2k},\cdots,\overline{(n-1)k}\}$$

的一个同构映射.因此，$R\cong\overline{R}\subseteq\mathbf{Z}_{nk}$.这就是说，$n$ 阶循环环 R 可同构嵌入模 nk 剩余类环 $\mathbf{Z}_{nk}$ 中.即在同构意义下 R 是 $\mathbf{Z}_{nk}$ 的子环.

（证毕）

应该注意的是，整数环及其所有非零子环虽然作为加群它们彼此同构（因为都是无限循环群），但作为环来说，它们彼此并不同构.

又根据定理 4 可知，在同构意义下，所有剩余类环及其子环就是全部的有限循环环.不过应注意，对任一固定的正整数 n，虽然 n 阶循环群在同构意义下只有一个，然而 n 阶循环环却有 $T(n)$个（见习题 4.9 第 12 题）.

另外易知，循环环的任何子加群都是一个子环.就是说，循环环的子加群同子环是一回事.特别地，整数环 $\mathbf{Z}$ 与模 n 剩余类环 $\mathbf{Z}_n$，它们的子加群都是子环.由于 n 阶循环群有而且只有 $T(n)$个子群，从而 n 阶循环环有而且只有 $T(n)$个子环.特别地，模 n 剩余类环 $\mathbf{Z}_n$ 有且只有 $T(n)$个子环.

例 3 证明：$\mathbf{Z}_6$ 的子环$\overline{R}=\{\bar{0},\bar{2},\bar{4}\}$与 $\mathbf{Z}_9$ 的子环$\widetilde{R}=\{\tilde{0},\tilde{3},\tilde{6}\}$都是 3 阶循环环，但它们不同构.

证 $\overline{R}$与$\widetilde{R}$的加群都是 3 阶循环群，当然同构.但作为环它们不同构：若不然，设有同构 φ，则在 φ 之下必有

$$\bar{2}\longrightarrow\tilde{3},\quad \bar{4}\longrightarrow\tilde{6}\quad 或\quad \bar{2}\longrightarrow\tilde{6},\quad \bar{4}\longrightarrow\tilde{3}.$$

从而均有 $\bar{2}=\bar{2}\cdot\bar{4}\longrightarrow\tilde{3}\cdot\tilde{6}=\tilde{0}$，矛盾.

（证毕）

例 4 环 $\mathbf{Z}_6$ 有 $T(6)=4$ 个子环，它们是

$$\{\bar{0}\},\quad \{\bar{0},\bar{3}\},\quad \{\bar{0},\bar{2},\bar{4}\},\quad \mathbf{Z}_6.$$

而且它们的特征依次为 1,2,3,6.

例 5 $\mathbf{Z}_2=\{0,1\}$（这里把 $\bar{0},\bar{1}$ 分别简记为 0,1）上的所有 2 阶上三角形方阵，即

$$R_8=\left\{\begin{pmatrix}x & y\\ 0 & z\end{pmatrix}\middle| x,y,z\in\mathbf{Z}_2\right\}$$

关于方阵的普通加法与乘法，作成一个有单位元的 8 阶非交换环.

这里顺便指出，有文献已经证明：在有单位元的环中，R_8 是阶数最小的非交换环. 特别是，环 R_8 的单位群

$$U(R_8)=\left\{\begin{pmatrix}1 & 0\\ 0 & 1\end{pmatrix},\begin{pmatrix}1 & 1\\ 0 & 1\end{pmatrix}\right\}$$

还是一个循环群，而且在有单位元的有限环中，单位群是循环群的非交换环（在同构意义下）只有 R_8.这当然是一个很重要的结论.

例 6 设 $M(\mathbf{Z}_2)$ 为环 $\mathbf{Z}_2$ 上的 2 阶全矩阵环，它是一个 16 阶（有单位元、有零因子、不可换且特征为 2）的有限环.证明以下三个子集作成其子环：

$$R_1=\left\{\begin{pmatrix}0 & 0\\ 0 & 0\end{pmatrix},\begin{pmatrix}1 & 0\\ 0 & 1\end{pmatrix},\begin{pmatrix}1 & 0\\ 0 & 0\end{pmatrix},\begin{pmatrix}0 & 0\\ 0 & 1\end{pmatrix}\right\},$$

$$R_2=\left\{\begin{pmatrix}0 & 0\\ 0 & 0\end{pmatrix},\begin{pmatrix}1 & 0\\ 0 & 1\end{pmatrix},\begin{pmatrix}0 & 1\\ 0 & 0\end{pmatrix},\begin{pmatrix}1 & 1\\ 0 & 1\end{pmatrix}\right\},$$

$$R_2'=\left\{\begin{pmatrix}0 & 0\\ 0 & 0\end{pmatrix},\begin{pmatrix}1 & 0\\ 0 & 1\end{pmatrix},\begin{pmatrix}0 & 0\\ 1 & 0\end{pmatrix},\begin{pmatrix}1 & 0\\ 1 & 1\end{pmatrix}\right\};$$

并且 $R_2\cong R_2'$，但 R_1 同 R_2 与 R_2'不同构.

证 易知 R_1 以及 R_2 与 R_2'对于方阵的加法与乘法都封闭，因此它们都是全矩阵环 $M(\mathbf{Z}_2)$的子环.

其次易知

$$\varphi:\quad \begin{pmatrix}0 & 0\\ 0 & 0\end{pmatrix}\longrightarrow\begin{pmatrix}0 & 0\\ 0 & 0\end{pmatrix},\quad \begin{pmatrix}1 & 0\\ 0 & 1\end{pmatrix}\longrightarrow\begin{pmatrix}1 & 0\\ 0 & 1\end{pmatrix},$$
$$\begin{pmatrix}0 & 1\\ 0 & 0\end{pmatrix}\longrightarrow\begin{pmatrix}0 & 0\\ 1 & 0\end{pmatrix},\quad \begin{pmatrix}1 & 1\\ 0 & 1\end{pmatrix}\longrightarrow\begin{pmatrix}1 & 0\\ 1 & 1\end{pmatrix}$$

是 R_2 到 R_2'的一个同构映射，因此 $R_2\cong R_2'$.

又因 R_2 中元素$\begin{pmatrix}1 & 1\\ 0 & 1\end{pmatrix}$的阶是 2（对乘法），但 R_1 中无 2 阶元素，因此

$$R_1\ncong R_2\cong R_2'.$$

（证毕）

实际上，另外还可知：

$$R_3=\left\{\begin{pmatrix}0 & 0\\ 0 & 0\end{pmatrix},\begin{pmatrix}0 & 1\\ 0 & 0\end{pmatrix},\begin{pmatrix}1 & 0\\ 0 & 0\end{pmatrix},\begin{pmatrix}1 & 1\\ 0 & 0\end{pmatrix}\right\},$$

$$R_3'=\left\{\begin{pmatrix}0&0\\0&0\end{pmatrix},\begin{pmatrix}0&0\\1&0\end{pmatrix},\begin{pmatrix}0&0\\0&1\end{pmatrix},\begin{pmatrix}0&0\\1&1\end{pmatrix}\right\},$$

$$R_3''=\left\{\begin{pmatrix}0&0\\0&0\end{pmatrix},\begin{pmatrix}1&1\\1&1\end{pmatrix},\begin{pmatrix}1&0\\1&0\end{pmatrix},\begin{pmatrix}0&1\\0&1\end{pmatrix}\right\}$$

都是 $M(\mathbf{Z}_2)$ 的子环且 $R_3\cong R_3'\cong R_3''$（从而可知，“同构”不一定“相同”）. 但是 R_1，R_2 与 R_3 三者互不同构.

附带指出，虽然在同构意义下 4 阶群只有两个（一个是循环群，另一个是 Klein 四元群），但有文献指出，在同构意义下 4 阶环却有 11 个，其中 3 个是循环环，另 8 个是加群为 Klein 四元群的环（且其中一个是域）.

习　题　4.4

1. 试给出 $\mathbf{Z}_{10}$ 的所有子环，并指出它们各自的特征.

2. 证明 Euler 定理：设 n 是正整数，又 $(a,n)=1$，则

$$a^{\varphi(n)}\equiv 1(\bmod n),$$

其中 $\varphi(n)$ 是 Euler 函数.

提示：利用定理 1 和元素的阶整除群的阶这一结论.

3. 证明：整数环的不同子环不同构.

4. 证明：两个 n 阶循环环 R 与 $\overline{R}$ 同构的充要条件是，存在整数 $k(0\leqslant k<n)$ 并在 R 与 $\overline{R}$ 中分别有生成元 a 与 $\overline{a}$ 满足 $a^2=ka$，$\overline{a}^2=k\,\overline{a}$.

提示：在同构映射下生成元相互对应.

5. 证明：有理数域和实数域的自同构都只有恒等自同构.

6. 设 R 是一个环，$u\in R$. 证明 R 对以下二运算作成一个环（这个环记为 $R(\oplus,\circ)$）且与 R 同构：

$$a\oplus b=a+b-u,\quad a\circ b=ab-au-ub+u^2+u.$$

提示：$x\longrightarrow x+u\ (\forall x\in R)$.

7. 设 $\mathbf{Q}$ 是有理数域. 证明：数域

$$\mathbf{Q}(\mathrm{i})=\{a+b\mathrm{i}\mid a,b\in\mathbf{Q}\}$$

有且只有两个自同构.

§5　环与域上的多项式环

这一节我们来介绍另一种具体的环——多项式环.

在高等代数中所说的多项式，一般都是数域上的多项式. 现在要进一步讨论环上的多项式.

本节均假设 R 是一个有单位元的环. 又设 x 是一个记号，称为 R 上的未定元. 则形如

$$f(x)=a_0x^0+a_1x+\cdots+a_nx^n\quad(a_i\in R)$$

的表达式称为环 R 上未定元 x 的多项式.

尽管这里的 $a_0, a_1, \cdots, a_n$ 不一定是数，但我们仍然称它们为该多项式的系数.另外，有关普通多项式的项、次数以及相等、相加、相乘等概念和运算，现在对于环上的多项式都可以基本照搬无误.特别地，也约定系数为 0 的项可以略去不写，也可以任意添加.又约定

$$1x=x,\quad (-a)x=-ax,$$

而 $x^0=1$，即 R 的单位元.这样，R 中每个元素都是 R 上一个特殊的多项式.

称系数全为零的多项式为零多项式，并仍用 0 表示.

根据以上规定，R 上未定元 x 的全体多项式，关于多项式的加法与乘法作成一个环，称为 R 上未定元 x 的多项式环.记为 $R[x]$.

R 是 $R[x]$ 的一个子环，且 $R[x]$ 的单位元就是 R 的单位元.显然，$R[x]$ 是交换环当且仅当 R 是交换环.

进一步有

定理 1　设 R 是一个有单位元的环.则

$$R \text{ 是整环} \iff R[x] \text{ 是整环}.$$

证　显然只需证：当 R 无零因子时，$R[x]$ 也无零因子.

在 $R[x]$ 中任取二非零多项式 $f(x)$ 与 $g(x)$，且令

$$f(x)=a_0+a_1x+\cdots+a_mx^m,\quad a_m\neq 0,$$
$$g(x)=b_0+b_1x+\cdots+b_nx^n,\quad b_n\neq 0,$$

则由于 R 无零因子，$a_mb_n\neq 0$，故

$$f(x)g(x)=a_0b_0+\cdots+a_mb_nx^{m+n}\neq 0,$$

即 $R[x]$ 无零因子.

（证毕）

普通带余除法在一般多项式环中可以得到推广.

定理 2　设 R 是有单位元的环，$R[x]$ 是 R 上未定元 x 的多项式环.则对 $R[x]$ 中任意多项式 $f(x)$，$g(x)\neq 0$（$g(x)$ 的最高系数是 R 的一个可逆元），在 $R[x]$ 中存在唯一多项式 $q_1(x)$，$r_1(x)$ 及 $q_2(x)$，$r_2(x)$ 使

$$f(x)=g(x)q_1(x)+r_1(x),\quad r_1(x)=0 \text{ 或 } r_1(x) \text{ 的次数} < g(x) \text{ 的次数},$$
$$f(x)=q_2(x)g(x)+r_2(x),\quad r_2(x)=0 \text{ 或 } r_2(x) \text{ 的次数} < g(x) \text{ 的次数},$$

分别称 $q_1(x)$，$r_1(x)$ 与 $q_2(x)$，$r_2(x)$ 为 $f(x)$ 用 $g(x)$ 除所得的右商、右余式与左商、左余式.

这个定理的证明同高等代数中相应定理的证明完全类似，故从略.但应注意，因为 R 不一定是可换环，故商 $q_1(x)$ 与 $q_2(x)$ 以及余式 $r_1(x)$ 与 $r_2(x)$ 一般并不相等.当然，如果 R 是可换环，则它们分别相等，就不必再分左右了.

当 R 是一个有单位元的环时，R 上未定元 x_1 的多项式环 $R[x_1]$ 也是一个有单位元的环，从而 $R[x_1]$ 上未定元 x_2 的多项式环 $R[x_1][x_2]$ 也是一个有单位元的环.如此下去，一般地可得环

$$R[x_1][x_2]\cdots[x_n].$$

我们称其为 R 上不相关未定元 $x_1, x_2, \cdots, x_n$ 的 n 元多项式环，简称为多元多项式环，并把它简记为

$$R[x_1,x_2,\cdots,x_n].$$

由于 R 是 $R[x_1,x_2,\cdots,x_n]$ 的子环，且有相同的单位元，从而它们有相同的特征.

下面进一步讨论域 F 上的多项式环 $F[x]$.

有关高等代数中多项式整除、因式、最大公因式、不可约多项式、互素、因式分解以及根等概念和相应定理，对一般域上的多项式基本都成立.特别有

定理 3 设 F 是域 E 的一个子域.则 E 中元素 α 是 F 上多项式 $f(x)$ 的根，当且仅当 $x-\alpha$ 整除 $f(x)$，其中 x 是域 E 上的未定元.

定理 4 设 F 是域 E 的一个子域，x 是 E 上的未定元.则 F 上 $n(n>0)$ 次多项式 $f(x)$ 在 E 中根的个数(k 重根以 k 个计)不超过 $f(x)$ 的次数 n.

证 设 $\alpha_1,\alpha_2,\cdots,\alpha_m$ 是 $f(x)$ 在 E 中的全部根，则在 $E[x]$ 中，乘积

$$(x-\alpha_1)(x-\alpha_2)\cdots(x-\alpha_m)$$

整除 $f(x)$，从而有 $h(x)\in E[x]$ 使

$$f(x)=(x-\alpha_1)(x-\alpha_2)\cdots(x-\alpha_m)h(x),$$

于是

$$f(x)\text{的次数}=m+h(x)\text{的次数},$$

即 $n=m+h(x)$ 的次数.因此 $m\leqslant n$.

（证毕）

应注意，对环上的多项式，定理 4 不再成立.

例 1 求模 8 剩余类环 $\mathbf{Z}_8=\{\overline{0},\overline{1},\overline{2},\overline{3},\overline{4},\overline{5},\overline{6},\overline{7}\}$ 上 2 次多项式 $x^2-\overline{1}$ 在 $\mathbf{Z}_8$ 内的所有根.

解 用直接验算的方法可知，在 $\mathbf{Z}_8$ 内 $x^2-\overline{1}$ 有 4 个根：$\overline{1},\overline{3},\overline{5},\overline{7}$(而且这 4 个根恰为 $\mathbf{Z}_8$ 的单位群中的全部元素).

当然，在环内根的个数小于多项式的次数甚至无根的情况也是存在的.

例 2 模 4 剩余类环 $\mathbf{Z}_4=\{\overline{0},\overline{1},\overline{2},\overline{3}\}$ 上的多项式

$$x^3+\overline{1}$$

在 $\mathbf{Z}_4$ 内只有一个根 $\overline{3}$；而 $x^2+x+\overline{1}$ 在 $\mathbf{Z}_4$ 内无根.

不过，例 2 出现的情况并无什么特别之处.因为，即使有理数域或实数域上的多项式在有理数域或实数域内也可能无根.

定理 5 设 F 是域 E 的一个子域，又 F 上多项式 $f(x)$ 在 $E[x]$ 中可分解成一次因子的乘积.则 $f(x)$ 在 E 中无重根的充要条件是

$$(f(x),f'(x))=1.$$

此定理的证明与高等代数中的证明一致，故从略.

最后介绍有理分式域.

设 F 是一个域，x 是 F 上的未定元.令

$$F(x)=\left\{\frac{f(x)}{g(x)}\,\middle|\, f(x),g(x)\in F[x],g(x)\neq 0\right\},$$

则易知 $F(x)$ 对有理分式的普通加法与乘法作成一个域，称为 F 上未定元 x 的有理分式域.

$F[x]$ 是有理分式域 $F(x)$ 的一个子环.

例如，以素数 p 为模的剩余类环 $\mathbf{Z}_p$ 是一个 p 阶有限域，特征是 p. 而其上的多项式环 $\mathbf{Z}_p[x]$ 是一个特征为 p 的无限环，$\mathbf{Z}_p(x)$ 则是一个特征为 p 的无限域. 此例表明，无限环或域的特征可能有限.

同样可讨论域 F 上多个未定元的有理分式域

$$F(x_1,x_2,\cdots,x_n).$$

习　题 4.5

1. 设 R 是环 K 的一个子环，二者有相同的单位元，又 x 是 K 上的未定元，$\alpha\in K$，并令

$$R[\alpha]=\{f(\alpha)\mid f(x)\in R[x]\}.$$

证明：$R[x]\sim R[\alpha]$.

2. 试举例指出：环 $R[x]$ 中的 m 次多项式与 n 次多项式的乘积可能不是一个 $m+n$ 次多项式.

3. 试求出多项式

$$f(x)=\bar{3}+x-\bar{2}x^2+\bar{4}x^3 \quad 及 \quad g(x)=x^2+\bar{1}$$

在域 $\mathbf{Z}_5$ 中的所有根.

4. 设 $U(F)$ 是域 F 的全体非零元作成的乘群. 证明：$U(F)$ 的任何有限子群都是循环群.

§6　理　　想

由前几节的讨论我们已经看到，群中有很多概念和定理都可以类推到环中. 这一节所讨论的环的理想，就处于群中正规子群的地位. 正规子群是群中极重要的概念，同样，理想在环的讨论中也占着非常重要的地位.

定义 1　设 N 是环 R 的一个子加群，即对 N 中任意元素 a,b，差 $a-b$ 仍属于 N. 如果又有

$$r\in R, a\in N \implies ra\in N,$$

则称 N 是环 R 的一个左理想；并称 N 满足左吸收律.

如果

$$r\in R, a\in N \implies ar\in N,$$

则称 N 是环 R 的一个右理想；此时称 N 满足右吸收律.

如果 N 既是环 R 的左理想又是右理想，则称 N 是环 R 的一个双边理想，简称理想，并用符号 $N\trianglelefteq R$ 表示；否则记为 $N\ntrianglelefteq R$.

由定义可知，一个理想一定是一个子环. 但是应注意，一个子环不一定是一个理想. 例如，整数环 $\mathbf{Z}$ 是数环

$$R=\{a+b\sqrt{2}\mid a,b\in\mathbf{Z}\}$$

的一个子环，但它却不是数环 R 的理想.

显然，在交换环中，每个左或右理想都是双边理想.

例 1　令 $F_{2\times 2}$ 为域 F 上的 2 阶全矩阵环，并设

$$N_1=\left\{\begin{pmatrix}a & 0\\ b & 0\end{pmatrix}\middle| a,b\in F\right\},\quad N_2=\left\{\begin{pmatrix}a & b\\ 0 & 0\end{pmatrix}\middle| a,b\in F\right\}.$$

则易知 N_1 是环 $F_{2\times 2}$的一个左理想(但不是双边理想),而 N_2 是 $F_{2\times 2}$的一个右理想(也不是双边理想).

另外易知

$$N=\left\{\begin{pmatrix}0 & 0\\ a & 0\end{pmatrix}\middle| a\in F\right\}$$

是环 N_1 的一个双边理想,但它却不是全矩阵环 $F_{2\times 2}$的左理想,也不是右理想.

下面举两个理想的例子.

例 2 令 F 是一个域,N 是多项式环 $F[x]$中常数项为零的全体多项式作成的集合,则易知 N 是 $F[x]$的一个理想.

例 3 令 F 为任一域,又令

$$N=\left\{\begin{pmatrix}0 & 0 & 0\\ 0 & 0 & a\\ 0 & 0 & 0\end{pmatrix}\middle| a\in F\right\},\quad K=\left\{\begin{pmatrix}0 & 0 & x\\ 0 & 0 & y\\ 0 & 0 & 0\end{pmatrix}\middle| x,y\in F\right\},$$

$$R=\left\{\begin{pmatrix}a_1 & a_2 & a_3\\ 0 & a_4 & a_5\\ 0 & 0 & a_6\end{pmatrix}\middle| a_i\in F\right\}.$$

则易知 $N\trianglelefteq K$,$K\trianglelefteq R$,但是 $N\ntrianglelefteq R$.因此,同正规子群情况类似,理想的理想不一定是原环的理想,亦即理想也不具有传递性.

对任意的环 R,如果 $|R|>1$,则 R 至少有两个理想:一个是零理想$\{0\}$;另一个是 R 本身(称为环 R 的单位理想).这两个理想统称为环 R 的平凡理想.别的理想,如果有的话,称为 R 的非平凡理想或真理想.

定义 2 只有平凡理想的非零环,称为单环.

对于一个给定的环,要想弄清楚它的理想的情况,一般来说是非常困难的.但是,对于某些特定的环,它们理想的状况是很清楚的.

我们知道,循环环的子环和子加群是一回事.进一步有

定理 1 N 是循环环$R=\langle a\rangle$的一个理想,当且仅当 N 是 R 的一个子加群(子环).

证 理想当然是子加群.反之,设 N 是循环环 R 的一个子加群,则对任意 $b\in N$,$r\in R$,令

$$b=sa,\quad r=ta,\quad a^2=ka,$$

其中 s,t,k 为整数.则

$$\begin{aligned}rb&=(ta)(sa)=(ts)a^2\\&=(ts)(ka)=(tk)(sa)=(tk)b\in N.\end{aligned}$$

又因循环环是可换环,故 $N\trianglelefteq R$.

(证毕)

由此定理可知,整数环及模 n 剩余类环 $\mathbf{Z}_n$ 的子加群、子环、理想三者都是一回事.由此特别可知,环 $\mathbf{Z}_n$ 有 $T(n)$个理想.

定理 2 除环和域只有平凡理想,即它们都是单环.

证　设 N 是除环 R 的任意一个理想.如果 $N\neq 0$,在 N 中任取 $a\neq 0$,则 $a^{-1}\in R$,于是

$$a^{-1}a=1\in N.$$

从而对 R 中任意元素 r,有

$$r\cdot 1=r\in N,$$

故 $N=R$.即 R 只有平凡理想,因此 R 是单环.

（证毕）

在一定意义下,这个定理的逆定理也成立.

定理 3　设 R 是一个阶大于 1 的环,并且除平凡理想外无其他左或右理想.则当 R 有单位元时,R 为除环;当 R 无单位元时,R 是素阶零乘环.

证　设 R 除$\{0\}$和 R 外无其他左理想.在 R 中任取元素 $a\neq 0$,则显然

$$Ra=\{ra\mid r\in R\}$$

是 R 的一个左理想.

当 R 有单位元时,$a\in Ra$,从而 $Ra\neq 0$.于是 $Ra=R$.这表明方程 $ya=b(b\in R)$在 R 中有解,于是由 §3 定理 3 知,R 是除环.

当 R 无单位元时,若对 R 中任意$a\neq 0$ 都有 $Ra=R$,则同样可知 R 是除环.这与 R 无单位元矛盾.因此,总存在元素 $a\neq 0$ 使$Ra=0$.于是 $a^2=0$,而且

$$N=\{\cdots,-2a,-a,0,a,2a,\cdots\}$$

是环 R 的一个左理想,也是一个循环零乘环.故 $N=R$.再由假设以及定理 1 和循环群理论可知,R 只能是一个素阶零乘环.

当 R 除$\{0\}$和 R 外无其他右理想时,同理可证.

（证毕）

推论　阶大于 1 的可换单环必为域或素阶零乘环.

定理 4　设 R 是一个整环.如果 R 只有有限个理想,则 R 必为域.

证　在 R 中任取元素 $a\neq 0,b$,由 §3 定理 3 知,只需证明方程 $ax=b$ 在 R 中有解即可.

易知

$$N_i=\{ya^i\mid y\in R\}\lhd R,\quad i=1,2,\cdots. \tag{1}$$

但由于整环 R 只有有限个理想,故必有正整数 s 与 t 满足

$$s<t,\quad ba^s\in N_s=N_t.$$

从而由(1)知,在 R 中有元素 c 使

$$ba^s=ca^t\quad 或\quad a(a^{t-s-1}\cdot c)=b,$$

即方程 $ax=b$ 在 R 中有解 $x=a^{t-s-1}\cdot c$.

（证毕）

下面我们要从环的元素出发,来作出环的理想.

设 R 是一个环,任取 $a\in R$,则 R 中包含元素 a 的理想总是存在的,例如 R 本身就是一个.易知,R 中包含 a 的全部理想的交也是 R 的一个理想,且是 R 的包含元素 a 的最小理想.这个理想记为$\langle a\rangle$,并称其为 R 的由 a 生成的主理想.

下面粗略考察一下主理想$\langle a\rangle$中的元素是什么样子.

首先，由于 $a\in\langle a\rangle$，从而对任意整数 n，均有

$$na\in\langle a\rangle;$$

其次，对 R 中任意元素 x,y 和 $x_i,y_i(i,j=1,2,\cdots,m)$ 来说，$\langle a\rangle$ 必包含

$$xa,\quad ay,\quad x_iay_i,$$

从而包含所有这种元素的和，即

$$xa+ay+na+(x_1ay_1+\cdots+x_may_m),\tag{2}$$

其中 n 是整数，而 m 是正整数.

另一方面，R 的所有(2)中的元素已经作成一个包含 a 的理想，因此

$$\langle a\rangle=\left\{xa+ay+na+\sum_{i=1}^{m}x_iay_i\,\middle|\,x,y,x_i,y_i\in R,n\in\mathbf{Z},m\text{ 为正整数}\right\}.$$

这就是主理想 $\langle a\rangle$ 中元素的一般表达形式.显然，这种表达形式是累赘的.但是

1) 当 R 是交换环时，由于

$$\begin{aligned}&xa+ay+(x_1ay_1+\cdots+x_may_m)\\=&(x+y+x_1y_1+\cdots+x_my_m)a=ra,\end{aligned}$$

其中 $r=x+y+x_1y_1+\cdots+x_my_m$，故此时 $\langle a\rangle$ 中元素的表达形式可以简化为

$$\langle a\rangle=\{ra+na\mid r\in R,n\in\mathbf{Z}\};$$

2) 当 R 有单位元时，由于

$$xa+ay+na=xa1+1ay+(n\cdot 1)a1,$$

故此时 $\langle a\rangle$ 中元素的表达形式也可以简化，即有

$$\langle a\rangle=\{x_1ay_1+\cdots+x_may_m\mid x_i,y_i\in R,m\text{ 为正整数}\};$$

3) 当 R 既是交换环又有单位元时，更有

$$\langle a\rangle=\{ra\mid r\in R\}.$$

显然，循环环的每个理想都是主理想.因此，整数环及其子环与剩余类环及其子环的每个理想都是主理想.

下面进一步推广主理想的概念.

定义 3 设 $S_1,S_2,\cdots,S_m$ 为环 R 的 m 个子集，令

$$S_1+S_2+\cdots+S_m=\left\{\sum_{i=1}^{m}x_i\,\middle|\,x_i\in S_i\right\},$$

并称其为子集 $S_1,S_2,\cdots,S_m$ 的和.

定理 5 若 $N_1,N_2,\cdots,N_m$ 是环 R 的 m 个(子环)理想，则

$$N_1+N_2+\cdots+N_m$$

也是环 R 的一个(子环)理想.

证 对 m 用数学归纳法.

当 $m=1$ 时定理显然成立.当 $m=2$ 时，N_1+N_2 显然作成 R 的子加群.又设 $r\in R$ 且

$$x=x_1+x_2\in N_1+N_2,\quad x_i\in N_i,$$

则由于 N_1,N_2 是 R 的理想，故

$$rx=r(x_1+x_2)=rx_1+rx_2,$$

$$xr=(x_1+x_2)r=x_1r+x_2r$$

都属于 N_1+N_2，从而 $N_1+N_2\trianglelefteq R$，即 $m=2$ 时定理成立.

假定对 $m-1$ 定理成立，则由于

$$N_1+N_2+\cdots+N_{m-1}+N_m=(N_1+N_2+\cdots+N_{m-1})+N_m,$$

故定理对 m 也成立.

（证毕）

在环 R 中任取 m 个元素 $a_1,a_2,\cdots,a_m$，则由定理 5 知

$$\langle a_1\rangle+\langle a_2\rangle+\cdots+\langle a_m\rangle$$

是环 R 的理想.这个理想简记为

$$\langle a_1,a_2,\cdots,a_m\rangle,$$

并称其为由元素 $a_1,a_2,\cdots,a_m$ 生成的理想.它显然是环 R 中包含元素 $a_1,a_2,\cdots,a_m$ 的最小理想.

应注意，由多个元素生成的理想，也可能是一个主理想，即也可能由一个元素生成.

例 4　证明：整数环的理想 $\langle 4,6\rangle=\langle 2\rangle$.

证　显然 $4,6\in\langle 2\rangle$，因此，$\langle 4,6\rangle\subseteq\langle 2\rangle$.

又由于 $2=(-1)\times 4+1\times 6\in\langle 4,6\rangle$，故 $\langle 2\rangle\subseteq\langle 4,6\rangle$.因此，

$$\langle 4,6\rangle=\langle 2\rangle.$$

（证毕）

这个例子的更一般情况是，若整数 $a_1,a_2,\cdots,a_m$ 的最大公因数是 d，则

$$\langle a_1,a_2,\cdots,a_m\rangle=\langle d\rangle.$$

另外易证，若 N 是整数环 $\mathbf{Z}$ 的任一非零理想，a 是 N 中的最小正整数，则 $N=\langle a\rangle$.因此，整数环的每个理想都是主理想.

例 5　证明：整数环上的多项式环 $\mathbf{Z}[x]$ 的理想 $\langle 2,x\rangle$，不是主理想.

证　因若不然，设

$$\langle 2,x\rangle=\langle g(x)\rangle,$$

则 $2,x\in\langle g(x)\rangle$.由于 $\mathbf{Z}[x]$ 是有单位元的交换环，故可令

$$2=s(x)g(x),\quad x=t(x)g(x),$$

这只有 $g(x)=\pm 1$.但因为 $\langle 2,x\rangle$ 显然是由常数项为偶数的所有整系数多项式作成的理想，故 $\pm 1\notin\langle 2,x\rangle$，矛盾.

（证毕）

这个例子说明，由多个元素生成的理想也有不是主理想的.

最后介绍理想的乘法.

定义 4　设 R 是环，又 $A\trianglelefteq R$，$B\trianglelefteq R$.则令

$$AB=\{\text{有限和}\textstyle\sum a_ib_i\mid a_i\in A,b_i\in B\},$$

并称其为理想 A 与 B 的乘积.

容易证明：$AB\trianglelefteq R$.

习题 4.6

1. 设 R 是环，$a,b\in R$.证明：

1) $aR=\{ar\mid r\in R\}$，$Rb=\{rb\mid r\in R\}$分别为环 R 的右、左理想；

2) $aRb=\{arb\mid r\in R\}\leqslant R$.

2. 设 R 为偶数环.证明：

$$N=\{4r\mid r\in R\}\lhd R.$$

问：$N=\langle 4\rangle$是否成立？N 是由哪个偶数生成的主理想？

3. 证明：

1) 若 $N\lhd \mathbf{Z}$，且 a 是 N 中最小的正整数，则 $N=\langle a\rangle$；

2) 若 $a_1,a_2,\cdots,a_m$ 是整数环 $\mathbf{Z}$ 中 m 个整数，且其最大公因数是 d，则

$$\langle a_1,a_2,\cdots,a_m\rangle=\langle d\rangle.$$

4. 证明：域 F 上多项式环 $F[x]$的每个理想都是主理想.

5. 举例指出，环 R 的中心不一定是 R 的理想.

§7 商环与环同态基本定理

正规子群在群论中的重要意义是，由它可以产生商群，并能由此获得群论中很多重要结论.同样，利用理想也可以产生一些新的环，而且由此也可以得到环论中一系列相应的结果.

设 N 是环 R 的一个理想，则 N 当然是 R 的一个子加群.于是对于环 R 的加法来说，N 是 R 的一个正规子群，从而 R 关于 N 的一切陪集

$$a+N\quad(\forall a\in R)$$

作成的集合 R/N，对陪集的加法

$$(a+N)+(b+N)=(a+b)+N$$

作成一个加群.现在的想法是，欲对 R/N 再规定另一个代数运算使其作成一个环.

设 $a+N,b+N$ 为 R/N 中任二陪集，规定以下乘法：

$$(a+N)(b+N)-ab+N.$$

需证明这是 R/N 的一个代数运算，即其结果与陪集中代表元素的选择无关.

事实上，设

$$a+N=c+N,\quad b+N=d+N.$$

则 $a-c,b-d\in N$.由于 $N\lhd R$，故

$$(a-c)b\in N,\quad c(b-d)\in N,$$

从而$(a-c)b+c(b-d)=ab-cd\in N$.因此

$$ab+N=cd+N,$$

亦即

$$(a+N)(b+N)=(c+N)(d+N),$$

这说明此运算与代表元素的选择无关.

我们把这个代数运算叫做陪集的乘法.

进一步有

定理1　设 N 是环 R 的一个理想.则 R/N 对陪集的加法与乘法作成一个环,称为 R 关于 N 的商环(有的书上也称剩余类环),且

$$R \sim R/N.$$

证　令

$$\tau:\ a \longrightarrow a+N.$$

则易知这是 R 到 R/N 的一个关于加法与乘法的同态满射,故

$$R \sim R/N.$$

由于 R 是环,因此 R/N 也是环.

(证毕)

上面的同态映射 τ,称为环 R 到商环 R/N 的自然同态.

定理2(环同态基本定理)　设 R 与 $\overline{R}$ 是两个环,且 $R \sim \overline{R}$.则

1) 这个同态的核 N,即零元的全体逆像,是 R 的一个理想;

2) $R/N \cong \overline{R}$.

证　设 φ 是环 R 到环 $\overline{R}$ 的一个同态满射.

1) 由第三章知,核 N 首先是环 R 的一个子加群;其次,设 $a \in N, r \in R$,则

$$a \longrightarrow \overline{0},\quad r \longrightarrow \overline{r}.$$

于是在 φ 之下有

$$ra \longrightarrow \overline{r}\,\overline{0}=\overline{0},\quad ar \longrightarrow \overline{0}\,\overline{r}=\overline{0},$$

故 $ra, ar \in N$,即 N 是 R 的理想.

2) 令

$$\sigma:\ a+N \longrightarrow \varphi(a),$$

则由群同态基本定理知,σ 是加群 R/N 到加群 $\overline{R}$ 的一个同构映射.又由于

$$(a+N)(b+N)=ab+N,$$

而 $\varphi(ab)=\varphi(a)\varphi(b)$,因此 σ 是环 R/N 到环 $\overline{R}$ 的一个同构映射,从而 $R/N \cong \overline{R}$.

(证毕)

此定理表明,在同构意义下,每个环能而且只能与其商环同态.

例1　设 $\mathbf{Z}$ 是整数环,n 是任意一个正整数.证明:

$$\mathbf{Z}/\langle n\rangle \cong \mathbf{Z}_n.$$

证　商环 $\mathbf{Z}/\langle n\rangle=\{0+\langle n\rangle, 1+\langle n\rangle, \cdots, n-1+\langle n\rangle\}$,而

$$\mathbf{Z}_n=\{\overline{0}, \overline{1}, \cdots, \overline{n-1}\}.$$

由于商环中元素(即陪集)的加法与乘法同 $\mathbf{Z}_n$ 中元素(即同余类)的加法与乘法一致,故显然

$$\tau:\ m+\langle n\rangle \longrightarrow \overline{m}$$

是环 $\mathbf{Z}/\langle n\rangle$ 与 $\mathbf{Z}_n$ 的一个同构映射,因此,$\mathbf{Z}/\langle n\rangle \cong \mathbf{Z}_n$.

(证毕)

顺便指出，由于显然 $\varphi: m \longrightarrow \bar{m}$ 是整数环 $\mathbf{Z}$ 到剩余类环 $\mathbf{Z}_n$ 的同态满射，且同态核为 $\langle n \rangle$，因此由环同态基本定理也可得

$$\mathbf{Z}/\langle n \rangle \cong \mathbf{Z}_n.$$

例 2　设 $\mathbf{Z}[\mathrm{i}]$ 是 Gauss 整环，$\mathbf{Z}[x]$ 是由全体整系数多项式作成的环. 证明：

$$\mathbf{Z}[x]/\langle x^2+1 \rangle \cong \mathbf{Z}[\mathrm{i}],$$

其中 i 是虚数单位，即 x^2+1 的一个根.

证　易知

$$\varphi: \quad f(x) \longrightarrow f(\mathrm{i}) \quad (\forall f(x) \in \mathbf{Z}[x])$$

是环 $\mathbf{Z}[x]$ 到 $\mathbf{Z}[\mathrm{i}]$ 的一个满同态，且 $\mathrm{Ker}\ \varphi = \langle x^2+1 \rangle$，故由环同态基本定理知，

$$\mathbf{Z}[x]/\langle x^2+1 \rangle \cong \mathbf{Z}[\mathrm{i}].$$

（证毕）

定理 3　在环 R 到环 $\overline{R}$ 的同态映射下，有

1) R 的子环（理想）的像是 $\overline{R}$ 的一个子环（理想）；

2) $\overline{R}$ 的子环（理想）的逆像是 R 的一个子环（理想）.

这个定理的证明同群论中相应定理的证明完全类似，故从略. 但应注意，在 1) 中把子环改成理想时，还应要求同态映射是一个满射.

定理 2 所证的环同态基本定理也常称为环的第一同构定理. 进一步还有以下第二、三同构定理.

定理 4（环的第二同构定理）　设 R 是环且

$$H \leqslant R, \quad N \trianglelefteq R.$$

则

1) $N \trianglelefteq (H+N)$，$H \cap N \trianglelefteq H$；

2) $H/(H \cap N) \cong (H+N)/N$.

证　如图 5 所示. 1) 是显然的. 以下证明 2).

令 τ 是 R 到 R/N 的自然同态，则易知在 τ 之下有

$$H \sim (H+N)/N,$$

且这个同态的核为 $H \cap N$. 于是由定理 2 知

$$H/(H \cap N) \cong (H+N)/N.$$

（证毕）

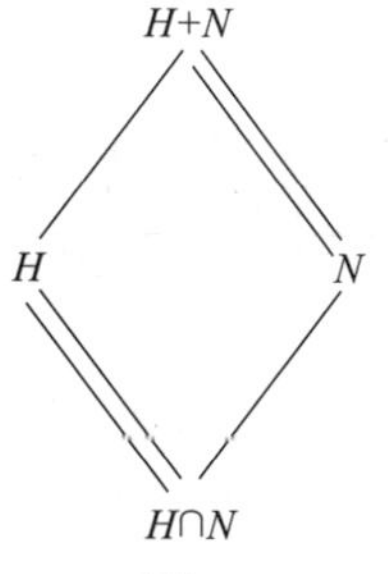

图 5

定理 5（环的第三同构定理）　设 R 是环，又

$$A \trianglelefteq R, \quad A \trianglelefteq B \trianglelefteq R.$$

则

$$B/A \trianglelefteq R/A \quad 且 \quad (R/A)/(B/A) \cong R/B.$$

证　如图 6 所示. 令 τ，σ 分别为 R 到 R/A 以及 R 到 R/B 的自然同态，则易知

$$\varphi: \quad r+A \longrightarrow r+B$$

是 R/A 到 R/B 的一个满同态（$\forall r \in R$），且有

$$\sigma = \varphi\tau.$$

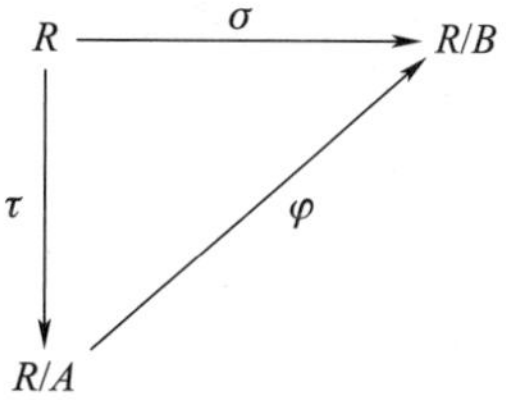

图 6

又易知 Ker $\varphi=B/A$，故由定理 2 知

$$B/A \trianglelefteq R/A \quad 且 \quad (R/A)/(B/A)\cong R/B.$$

（证毕）

同群的情况一样，易知商环 R/N 中的子环或理想均呈 K/N 形，其中 K 是 R 中含 N 的子环或理想.

习　题　4.7

1. 设 N 是环 R 到环 $\overline{R}$ 的同态满射 φ 的核.证明：φ 是同构映射当且仅当 $N=\{0\}$.

2. 设 R 是一个整环.证明：

1）若 char $R=\infty$，则 R 有子环与 $\mathbf{Z}$ 同构；

2）若 char $R=p$（素数），则 R 有子环与 $\mathbf{Z}_p$ 同构.

3. 设 φ 是环 R 到环 $\overline{R}$ 的一个同态满射，K 为其同态核，$N\trianglelefteq R$.证明：若 $K\subseteq N$，则 N 在 $\overline{R}$ 中的像的逆像就是 N.

4. 令 $R=\{a+b\mathrm{i}\mid a,b\in\mathbf{Q}\}$，$\overline{R}$ 为由一切形如

$$\begin{pmatrix} a & b \\ -b & a \end{pmatrix} \quad (a,b\in\mathbf{Q})$$

的方阵作成的集合.证明：对普通加法与乘法来说，R 与 $\overline{R}$ 同构且 $\overline{R}$ 是一个域.

5. 设 R 为环，$N\trianglelefteq R$.证明：

1）R/N 中的理想都具有形式 K/N，其中 K 是 R 的含 N 的理想；

2）在自然同态 $R\sim R/N$ 之下，R 的理想 H 的像为 $(H+N)/N$.

*§8　素理想和极大理想

本节介绍两种重要的理想.

定义 1　设 R 是一个交换环，又 $P\trianglelefteq R$.如果

$$ab\in P \implies a\in P 或 b\in P,$$

其中 $a,b\in R$，则称 P 是 R 的一个素理想.

显然，环 R 本身是 R 的一个素理想；又零理想 $\{0\}$ 是 R 的素理想当且仅当 R 无零因子，亦即 R 是一个整环.

例 1　证明整数环 $\mathbf{Z}$ 的全部素理想是：$\{0\}$，$\mathbf{Z}$ 以及所有由素数 p 生成的理想 $\langle p\rangle$.

证　这些理想显然都是 $\mathbf{Z}$ 的素理想.又由于 $\mathbf{Z}$ 的理想都是主理想，因此，如果 n 是一个合数且

$$n=n_1n_2,\quad 1<n_1,n_2<n,$$

则 $n_1n_2=n\in\langle n\rangle$，但是 $n\nmid n_1$，$n\nmid n_2$，即有 $n_1\notin\langle n\rangle$，$n_2\notin\langle n\rangle$，即 $\langle n\rangle$ 不是整数环 $\mathbf{Z}$ 的素理想.

（证毕）

例 2 设 R 是偶数环，p 是奇素数，又

$$\langle 4\rangle=\{\cdots,-12,-8,-4,0,4,8,12,\cdots\},$$

$$\langle 2p\rangle=\{\cdots,-6p,-4p,-2p,0,2p,4p,6p,\cdots\},$$

证明：$\langle 4\rangle$不是 R 的素理想，而$\langle 2p\rangle$是 R 的素理想.

证 因为 $2\times 2=4\in\langle 4\rangle$，但 $2\notin\langle 4\rangle$，故$\langle 4\rangle$不是偶数环的素理想.

又设 $ab\in\langle 2p\rangle$，其中 a,b 是偶数.设

$$a=2s,\quad b=2t,\quad ab=2pq,$$

其中 s,t,q 为整数.则由于 p 是奇素数，故可知 $p\mid st$.从而

$$p\mid s \quad 或 \quad p\mid t.$$

由此可知必有 $a\in\langle 2p\rangle$或 $b\in\langle 2p\rangle$，即$\langle 2p\rangle$是偶数环的素理想.

（证毕）

定理 1 设 P 是交换环 R 的一个理想.则

$$P 是 R 的素理想 \iff R/P 无零因子.$$

证 设 P 是 R 的素理想，则在商环 R/P 中任取二元素

$$\bar{a}=a+P,\quad \bar{b}=b+P,$$

且令$\bar{a}\bar{b}=\bar{0}$.于是有$\overline{ab}=\bar{0}$，即 $ab\in P$.但因 P 是素理想，故有 $a\in P$ 或 $b\in P$.亦即有

$$\bar{a}=\bar{0} \quad 或 \quad \bar{b}=\bar{0}.$$

因此，商环 R/P 无零因子.

反之，设 R/P 无零因子，且令 $ab\in P$.则

$$\overline{ab}=\bar{0},\quad 即\bar{a}\bar{b}=\bar{0}.$$

于是$\bar{a}=\bar{0}$或$\bar{b}=\bar{0}$，亦即 $a\in P$ 或 $b\in P$.因此，P 是 R 的一个素理想.

（证毕）

下面再介绍另一类与素理想有密切联系的重要理想.

定义 2 设 N 是环 R 的一个理想，且 $N\neq R$.如果除 R 和 N 外，R 中没有包含 N 的其他理想，则称 N 为环 R 的一个极大理想.

例 3 在模 8 剩余类环 $\mathbf{Z}_8$ 中，理想$\langle\bar{4}\rangle=\{\bar{0},\bar{4}\}$不是 $\mathbf{Z}_8$ 的素理想（因为 $\bar{2}\cdot\bar{2}=\bar{4}\in\langle\bar{4}\rangle$，但是 $\bar{2}\notin\langle\bar{4}\rangle$），也不是 $\mathbf{Z}_8$ 的极大理想（因为$\langle\bar{4}\rangle\subset\langle\bar{2}\rangle\subset\mathbf{Z}_8$）.但是，易知理想$\langle\bar{2}\rangle$既是 $\mathbf{Z}_8$ 的素理想也是 $\mathbf{Z}_8$ 的极大理想.

应该注意的是，素理想是在交换环内定义的，但极大理想并无这种限制.

定理 2 设 N 是整数环 $\mathbf{Z}$ 的一个理想.则

$$N 是极大理想 \iff N 由素数生成.$$

证 设 $N=\langle p\rangle$，p 是素数，又 K 是 $\mathbf{Z}$ 的一个理想，且

$$\langle p\rangle\subseteq K\subseteq\mathbf{Z}.$$

令 $K=\langle m\rangle$，则 $p\in\langle m\rangle$，$m\mid p$.只有 $m=1$ 或 p，即只有

$$K=\langle 1\rangle=\mathbf{Z} \quad 或 \quad K=\langle p\rangle,$$

从而$\langle p\rangle$是 $\mathbf{Z}$ 的极大理想.

反之，设 N 是 $\mathbf{Z}$ 的极大理想，由于 $\mathbf{Z}$ 的理想都是主理想，故可设 $N=\langle n\rangle$，且不妨

设 n 是正整数.如果 n 是合数,令

$$n=n_1n_2,\quad 1<n_i<n,$$

则 $\mathbf{Z}$ 的理想$\langle n_1\rangle\neq\mathbf{Z}$,$\langle n_1\rangle\neq\langle n\rangle$,但却有

$$N=\langle n\rangle\subset\langle n_1\rangle,$$

这与 N 是 $\mathbf{Z}$ 的极大理想矛盾.故 n 必为素数.

（证毕）

根据这个定理,并由例 1 可知,除平凡理想外,整数环的素理想和极大理想是一致的.但是,对有些环来说并不是这样.

例 4　证明:$\langle x\rangle$,$\langle y\rangle$与$\langle x,y\rangle$都是整数环上二元多项式环$\mathbf{Z}[x,y]$的素理想.

证　1) $\langle x\rangle$与$\langle y\rangle$是环 $\mathbf{Z}[x,y]$的素理想.

在 $\mathbf{Z}[x,y]$中任取二多项式:

$$f=f(x,y)=f_0(y)x^n+f_1(y)x^{n-1}+\cdots+f_{n-1}(y)x+f_n(y),$$

$$g=g(x,y)=g_0(y)x^m+g_1(y)x^{m-1}+\cdots+g_{m-1}(y)x+g_m(y).$$

设若

$$fg=f_0g_0x^{m+n}+\cdots+(f_{n-1}g_m+g_{m-1}f_n)x+f_ng_m\in\langle x\rangle,$$

但 $f\notin\langle x\rangle$,则必有

$$f_ng_m=f_n(y)\cdot g_m(y)=0.$$

但 $f_n(y)\neq 0$,从而 $g_m(y)=0$.因此,必有 $g\in\langle x\rangle$.所以$\langle x\rangle$是环 $\mathbf{Z}[x,y]$的素理想.

同理,$\langle y\rangle$也是环 $\mathbf{Z}[x,y]$的素理想.

2) $\langle x,y\rangle$是环 $\mathbf{Z}[x,y]$的素理想.

显然,$\langle x,y\rangle$中的元素恰是 $\mathbf{Z}[x,y]$中常数项为 0 的全体多项式,因此,若 $fg\in\langle x,y\rangle$,即 fg 的常数项是 0,则 f 或 g 至少有一个的常数项为 0,亦即必有

$$f\in\langle x,y\rangle\quad\text{或}\quad g\in\langle x,y\rangle.$$

因此,$\langle x,y\rangle$是环 $\mathbf{Z}[x,y]$的素理想.

（证毕）

由于显然$\langle x\rangle\subset\langle x,y\rangle$,$\langle y\rangle\subset\langle x,y\rangle$,因此,环 $\mathbf{Z}[x,y]$的素理想$\langle x\rangle$,$\langle y\rangle$都不是极大理想.

进一步有

例 5　证明:环 $\mathbf{Z}[x,y]$的理想$\langle x,y,2\rangle$既是素理想也是极大理想.

证　1) 设 $fg\in\langle x,y,2\rangle$,即 fg 的常数项是偶数.则 f 与 g 中至少有一个的常数项是偶数,亦即 f 或 g 至少有一个属于$\langle x,y,2\rangle$.因此,$\langle x,y,2\rangle$是环 $\mathbf{Z}[x,y]$的素理想.

2) 设若 D 是 $\mathbf{Z}[x,y]$的理想,且

$$\langle x,y,2\rangle\subset D\subseteq\mathbf{Z}[x,y].$$

则必存在常数项为 0 的 $f(x,y)$和奇数 a 使

$$f(x,y)+a\in D.$$

从而 $f(x,y)\in\langle x,y,2\rangle\subset D$,因此 $a\in D$.现在在环 $\mathbf{Z}[x,y]$中任取一个多项式

$$g(x,y)+b\quad(g(x,y)\text{常数项为 }0,b\text{ 是整数}).$$

若 b 是偶数,则 $g(x,y)+b\in\langle x,y,2\rangle$,所以 $g(x,y)+b\in D$;

若 b 是奇数，则由于 $b-a$ 是偶数且 $a\in D$，从而

$$g(x,y)+b=g(x,y)+(b-a)+a\in D.$$

因此，$D=\mathbf{Z}[x,y]$.从而 $\langle x,y,2\rangle$ 也是环 $\mathbf{Z}[x,y]$ 的一个极大理想.

（证毕）

另外易知 $\langle x^2y,xy^2\rangle\subset\langle x\rangle$，且 $\langle x^2y,xy^2\rangle$ 不是环 $\mathbf{Z}[x,y]$ 的素理想.于是由例 4 和例 5 可知，有

$$\langle x^2y,xy^2\rangle\subset\langle x\rangle\subset\langle x,y\rangle\subset\langle x,y,2\rangle,$$

其中 $\langle x^2y,xy^2\rangle$ 不是素理想，后三个都是素理想，而且最后一个还是极大理想.

为了利用极大理想来得到一个域，我们先利用极大理想来求得一个单环，即只有平凡理想的环.

定理 3 设 N 是环 R 的一个理想.则

$$N\text{ 是极大理想}\iff R/N\text{ 是单环}.$$

证 用 φ 表示 R 到 $\overline{R}=R/N$ 的自然同态.

设 N 是 R 的一个极大理想，而 $\overline{K}$ 为 $\overline{R}$ 的任一非零理想，则由上节知，在 φ 之下 $\overline{K}$ 的逆像 K 是 R 的一个理想.由于 $\overline{0}\in\overline{K}$，而 $\overline{0}$ 的逆像为 N，故 $N\subseteq K$.又因 $\overline{K}\neq\overline{0}$，故 $N\neq K$，即 $N\subset K$.但 N 是 R 的极大理想，故

$$K=R,\quad \overline{K}=\overline{R}.$$

即 $\overline{R}=R/N$ 只有平凡理想，R/N 是单环.

反之，设 $\overline{R}$ 是单环，K 是 R 的一个理想，且

$$N\subset K\subseteq R,$$

则 $\overline{K}=K/N\trianglelefteq\overline{R}$.但由于 $N\subset K$，故 $\overline{K}\neq\overline{0}$，又因 $\overline{R}$ 是单环，故 $\overline{K}=\overline{R}$.

任取 $r\in R$，则 $r+N\in\overline{R}$，从而有 $k\in K$ 使

$$r+N=k+N,$$

于是 $r-k\in N\subset K$，$r\in K$，$R\subseteq K$.因此 $K=R$，即 N 是 R 的极大理想.

（证毕）

我们知道，域是单环.以下将指出，在一定条件下其逆也成立.

定理 4 设环 R 是一个单环，则当 R 有单位元且可换时，R 是一个域.

证 在 R 中任取 $a\neq0$，则 $\langle a\rangle\neq0$.但 R 是单环，只有平凡理想，故

$$\langle a\rangle=R.$$

于是单位元 $1\in\langle a\rangle$.但对有单位元的交换环来说，$\langle a\rangle$ 中元素都可表示为

$$ra\quad(r\in R),$$

于是 $1=a'a$，其中 $a'\in R$.即 R 中每个非零元都有逆元，从而 R 是一个域.

（证毕）

由以上两个定理立即可得

推论 1 设 R 是一个有单位元的交换环，$N\trianglelefteq R$.则

$$N\text{ 是极大理想}\iff R/N\text{ 是域}.$$

证 设 R/N 是域，而域是单环，于是由定理 3 知，N 是 R 的一个极大理想.

反之,设 N 是 R 的一个极大理想,由定理 3,R/N 是单环.又因环 R 有单位元且可换,从而 R/N 也有单位元且可换,故由定理 4,R/N 是一个域.

（证毕）

根据这个推论,再结合定理 1 又可得

推论 2　有单位元的交换环的极大理想必为素理想.

这样,在有单位元的交换环中,只要给出一个极大理想,便可立即得到一个与这个环有密切联系的域.于是,可以通过所得到的域进一步研究所给的环.

例 6　由素数 p 生成的理想是整数环 $\mathbf{Z}$ 的极大理想,而 $\mathbf{Z}$ 有单位元且可换,故由推论 1 知,$\mathbf{Z}/\langle p\rangle$ 即 $\mathbf{Z}_p$ 是一个域.

这样,我们从极大理想出发,又一次证明了 $\mathbf{Z}_p$ 是一个域.

习　题　4.8

1. 问:$\langle x\rangle$ 是不是多项式环 $\mathbf{Z}[x]$ 的极大理想? 又 $\langle x\rangle$ 是不是 $\mathbf{Q}[x]$ 的极大理想?
2. 证明:$\langle 4\rangle$ 是偶数环 R 的极大理想,但 $R/\langle 4\rangle$ 不是域.
3. 问:偶数环 R 的极大理想是否均为 $\langle 2p\rangle$? 其中 p 是任意素数.又其素理想是否只有 $\{0\}$,R 和 $\langle 2p\rangle$(p 为奇素数)?
4. 试给出模 6 与模 10 剩余类环 $\mathbf{Z}_6$ 与 $\mathbf{Z}_{10}$ 中的所有素理想和极大理想,并说明理由.
5. 设 R 是交换环,$N\trianglelefteq R$.证明:R/N 是域的充要条件是,N 是 R 的极大理想且由 $a^2\in N$ 可得 $a\in N$.

提示:$N\subseteq\{b+ar\mid b\in N,r\in R\}\trianglelefteq R$.

*§9　非交换环

本章最后一节来简单讨论一下非交换环.

无限非交换环总是存在的,因为数域上的 $n(n>1)$ 阶全矩阵环就是一例.但有限非交换环的情况就是另一回事了.

对任意正整数 n,n 阶交换环总是存在的,因为模 n 剩余类环 $\mathbf{Z}_n$ 就是一个 n 阶交换环.但是,n 阶非交换环是否存在? 对一般的 n,答案显然是否定的.因为,显然凡 1 阶和素数阶环都是循环环,从而都是交换环,即素数阶的非交换环是不存在的.本节将进一步讨论:对什么样的正整数 n,才存在 n 阶非交换环.

定理 1　对任意整数 $n>1$,总存在 n^2 阶非交换环.

证　$\mathbf{Z}_n$ 作为加群,作外直和 $\mathbf{Z}_n\oplus\mathbf{Z}_n$(外直和概念见定理 2 之下文字),并令

$$R=(\mathbf{Z}_n,+)\oplus(\mathbf{Z}_n,+).$$

现在在加群 R 中再规定乘法如下:

$$(x_1,y_1)(x_2,y_2)=(x_2+y_2)(x_1,y_1).\tag{1}$$

由于当 $(a_1,b_1)=(c_1,d_1)$,$(a_2,b_2)=(c_2,d_2)$ 时,有

$$n\mid(a_i-c_i),\quad n\mid(b_i-d_i),\quad i=1,2,$$

故可知 n 整除 $(a_2+b_2)-(c_2+d_2)$.于是 n 又整除

$$(a_2+b_2)(a_1-c_1) \quad 与 \quad c_1[(a_2+b_2)-(c_2+d_2)],$$

从而 n 整除它们的和 $a_1(a_2+b_2)-c_1(c_2+d_2)$.

同理,n 整除 $b_1(a_2+b_2)-d_1(c_2+d_2)$.

这就是说,(1)确为 R 的代数运算.

进一步易证 R 对此代数运算满足结合律,并且乘法对加法满足分配律.从而 R 作成一个 n^2 阶的环.

另外,这个环还是一个非交换环:因为例如

$$(1,0) \quad 与 \quad (0,1)$$

都属于 R,但是根据(1),有

$$(1,0)(0,1)=(1,0), \quad (0,1)(1,0)=(0,1),$$

即 $(1,0)(0,1)\neq(0,1)(1,0)$.

因此,R 便是一个 n^2 阶的非交换环.

(证毕)

下面再证明另一类非交换环的存在性.

定理 2 对任意素数 p 和任意整数 $n>1$,总存在 p^s 阶非交换环,其中 $s=\dfrac{n(n+1)}{2}$.

证 令 R 是由域 $\mathbf{Z}_p$ 上一切 n 阶上三角形矩阵作成的集合.则易知 R 对方阵的普通加法与乘法作成一个环,而且是一个(有单位元的) p^s 阶环.

令 E_{ij} 表示 (i,j) 元素为 1(即单位元 $\bar{1}$)而其余元素全为 0(即零元 $\bar{0}$)的 n 阶方阵.则 E_{1n} 与 E_{nn} 都属于 R,但易知

$$E_{1n}E_{nn}=E_{1n}, \quad E_{nn}E_{1n}=0,$$

即 $E_{1n}E_{nn}\neq E_{nn}E_{1n}$.从而 R 不可换.

因此,R 是一个 p^s 阶(有单位元)的非交换环.

(证毕)

为介绍对什么样的 n 才存在 n 阶非交换环,下面先介绍环的直和.

设 $R_1',R_2',\cdots,R_n'$ 为任意 n 个环,且令

$$R=\{(a_1,a_2,\cdots,a_n)\mid a_i\in R_i'\}$$

并规定:

$$(a_1,a_2,\cdots,a_n)=(b_1,b_2,\cdots,b_n) \iff a_i=b_i, i=1,2,\cdots,n;$$

$$(a_1,a_2,\cdots,a_n)+(b_1,b_2,\cdots,b_n)=(a_1+b_1,a_2+b_2,\cdots,a_n+b_n),$$

$$(a_1,a_2,\cdots,a_n)\cdot(b_1,b_2,\cdots,b_n)=(a_1b_1,a_2b_2,\cdots,a_nb_n).$$

则易知 R 对此二运算作成一个环.并且这个环的零元是

$$(0,0,\cdots,0),$$

又 $(a_1,a_2,\cdots,a_n)$ 的负元是 $(-a_1,-a_2,\cdots,-a_n)$.

我们称这个环为环 $R_1',R_2',\cdots,R_n'$ 的外直和,并记为

$$R=R_1'\oplus R_2'\oplus\cdots\oplus R_n'.$$

又易知:

$$R_i=\{(0,\cdots,0,a_i,0,\cdots,0)\mid a_i\in R_i'\}\lhd R,$$
$$R_i\cong R_i',\quad R=R_1+R_2+\cdots+R_n.$$

并且 R 中每个元素表示为理想 $R_1,R_2,\cdots,R_n$ 中元素之和时，只能有一种表示方法.据此，我们再给出环的内直和的概念.

定义 设 $R_1,R_2,\cdots,R_n$ 是环 R 的 n 个理想.如果

1) $R=R_1+R_2+\cdots+R_n$；

2) R 中每个元素表示为 $R_1,R_2,\cdots,R_n$ 中元素相加唯一，则称环 R 是子环（理想）$R_1,R_2,\cdots,R_n$ 的内直和，也记为

$$R=R_1\oplus R_2\oplus\cdots\oplus R_n.$$

易知其中条件 2)也可改为：零元表示法唯一.

环的内、外直和可以相互转化，一般不严格区分，并简称为环的直和.

定理 3 设 R 是一个特征为 n 的环.如果 $n=n_1n_2$，且 $(n_1,n_2)=1$，则存在 R 的理想 R_1 和 R_2 使

$$R=R_1\oplus R_2,$$

其中 $\text{char } R_1=n_1$，$\text{char } R_2=n_2$.

证 1) 因为 $(n_1,n_2)=1$，故存在整数 s,t 使

$$n_1s+n_2t=1. \tag{2}$$

现在令

$$R_1=\{n_2ta\mid a\in R\},\quad R_2=\{n_1sa\mid a\in R\},$$

则易知 $R_i\lhd R$，$i=1,2$.

又由于对 R 中任意元素 a，根据(2)式可得

$$a=1\cdot a=(n_1s+n_2t)a=n_2ta+n_1sa\in R_1+R_2, \tag{3}$$

故 $R=R_1+R_2$.

再设 $x\in R_1\cap R_2$，并令

$$x=n_2ta,\quad x=n_1sb\quad (a,b\in R).$$

于是由此并根据 $n=n_1n_2$ 是 R 的特征可知

$$n_1x=n_2x=0,$$

从而由(3)式又得 $x=0$.故 $R_1\cap R_2=\{0\}$.因此

$$R=R_1\oplus R_2.$$

2) 令 $\text{char } R_i=m_i$，$i=1,2$.由于

$$n_1(n_2ta)=nta=0,\quad n_2(n_1sa)=nsa=0,$$

故 $m_1\leqslant n_1$，$m_2\leqslant n_2$.从而

$$m_1m_2\leqslant n_1n_2=n. \tag{4}$$

在 R 中任取元素 a，并令

$$a=a_1+a_2\quad (a_i\in R_i),$$

则有 $m_1m_2a=m_1m_2a_1+m_1m_2a_2=0+0=0$.于是

$$\text{char } R\leqslant m_1m_2,\quad 即\ n\leqslant m_1m_2.$$

再由(4)式知，$m_1=n_1$，$m_2=n_2$.即 $\text{char } R_1=n_1$，$\text{char } R_2=n_2$.

（证毕）

推论 设环 R 的特征是 n，且

$$n=p_1^{k_1}p_2^{k_2}\cdots p_m^{k_m},$$

其中 $p_1,p_2,\cdots,p_m$ 是互异素数，$k_i\geqslant 1,i=1,2,\cdots,m$.则存在环 R 的理想 R_i，其特征为 $p_i^{k_i}$，并且

$$R=R_1\oplus R_2\oplus\cdots\oplus R_m.$$

证 令 $n_1=p_1^{k_1},n_2=p_2^{k_2}\cdots p_m^{k_m}$.则

$$n=n_1n_2,\quad (n_1,n_2)=1.$$

于是由定理 3，存在 R 的理想 R_1,R_1' 使

$$R=R_1\oplus R_1',$$

其中 $\mathrm{char}\ R_1=p_1^{k_1}$，$\mathrm{char}\ R_1'=n_2=p_2^{k_2}\cdots p_m^{k_m}$.

如果 $m>2$，则对环 R_1' 可作同样讨论.如此下去，因此有 R 的理想 R_i 使

$$R=R_1\oplus R_2\oplus\cdots\oplus R_m,$$

其中 $\mathrm{char}\ R_i=p_i^{k_i},i=1,2,\cdots,m$.

（证毕）

这个推论的意义在于：讨论特征有限的环，可转化为讨论特征是素数幂的环.

现在来回答什么样的 n 才存在 n 阶非交换环.

定理 4 设 n 为大于 1 的整数.则存在 n 阶非交换环的充要条件是，n 有平方因子.即存在整数 $d>1$ 使 $d^2\mid n$.

证 1）必要性.设有 n 阶非交换环 R.则 R 的加群 $(R,+)$ 是一个 n 阶交换群.从而由有限交换群的不变因子定理知，存在阶大于 1 的循环子加群 $\langle b_i\rangle(i=1,2,\cdots,m)$ 使

$$(R,+)=\langle b_1\rangle\oplus\langle b_2\rangle\oplus\cdots\oplus\langle b_m\rangle,$$

其中 $|b_i|>1(i=1,2,\cdots,m)$，且 $|b_i|\mid|b_{i+1}|,i=1,2,\cdots,m-1$.

由此可知

$$n=|b_1|\cdot|b_2|\cdot\cdots\cdot|b_m|. \tag{5}$$

又必定 $m>1$：因若 $m=1$，则 $(R,+)=\langle b_1\rangle$ 为循环群，即 R 为循环环，从而 R 是交换环，这与 R 是非交换环的假设矛盾.

这样由(5)式知，$|b_1|\cdot|b_2|\mid n$.如果令 $d=|b_1|$，则 $d>1$，且由于 $|b_1|\mid|b_2|$，则可知

$$d^2\mid n.$$

即 n 有平方因子.

2）充分性.设 n 有平方因子.例如，设

$$n=n_1^2\cdot n_2,\quad n_1>1.$$

由定理 1，总有 n_1^2 阶非交换环存在，令 R_1 是这样的一个环.再令 R_2 为任意一个 n_2 阶环（不管可换与否）.于是易知环的直和

$$R=R_1\oplus R_2$$

便是一个 $n_1^2n_2=n$ 阶的非交换环.

（证毕）

顺便指出，这个定理还是一个构造性定理.即它的证明过程也同时给出了具体构造 n($n>1$ 且 n 有平方因子)阶非交换环的方法.

例 1 按定理 1 证明中所指出的方法，给出一个 4 阶非交换环.

解 由定理 1 的证明可知

$$R=(\mathbf{Z}_2,+)\oplus(\mathbf{Z}_2,+)=\{(0,0),(1,0),(0,1),(1,1)\}.$$

这就是按定理 1 方法给出的一个 4 阶非交换环.

另外易知，这个 4 阶非交换环的加群(R，+)是一个 Klein 四元群.如果依次用 0，a，b，c 表示 R 的 4 个元素，则不难给出环 R 的乘法表.

有文献已经证明，不同构的 4 阶非交换环只有两个(参见本章§4 例 6)，而这两个非交换环又都是没有单位元的.据此，再根据定理 4 便知我们以前曾经提到过的一个事实：$\mathbf{Z}_2$ 上的所有 2 阶上三角形方阵作成的(8 阶)环，是有单位元的阶数最小的非交换环.

例 2 按定理 4 证明中的方法，给出一个 12 阶非交换环.

解 任取一个 4 阶非交换环 R_1(例如取例 1 中的环)，再取模 3 剩余类环 $\mathbf{Z}_3$，并作此二环的外直和：

$$R=R_1\oplus\mathbf{Z}_3,$$

则 R 是一个 12 阶环.但由于环 R_1 不可换，故 R 也不可换，因此 R 是一个 12 阶非交换环.

习 题 4.9

1. 证明：若 e 是环 R 的唯一的左单位元，则 e 必是 R 的单位元.

2. 设 R 是一个有单位元(用 1 表示)的环，$a,b\in R$.证明：如果 $1+ab$ 在 R 中有逆元，则 $1+ba$ 在 R 中也有逆元.

3. 设 R 是一个有单位元(用 1 表示)的环.如果 R 中元素 a,b 满足 $ab=1$，则称 b 是 a 的一个右逆元，而称 a 是 b 的一个左逆元.证明 Kaplansky(卡普兰斯基)定理：若 R 中元素 a 有多于一个的右逆元，则 a 必有无限多个右逆元.

提示：令 $S=\{x\mid x\in R,ax=1\}$，$T=\{xa-1+s\mid x\in S\}$，其中 s 是 S 中一个固定元素.再往证：$T\subseteq S$，$|S|=|T|$.

4. 设 R 是一个有单位元的环，a,b 是 R 中的单位(即可逆元).证明：若有二互素整数 m,n 使

$$a^m=b^m,\quad a^n=b^n,$$

则必有 $a=b$.

5. 设 R 为 Boole 环，即环 R 中每个元素 x 都满足 $x^2=x$.证明：若 $|R|\geqslant3$，则 R 不是整环.

6. 设 R 是一个 Jacobson 环，即环 R 中每个元素 a，都有与 a 有关的整数 $n>1$ 使 $a^n=a$.证明：R 的幂等元都是中心元.

7. 设 R 是一个有单位元(用 1 表示)的有限环.证明：如果 $ab=1$，则必有 $ba=1$.

8. 若对环 R 中每个元素 a 都有 $a'\in R$(a'与 a 相关)使 $a=aa'a$，则称 R 为正则环.设 R 是一个正则环.证明：若 R 中元素 a 对 R 中任意元素 x 都有$b\in R$，使

$$ax+b+axb=0,$$

则必有 $a=0$.

9. 设 $C_n=\langle a\rangle$ 为 n 阶循环群，$U(\mathbf{Z}_n)$ 为模 n 剩余类环 $\mathbf{Z}_n$ 的单位群.证明：

$$\mathrm{Aut}\ C_n\cong U(\mathbf{Z}_n).$$

再由此利用数论结论证明：

$$\mathrm{Aut}\ C_n \text{ 是循环群 } \Longleftrightarrow n \text{ 为 } 2,4,p^k,2p^k\ (p \text{ 为奇素数}).$$

提示：令 $\sigma_m \longrightarrow \bar{m}$，其中 $\sigma_m(a)=a^m$.

10. 设 $F_{n\times n}$ 是域 F 上的 n 阶全矩阵环.任取 $N\in F_{n\times n}$，如果矩阵的加法不变，但乘法改为

$$A\circ B=ANB,$$

证明：

1) F 上全体 n 阶方阵对此二运算作成环，此环记为 F_N；

2) $F_N\cong F_{n\times n}$ 当且仅当 N 为满秩方阵.

提示：令 $A\longrightarrow AN$.

11. 证明：n 阶循环环 R 是域的充要条件是，n 为素数且 R 不是零乘环.

12. 在所有 n 阶循环环中，有且只有 $T(n)$ 个是互不同构的，其中 $T(n)$ 表示 n 的正因数的个数.

13. 设 $\mathbf{Z}[\mathrm{i}]=\{a+b\mathrm{i}\mid a,b\in\mathbf{Z}\}$ 为 Gauss 整环.问：商环 $\mathbf{Z}[\mathrm{i}]/\langle 1+\mathrm{i}\rangle$ 有多少个元素？是否为域？

14. 令 R 是一个有单位元的交换环，N 是 R 的全体幂零元作成的集合.证明：$N\triangleleft R$ 且商环 R/N 不含非零幂零元.

15. 设 N_1,N_2 是环 R 的两个理想，规定

$$N_1N_2=\{\text{有限和}\textstyle\sum a_ib_i\mid a_i\in N_1,b_i\in N_2\}.$$

证明：$N_1N_2\triangleleft R$，且 $N_1N_2\subseteq N_1\cap N_2$.

16. 如果环 R 是单环或者 R 的所有非平凡理想都是域，则称 R 为NF 环.证明：若环 R 的阶为 pq（p,q 是互异素数），则

$$R \text{ 是 NF 环} \Longleftrightarrow R \text{ 有单位元}.$$

17. 设 R 为 p^2 阶环（p 为素数）.证明：

$$R \text{ 是 NF 环} \Longleftrightarrow R \text{ 是域或 } R\cong\mathbf{Z}_p\oplus\mathbf{Z}_p.$$

提示：以上二题可参阅书末参考文献[16].

18. 设 R 为环，e 是 R 的一个幂等元.又令

$$R(1-e)=\{r-re\mid r\in R\},\quad (1-e)R=\{r-er\mid r\in R\},$$

$$(1-e)R(1-e)=\{r-re-er+ere\mid r\in R\}.$$

（R 不一定有单位元.）证明：

1) $R(1-e)$，$(1-e)R$ 分别为环 R 的左、右理想；

2) eRe，$eR(1-e)$ 与 $(1-e)Re$ 都是 R 的子环，且后二者还是零乘环；

3) 作为加群，R 有直和分解：

$$R=Re\oplus R(1-e),\quad R=eR\oplus(1-e)R,$$

$$R=eRe\oplus eR(1-e)\oplus(1-e)Re\oplus(1-e)R(1-e).$$

并分别称这三个直和分解为加群 $(R,+)$ 关于幂等元 e 的左、右和双边 Peirce（皮尔斯）分解.

提示：用 e 乘某式一边或两边，并证 0 的表示法唯一.

自测题

第五章 唯一分解整环

我们知道，整数环中的每一个合数都可以唯一地分解成素数的乘积；数域上每一个次数大于零的可约多项式，都可以唯一地分解成不可约多项式的乘积.这是整数环和数域上多项式环中元素的极基本极重要的性质之一.在这一章里，我们要把整数环和多项式环的这些讨论推广到更一般的环上去.

整数环和数域上的多项式环不是一般的环，它们都是整环，我们的推广工作也只能在这种环中进行.因此，本章所说的环 K，均假定为整环，即阶大于 1、有单位元且无零因子的交换环.

§1 相伴元和不可约元

要想推广整数环和多项式环中关于因子分解的理论，就必须首先对整除、因子、不可约多项式和素数等概念，在整环 K 中作相应的推广.

定义 1 设 $a,b\in K$.如果存在元素 $c\in K$，使

$$a=bc,$$

则称 b 整除 a，也称 b 是 a 的一个因子，记为 $b\mid a$.若 b 不能整除 a，则记为 $b\nmid a$.

通常整除的一些基本性质在这里均仍成立，不再赘述.

我们知道，环中有逆元的元素叫可逆元或单位.在环 K 中，1 和 -1 都是单位.当然，K 可能还有别的单位.例如，虽然整数环中的单位只有 ±1，但域 F 上多项式环的单位则为全体零次多项式，即 F 中的全体非零元素.

在环 K 中，如果 $a=b\varepsilon$，其中 ε 是 K 的一个单位，则称 a 与 b 相伴，并称 a 是 b 的相伴元.

显然，环 K 中元素的相伴关系是一个等价关系.因此，若 a 与 b 相伴，则 a 与 b 互为相伴元.易知

$$\text{元素 } a \text{ 与 } b \text{ 相伴} \iff a \text{ 与 } b \text{ 互相整除}.$$

因此，整数环中两个整数相伴，当且仅当这两个整数相等或只差一个负号；域 F 上两个多项式相伴，当且仅当这两个多项式只差一个非零常数因子.

显然，环 K 中任何元素 a 都能被单位及 a 的相伴元整除，即单位及 a 的相伴元永远是 a 的因子.我们称这种因子为 a 的当然因子(平凡因子)；别的因子，如果存在的

话，称为 a 的非当然因子(非平凡因子)或真因子.

一般而言，要找出一个元素的真因子并不容易.

例 1 求出 Gauss 整环 $\mathbf{Z}[\mathrm{i}]$中的所有单位以及整数 5 在 $\mathbf{Z}[\mathrm{i}]$中的所有真因子.

解 由上一章§3 例 2 知，$\mathbf{Z}[\mathrm{i}]$的所有单位是

$$1,\quad -1,\quad \mathrm{i},\quad -\mathrm{i}.$$

设 $\alpha=a+b\mathrm{i}$ 是 5 在 $\mathbf{Z}[\mathrm{i}]$中的任一真因子，则存在 $\beta\in\mathbf{Z}[\mathrm{i}]$，使

$$5=\alpha\beta,\quad 25=|\alpha|^2|\beta|^2,$$

这只有 $|\alpha|^2=1,5$ 或 25.

由于 α 是 5 的真因子，而环 $\mathbf{Z}[\mathrm{i}]$的单位只有 $\pm1,\pm\mathrm{i}$，故 $|\alpha|^2\neq1$；又 $|\alpha|^2\neq25$：因若 $|\alpha|^2=25$，则由上知，$|\beta|^2=1$，即 β 是单位，α 与 5 相伴，这与 α 是 5 的真因子矛盾. 故只有

$$|\alpha|^2=a^2+b^2=5.$$

解此方程可得

$$\begin{cases}a=\pm1,\\ b=\pm2;\end{cases}\quad\begin{cases}a=\pm2,\\ b=\pm1.\end{cases}$$

于是，5 的全部真因子共有 8 个，它们是

$$\pm1\pm2\mathrm{i},\quad \pm2\pm\mathrm{i}.$$

实际上，5 的不相伴的真因子只有两个：$1\pm2\mathrm{i}$.而其余的真因子都与这两个中的某一个相伴.

定义 2 设 $0\neq a\in K$，且 a 不是单位.如果 a 只有平凡因子，则称 a 为环 K 的一个不可约元；如果 a 有非平凡因子，则称 a 为环 K 的一个可约元.

显然，域 F 上多项式环 $F[x]$中的不可约元就是全体不可约多项式，而整数环 $\mathbf{Z}$ 中的不可约元就是全体正负素数.

定理 1 环 K 中不可约元 p 与任何单位 ε 的乘积 εp 仍是 K 的不可约元.

证 首先，由于 $\varepsilon\neq0,p\neq0$，而 K 无零因子，所以 $\varepsilon p\neq0$；又 εp 也不是单位：因若不然，设有 $\varepsilon'\in K$ 使

$$(\varepsilon p)\varepsilon'=1,$$

则有 $p(\varepsilon\varepsilon')=1$，这与 p 是不可约元矛盾.

其次，设 $a\mid\varepsilon p$，且 a 不是单位，令 $\varepsilon p=ab$，则有

$$p=a(\varepsilon^{-1}b),$$

即 $a\mid p$.但 p 是不可约元，故 a 只能是 p 的相伴元.设

$$a=\eta p=(\eta\varepsilon^{-1})(\varepsilon p)\quad(\eta\text{ 是单位}),$$

由于 $\eta\varepsilon^{-1}$也是单位，故 a 是 εp 的相伴元，即 εp 只有当然因子.因此，εp 是不可约元.

(证毕)

定理 2 设 a 是环 K 中的一个非零元.则 a 有真因子的充要条件是，在 K 中存在非单位 b,c 使

$$a=bc.$$

证 设 a 有真因子 b，则存在 $c\in K$，使

$$a=bc.$$

由于 b 是 a 的真因子，故 b 不是单位.显然，c 也不是单位，否则 b 与 a 相伴，这与 b 是 a 的真因子矛盾.因此，b 与 c 都不是单位.

反之，设 $a=bc$，其中 b 与 c 都不是单位，则由于整环 K 无零因子，消去律成立，故易知 b 也不是 a 的相伴元，从而 b 是 a 的真因子.

（证毕）

定义 3　设 $a\in K$.如果 K 中有不可约元 $p_1,p_2,\cdots,p_r$ 及不可约元 $q_1,q_2,\cdots,q_s$，使

$$a=p_1p_2\cdots p_r=q_1q_2\cdots q_s$$

时便有 $r=s$，且适当交换不可约元的次序后，p_i 与 q_i 相伴（$i=1,2,\cdots,r$），则称元素 a 在环 K 中可唯一分解.

因为不可约元不能是零元，环 K 又无零因子，故零元不能表示成不可约元相乘.同样易知，单位也不可能表示成不可约元相乘.因此，在环 K 中，零元和单位当然都不能唯一分解.但是，别的元素如何？这个问题的一般回答是很困难的，有时甚至是不可解决的.即使我们要判断一个元素是不是不可约，有时也是不容易的.例如，要判断环 $F[x]$ 中的多项式是否不可约就属于这种情形.但是，对有些环中的有些元素来说，是完全可以作出判断的.

例 2　证明：9 在整环

$$\mathbf{Z}[\sqrt{5}\mathrm{i}]=\{a+b\sqrt{5}\mathrm{i}\mid a,b\in\mathbf{Z}\}$$

中不能唯一分解.

证　首先易知，ε 是 $\mathbf{Z}[\sqrt{5}\mathrm{i}]$ 中的单位当且仅当 $|\varepsilon|=1$，从而可知 $\mathbf{Z}[\sqrt{5}\mathrm{i}]$ 中的单位只有 ±1.

其次，若 $|\alpha|^2=9$，则 α 必是环 $\mathbf{Z}[\sqrt{5}\mathrm{i}]$ 的不可约元.

事实上，若 $\beta=a+b\sqrt{5}\mathrm{i}$ 是 α 的任一因子，则有 $\gamma\in\mathbf{Z}[\sqrt{5}\mathrm{i}]$，使

$$\alpha=\beta\gamma,\quad |\beta|^2|\gamma|^2=|\alpha|^2=9,$$

这只有 $|\beta|^2=1,3$ 或 9.但易知 $|\beta|^2=a^2+5b^2=3$ 不可能，故只有

$$|\beta|^2=1 \text{ 或 } 9.$$

当 $|\beta|^2=1$ 时，β 是单位；当 $|\beta|^2=9$ 时，$|\gamma|^2=1$，即 γ 是单位，于是 β 与 α 相伴.因此，α 只有平凡因子，即 α 是不可约元.

由此可知，环 $\mathbf{Z}[\sqrt{5}\mathrm{i}]$ 中的元素 3 及 $2\pm\sqrt{5}\mathrm{i}$ 都是不可约元.但是却有

$$9=3\times3=(2+\sqrt{5}\mathrm{i})(2-\sqrt{5}\mathrm{i}),$$

而且 3 又不与 $2\pm\sqrt{5}\mathrm{i}$ 中的任一个相伴，即 9 不能唯一分解.

（证毕）

定义 4　设 $0\neq p\in K$，且 p 不是单位.如果 $p\mid ab$ 就必有 $p\mid a$ 或 $p\mid b$，则称 p 是环 K 的一个素元.

下面的定理给出素元和不可约元的关系.

定理 3　整环 K 中的素元一定是不可约元.

证　设 p 是 K 中的任一素元，a 是 p 的任一因子，且

$$p=ab. \tag{1}$$

由于整环 K 有单位元,故 $p\mid p$,$p\mid ab$.但 p 是素元,故有

$$p\mid a \quad 或 \quad p\mid b.$$

若 $p\mid a$,令 $a=pc$,代入(1)得

$$p=pcb \quad 或 \quad cb=1.$$

即 b 是单位,从而 a 与 p 相伴.

若 $p\mid b$,则同上可得 a 是单位.

总之,p 只有平凡因子,从而 p 是不可约元.

(证毕)

应注意,这个定理的逆定理不成立,即不可约元不一定是素元.例如在例 2 中,$\mathbf{Z}[\sqrt{5}\,\mathrm{i}]$是整环,3 是它的不可约元;又由于

$$3\mid(2+\sqrt{5}\,\mathrm{i})(2-\sqrt{5}\,\mathrm{i}),$$

但易知,3 不能整除 $2+\sqrt{5}\,\mathrm{i}$ 与 $2-\sqrt{5}\,\mathrm{i}$ 中任何一个,即 3 不是环$\mathbf{Z}[\sqrt{5}\,\mathrm{i}]$的素元.

习 题 5.1

1. 证明:在整环 K 中,二元素相伴的充要条件是二者互相整除.
2. 设 p 是整环 K 的一个素元,ε 是 K 的一个单位.证明:εp 是 K 的素元.
3. 证明:在环 $\mathbf{Z}[\sqrt{5}\,\mathrm{i}]=\{a+b\sqrt{5}\,\mathrm{i}\mid a,b\in\mathbf{Z}\}$中,元素 $2+\sqrt{5}\,\mathrm{i}$ 不能整除 3.
4. 令 $K=\left\{\dfrac{m}{2^n}\,\middle|\, m \text{ 为整数}, n \text{ 为非负整数}\right\}$.试指出环 K 中的单位和不可约元.

§2 唯一分解整环的定义和性质

定义 1 设 K 是整环.如果 K 中每个既不是零元又不是单位的元素都能唯一分解,则称 K 为唯一分解整环.

由此定义可知,整数环 $\mathbf{Z}$ 及域 F 上多项式环 $F[x]$都是唯一分解整环.但上节例 2 中的环

$$\mathbf{Z}[\sqrt{5}\,\mathrm{i}]=\{a \mid b\sqrt{5}\,\mathrm{i}\mid a,b\subset\mathbf{Z}\}$$

不是唯一分解整环,例如元素 9 在这个环中就不能唯一分解.

由上节知道,素元一定是不可约元,但不可约元不一定是素元.可是对整数环和域上多项式环来讲,素元和不可约元是一致的.更一般地,对任意唯一分解整环都是这样.

定理 1 设 K 是任意一个唯一分解整环.则

$$p \text{ 是 } K \text{ 的素元} \iff p \text{ 是不可约元}.$$

证 由上节知,K 中素元一定是不可约元.

反之,设 p 是 K 的一个不可约元,且 $p\mid ab$.令

$$ab=pc,\quad c\in K. \tag{1}$$

若 a,b 中有零元或单位,则显然 p 至少整除 a,b 中的一个.因此,下设 a 与 b 既不是零

元也不是单位.

由于 K 无零因子,这时 $c\neq 0$.同时 c 也不是单位,否则,pc 将是不可约元且能表示成两个非单位的乘积,由上节定理 2 知,pc 有真因子,矛盾.

因为 K 是唯一分解整环,而 $c\neq 0$ 且 c 又不是单位,因此,c 以及 a,b 都可唯一分解,设为

$$a=q_1q_2\cdots q_r,\quad b=q_1'q_2'\cdots q_s',$$
$$c=p_1p_2\cdots p_n,\quad q_i,q_j',p_t\ \text{为不可约元}.$$

则由(1)得

$$q_1q_2\cdots q_rq_1'q_2'\cdots q_s'=pp_1p_2\cdots p_n.$$

由唯一分解定义知,不可约元 p 一定与某个 q_i 或 q_j' 相伴.

若 p 与 q_i 相伴,则 $p\mid q_i$.但 $q_i\mid a$,从而 $p\mid a$.

若 p 与 q_j' 相伴,则类似可得 $p\mid b$.

总之,p 必整除 a,b 中的一个,即 p 是 K 的素元.

（证毕）

在一定意义下,这个定理的逆定理也成立.

定理 2 设 K 是整环.如果

1) K 中每个既非零元又非单位的元素都可分解为不可约元之积;

2) K 中的不可约元都是素元,

则 K 是一个唯一分解整环.

证 任取 $a\in K$,且 $a\neq 0$,又不是单位.根据 1),设

$$a=p_1p_2\cdots p_r,\quad p_i\ \text{为不可约元}.$$

假定还有

$$a=q_1q_2\cdots q_s,\quad q_j\ \text{为不可约元},$$

下证 $r=s$,且适当交换不可约元的次序后使 p_i 与 q_i 相伴.

对 r 用数学归纳法证明这一事实.

当 $r=1$ 时,有

$$a=p_1=q_1q_2\cdots q_s.$$

如果 $s>1$,则 q_1 将是 p_1 的一个真因子,这与 p_1 是不可约元矛盾,故 $s=1$,且 $p_1=q_1$,结论成立.

假定 K 中能写成 $r-1$ 个不可约元之积的元素都有唯一分解,再证

$$a=p_1p_2\cdots p_r=q_1q_2\cdots q_s \tag{2}$$

也有唯一分解.

事实上,由于 $p_1\mid q_1q_2\cdots q_s$,根据 2),不可约元 p_1 也是素元,故 p_1 必整除 q_1, $q_2,\cdots,q_s$ 中的一个.不妨设 $p_1\mid q_1$,则 p_1 与 q_1 相伴.设

$$p_1=\varepsilon q_1,\quad \varepsilon\ \text{是单位},$$

代入(2)式,两端消去 q_1 后,所得元素设为 b,即

$$b=(\varepsilon p_2)p_3\cdots p_r=q_2\cdots q_s.$$

b 是 $r-1$ 个不可约元的乘积,故由归纳假设

$$r-1=s-1,$$

且适当交换不可约元次序，有

$$q_2=\varepsilon_2(\varepsilon p_2),\quad q_3=\varepsilon_3 p_3,\quad \cdots,\quad q_r=\varepsilon_r p_r,$$

其中 ε_i 是单位.从而 $r=s$，且 p_i 与 q_i 相伴，即 a 可唯一分解.从而 K 是唯一分解整环.

（证毕）

这样，我们可以利用这个定理来判断一个整环是不是唯一分解整环.

整数环中的最大公因数和多项式环 $F[x]$ 中的最大公因式的概念和讨论，也可以在唯一分解整环中得到推广.

定义 2 设 K 是一个整环.如果 K 中元素 c 是每个元素 $a_1,a_2,\cdots,a_n$ 的因子，则称 c 是这 n 个元素的一个公因子.

如果 d 是 $a_1,a_2,\cdots,a_n$ 的一个公因子，而且 $a_1,a_2,\cdots,a_n$ 的任何公因子都是 d 的一个因子，则称 d 是 $a_1,a_2,\cdots,a_n$ 的一个最大公因子，并记为

$$(a_1,a_2,\cdots,a_n)=d.$$

定理 3 设 K 为唯一分解整环，则 K 中任二元素都有最大公因子，且任二最大公因子之间只差一个单位因子.

***证** 任取 $a\in K$.若 $a=0$，则显然 b 是 a 与 b 的一个最大公因子；若 a 是单位，则显然 a 就是 a 与 b 的一个最大公因子.因此，下设 a,b 既不是零元也不是单位.

设

$$a=q_1q_2\cdots q_r,\quad b=q_1'q_2'\cdots q_s',$$

其中 q_i,q_j' 是素元，且假定 $p_1,p_2,\cdots,p_n$ 是

$$q_1,\quad q_2,\quad \cdots,\quad q_r,\quad q_1',\quad q_2',\quad \cdots,\quad q_s'$$

中互不相伴的素元，而其中别的素元都同某个 p_i 相伴.这样，a 与 b 可表示为

$$a=\varepsilon_1 p_1^{t_1}p_2^{t_2}\cdots p_n^{t_n},\quad b=\varepsilon_2 p_1^{k_1}p_2^{k_2}\cdots p_n^{k_n},$$

其中 $\varepsilon_1,\varepsilon_2$ 是单位，而 t_i,k_i 是非负整数.

令 $l_i=\min(t_i,k_i)$，且

$$d=p_1^{l_1}p_2^{l_2}\cdots p_n^{l_n},$$

则显然 d 是 a,b 的一个公因子.

又假定 c 是 a,b 的任一公因子.若 c 是单位，则当然 $c\mid d$；若 c 不是单位，则令

$$c=p_1'p_2'\cdots p_t',\quad p_i'\text{为素元.}$$

由于 $c\mid a$，故每个 $p_i'\mid a$，从而 p_i' 整除某个 p_j.但二者都是素元，故相伴.这样可设

$$c=\varepsilon_3 p_1^{m_1}p_2^{m_2}\cdots p_n^{m_n},$$

其中 ε_3 是单位，m_i 是非负整数.由于 $c\mid a$，且 p_i 与 $p_j(i\neq j)$ 互不相伴，故 $m_i\leqslant t_i$.

同理可得 $m_i\leqslant k_i$.因此 $m_i\leqslant l_i$，从而 $c\mid d$，即 d 是 a 与 b 的一个最大公因子.

假定 d' 也是 a 与 b 的一个最大公因子，则易知 d 与 d' 互相整除，从而二者相伴.

（证毕）

利用数学归纳法可进一步推广这个定理.

推论 唯一分解整环 K 中的元素 $a_1,a_2,\cdots,a_n$ 在 K 中有最大公因子存在，而且其任二最大公因子均相伴.

我们知道，对于整数环或数域上的多项式环 R 来说，如果 $(a,b)=d$，则在 R 中存在元素 s,t 使

$$as+bt=d.$$

但这一事实对唯一分解整环一般不再成立.例如,由高等代数知,$\mathbf{Z}[x]$是一个唯一分解整环,在这个环中$(2,x)=1$,但显然不存在整系数多项式$s(x),t(x)$使

$$2\cdot s(x)+x\cdot t(x)=1.$$

在唯一分解整环中还可以讨论互素的概念.

定义 3 如果唯一分解整环中的元素$a_1,a_2,\cdots,a_n$的最大公因子是单位,则称这n个元素互素,并记为$(a_1,a_2,\cdots,a_n)=1$.

定理 4 在唯一分解整环K中,如果$a\mid bc$,$(a,b)=1$,则$a\mid c$.

证 如果a,b,c中有零元或单位,则结论显然正确.因此下设a,b,c都不是零元和单位.

由于K是唯一分解整环,故可设

$$b=p_1p_2\cdots p_r,\quad c=p_1'p_2'\cdots p_s',\quad a=q_1q_2\cdots q_t, \tag{3}$$

其中p_i,p_j',q_k都是素元.由于$a\mid bc$,故存在$d\in K$使

$$bc=ad. \tag{4}$$

把(3)代入(4),得

$$p_1p_2\cdots p_rp_1'p_2'\cdots p_s'=q_1q_2\cdots q_td.$$

由于K是唯一分解整环,而$(a,b)=1$,故q_k不能与任何p_i相伴,只有$q_1,q_2,\cdots,q_t$与$p_1',p_2',\cdots,p_s'$中的元素相伴,从而$a\mid c$.

(证毕)

习 题 5.2

1. 证明:整数环上的多项式环$\mathbf{Z}[x]$是一个唯一分解整环.
2. 设K是一个整环,$a,b\in K$.证明:主理想$\langle a\rangle$与$\langle b\rangle$相等当且仅当a与b相伴.
3. 设K是一个整环.证明:$K=\langle a\rangle$当且仅当a是K的单位.
4. 设$a_1,a_2,\cdots,a_n$是唯一分解整环K中n个不全为0的元素,且在K中有

$$a_1=db_1,\quad a_2=db_2,\quad \cdots,\quad a_n=db_n.$$

证明:$(a_1,a_2,\cdots,a_n)=d \iff (b_1,b_2,\cdots,b_n)=1$.

提示:若$(b_1,b_2,\cdots,b_n)=1$,可设$(a_1,a_2,\cdots,a_n)=d_0$.

§3 主理想整环

在这一节和下一节,主要介绍两种特殊的唯一分解整环,这就是主理想整环和欧氏环.这两种环在环的讨论中也占有重要地位.

定义 如果整环K的每一个理想都是主理想,则称K是一个主理想整环.

由第四章知道,整数环和域F上的多项式环$F[x]$都是主理想整环.但是,整数环$\mathbf{Z}$上的多项式环$\mathbf{Z}[x]$不是主理想整环,因为第四章§6曾指出其理想$\langle 2,x\rangle$就不是一

个主理想.

应注意,尽管模 n 剩余类环 $\mathbf{Z}_n$ 的每个理想都是主理想,但是当 n 为合数时 $\mathbf{Z}_n$ 有零因子,从而此时 $\mathbf{Z}_n$ 并不是主理想整环.

定理 1 Gauss 整环 $\mathbf{Z}[\mathrm{i}]$是主理想整环.

证 令 $0\neq N\trianglelefteq \mathbf{Z}[\mathrm{i}]$,而 α 是 N 中模最小的一个非零元,下证 $N=\langle\alpha\rangle$.

任取 $\beta\in N$,则

$$\frac{\beta}{\alpha}\in \mathbf{Q}[\mathrm{i}]=\{a+b\mathrm{i}\mid a,b\in\mathbf{Q}\}.$$

令

$$\frac{\beta}{\alpha}=r+s\mathrm{i},\quad r,s\in\mathbf{Q}.$$

设 m,n 分别是最接近 r,s 的两个整数,从而

$$0\leqslant|r-m|\leqslant\frac{1}{2},\quad 0\leqslant|s-n|\leqslant\frac{1}{2}.$$

于是 $\gamma=m+n\mathrm{i}\in\mathbf{Z}[\mathrm{i}]$,并由上可得

$$\left|\frac{\beta}{\alpha}-\gamma\right|=\sqrt{(r-m)^2+(s-n)^2}\leqslant\sqrt{\frac{1}{4}+\frac{1}{4}}=\frac{1}{\sqrt{2}}<1.$$

但是 $\theta=\beta-\alpha\gamma\in N$,再由 $\left|\frac{\beta}{\alpha}-\gamma\right|<1$ 又得

$$|\theta|=|\beta-\alpha\gamma|<|\alpha|.$$

但 α 是 N 中模最小的非零元,故 $\theta=0$,即 $\beta-\alpha\gamma=0$,从而

$$\beta=\alpha\gamma\in\langle\alpha\rangle,$$

因此 $N=\langle\alpha\rangle$.从而 $\mathbf{Z}[\mathrm{i}]$是主理想整环.

(证毕)

本节要证明的一个主要结论是,主理想整环一定是唯一分解整环.为此,先证明以下两个引理.

引理 1 设 K 是一个主理想整环.若在序列

$$a_1,\quad a_2,\quad \cdots,\quad a_i,\quad \cdots\quad (a_i\in K)\tag{1}$$

里,每个元素都是前一个元素的真因子,则该序列一定是一个有限序列.

证 由于 a_{i+1}是 a_i 的真因子,对这些元素中的每一个作主理想,必得

$$\langle a_1\rangle\subset\langle a_2\rangle\subset\langle a_3\rangle\subset\cdots,$$

令

$$N=\langle a_1\rangle\cup\langle a_2\rangle\cup\langle a_3\rangle\cup\cdots,$$

则易知 $N\trianglelefteq K$.但由于 K 是主理想整环,故可设 $N=\langle d\rangle$.由于 $d\in N$,故 d 属于某个 $\langle a_n\rangle$.下证 a_n 是序列(1)中最后一个元素.

若不然,设在(1)中还有 a_{n+1},则由于

$$d\in\langle a_n\rangle,\quad a_{n+1}\in N=\langle d\rangle,$$

故 $a_n\mid d$,$d\mid a_{n+1}$.从而 $a_n\mid a_{n+1}$,这与 a_{n+1}是 a_n 的真因子矛盾.

(证毕)

引理 2 主理想整环中不可约元生成的理想是极大理想.

证 设 p 是主理想整环 K 中的一个不可约元,而 $N=\langle a\rangle$ 是 K 的一个理想,且

$$\langle p\rangle\subseteq\langle a\rangle,$$

从而 $a\mid p$.但 p 是不可约元,故 a 只能是单位或 p 的相伴元.

若 a 是单位,则 $\langle a\rangle=K$;若 a 是 p 的相伴元,则由上节习题知 $\langle a\rangle=\langle p\rangle$.这说明 $\langle p\rangle$ 是 K 的极大理想.

(证毕)

现在来证明本节的主要定理.

定理 2 主理想整环是唯一分解整环.

证 设 K 是一个主理想整环,任取 $a\in K$,且 $a\neq 0$,也不是单位.

1) 若 a 不能表示成有限个不可约元的乘积,则 a 不是不可约元,从而 a 有真因子.于是由 §1 定理 2 可得

$$a=a_1b_1\quad(a_1,b_1\text{ 是 }a\text{ 的真因子}),$$

其中 a_1,b_1 中至少有一个不能表示成不可约元的乘积,否则 a 将表示成不可约元的乘积.不妨设 a_1 不能表示成不可约元的乘积,从而 a_1 不是不可约元.同样,a_1 又有真因子 a_2,而 a_2 不能表示成不可约元的乘积,等等.这个过程显然可以无限延续下去,遂得无穷序列

$$a,\quad a_1,\quad a_2,\quad \cdots,$$

其中每一个都是前一个的真因子,这同引理 1 矛盾.

因此,a 可表示成不可约元的乘积.

2) 设 p 是 K 的一个不可约元,且 $p\mid ab$,则由于 K 是主理想整环,故由引理 2 知,$\langle p\rangle$ 是 K 的极大理想,从而 $K/\langle p\rangle$ 是一个域.又根据 $p\mid ab$ 知,$ab\in\langle p\rangle$,从而

$$(a+\langle p\rangle)(b+\langle p\rangle)=ab+\langle p\rangle=\langle p\rangle.$$

但域无零因子,因此

$$a+\langle p\rangle=\langle p\rangle\quad\text{或}\quad b+\langle p\rangle=\langle p\rangle,$$

即 $a\in\langle p\rangle$ 或 $b\in\langle p\rangle$,亦即

$$p\mid a\quad\text{或}\quad p\mid b.$$

这说明 K 中的不可约元都是素元.

根据上节定理 2 知,K 是一个唯一分解整环.

(证毕)

应注意,这个定理的逆定理不成立,即一个唯一分解整环不一定是一个主理想整环.因为由上节知,$\mathbf{Z}[x]$ 是一个唯一分解整环,但我们知道,$\mathbf{Z}[x]$ 不是主理想整环.

习 题 5.3

1. 证明:在主理想整环中,P 是素理想当且仅当 P 由素元生成.

2. 设 K 是主理想整环,又 $\langle a,b\rangle=\langle d\rangle$.证明:$d$ 是 a,b 的一个最大公因子.由此进一步指出,a 与 b 的任何最大公因子 d' 均可表示为

$$d'=as+bt,\quad s,t\in K.$$

3. 设 K 是一个主理想整环,又 $0\neq a\in K$.证明:在 K 中仅有有限个理想包含 a.

4. 证明:主理想整环 K 中的元素 $a_1,a_2,\cdots,a_n$ 互素的充要条件是,存在 $b_1,b_2,\cdots,b_n\in K$,使

$$\sum_{i=1}^{n}a_ib_i=1.$$

§4 欧 氏 环

这一节我们介绍另一种唯一分解整环——Euclid(欧几里得)环,简称欧氏环.

定义 设 K 是一个整环.如果

1) 有一个从 K 的非零元集 $K\backslash\{0\}$ 到非负整数集的映射 φ 存在;

2) 这个 φ 对 K 中任意元素 a 及 $b\neq0$,在 K 中有元素 q,r 使

$$a=bq+r,\quad r=0 \text{ 或 } \varphi(r)<\varphi(b),$$

则称 K 关于 φ 作成一个欧氏环.

例 1 证明:整数环 $\mathbf{Z}$ 是欧氏环.

证 1) 令 $\varphi: a\longrightarrow|a|$,则 φ 显然是 $\mathbf{Z}\backslash\{0\}$ 到非负整数集的一个映射.

2) 任给整数 a 及 $b\neq0$,存在整数 q,r 满足

$$a=bq+r,\quad r=0 \text{ 或 } 0<r<|b|,$$

亦即 $r=0$ 或 $\varphi(r)<\varphi(b)$.故 $\mathbf{Z}$ 关于 φ 作成一个欧氏环.

(证毕)

例 2 证明:域 F 上多项式环 $F[x]$ 是一个欧氏环.

证 1) 令

$$\varphi:\quad f(x)\longrightarrow f(x)\text{的次数},$$

则 φ 是非零多项式集到非负整数集的一个映射.

2) 在 $F[x]$ 中任取 $f(x)$ 及 $g(x)\neq0$,存在 F 上的多项式 $q(x)$,$r(x)$ 满足

$$f(x)=g(x)q(x)+r(x),$$

其中 $r(x)=0$ 或 $r(x)$ 的次数 $<g(x)$ 的次数.

因此,$F[x]$ 也是一个欧氏环.

(证毕)

欧氏环与主理想整环之间有以下关系.

定理 欧氏环必是主理想整环,因而是唯一分解整环.

证 设 K 是任一欧氏环,$N\trianglelefteq K$.

若 $N=0$,则 $N=\langle 0\rangle$,当然是主理想;若 $N\neq0$,设 K 是关于 φ 的一个欧氏环,则 N 的全体非零元的像中一定有一个最小的,假定是 $\varphi(a)$,其中 $a\in N$,$a\neq0$.

任取 $b\in N$,则有 $q,r\in K$ 使

$$b=aq+r,\quad r=0 \text{ 或 } \varphi(r)<\varphi(a),$$

因为 $a,b\in N$,N 是理想,故

$$r=b-aq\in N,$$

若 $r\neq 0$，则 $\varphi(r)<\varphi(a)$，这与 $\varphi(a)$ 的最小性相矛盾.故必有 $r=0$，从而

$$b=aq\in\langle a\rangle,$$

故 $N\subseteq\langle a\rangle$.但 $a\in N$，故又有 $\langle a\rangle\subseteq N$.因此

$$N=\langle a\rangle,$$

即 K 的每个理想都是主理想.因此，K 是主理想整环.

（证毕）

应注意，这个定理的逆定理不成立.就是说，一个主理想整环不一定是一个欧氏环.对此，1949 年 T.S.Motzkin 曾举出过一个例子.

这样，根据以上各节的讨论，有以下关系：

{欧氏环}⊂{主理想整环}⊂{唯一分解整环}⊂整环.

习 题 5.4

1. 证明：凡域一定是欧氏环.
2. 问：有理数域上多项式环 $\mathbf{Q}[x]$ 的理想

$$\langle x^2+1, x^5+x^3+1\rangle$$

等于哪个主理想？

3. 证明：Gauss 整环 $\mathbf{Z}[\mathrm{i}]$ 关于映射

$$\varphi:\quad a+b\mathrm{i}\longrightarrow a^2+b^2$$

作成一个欧氏环.

提示：令 $\alpha\beta^{-1}=s+t\mathrm{i}$，$q=a+b\mathrm{i}$，其中 $s,t\in\mathbf{Q}$，而 a,b 分别是最接近 s,t 的整数.

*§5 唯一分解整环的多项式扩张

我们知道，域是一个主理想整环，从而便是一个唯一分解整环（尽管其元素除去零元外全是可逆元，即单位）.而数域或域上的多项式环也是唯一分解整环，它是高等代数的重要内容之一.本节要推广这些讨论，即假设 K 是任意一个唯一分解整环，我们将证明 K 上的多项式环 $K[x]$ 也是一个唯一分解整环.

定义 1 如果环 R 是环 S 的一个子环，则称 S 是环 R 的一个扩环或扩张.

设 K 是一个唯一分解整环，则其上的多项式环 $K[x]$ 便是 K 的一个扩环，或称 K 的多项式扩张.

我们知道，K 的单位元就是 $K[x]$ 的单位元，而 K 的单位（可逆元）也就是 $K[x]$ 的全部单位.另外，由 §2 知，K 中任意有限个元素的最大公因子都存在，而且其任二最大公因子都相伴.

定义 2 设 $f(x)\in K[x]$.如果 $f(x)$ 的所有系数的最大公因子是一个单位，即所有系数互素，则称 $f(x)$ 是一个本原多项式.

设

$$f(x)=a_0+a_1x+\cdots+a_nx^n$$

为 $K[x]$中任一非零多项式，且

$$(a_0,a_1,\cdots,a_n)=d,$$

则令 $a_i=db_i,i=0,1,2,\cdots,n$.于是 $b_0,b_1,\cdots,b_n$ 互素，从而

$$f_1(x)=b_0+b_1x+\cdots+b_nx^n$$

是一个本原多项式，而且

$$f(x)=df_1(x).$$

这就是说，K 上任意非零多项式都可表示成 K 中一个非零元与一个本原多项式相乘.而且易知，不同的表示法最多差一个单位因子.

另外，根据定义，零多项式不是本原多项式；零次多项式是本原的当且仅当它是 K 的一个单位.

引理 1(Gauss 引理)　两个本原多项式的乘积仍是一个本原多项式.

在高等代数中也有这样一个完全相同的引理.唯一的区别是，高等代数中所说的多项式是数域上的多项式，而现在的多项式是唯一分解整环上的多项式.但就这个引理的证明方法来说，二者是完全一致的，故不再赘述.

令 F 是唯一分解整环 K 的分式域.于是 $K[x]$中的每个多项式也是 $F[x]$中的多项式.

引理 2　$K[x]$中两个本原多项式 $f_1(x)$与 $f_2(x)$在 $K[x]$中相伴的充要条件是，二者在 $F[x]$中相伴.

证　如果 $f_1(x)$与 $f_2(x)$在 $K[x]$中相伴，则由于 $K[x]$与 K 中的单位一致，而 K 中的单位也是 F 的单位，从而 $f_1(x)$与 $f_2(x)$也在 $F[x]$中相伴.

反之，设 $f_1(x)$与 $f_2(x)$在 $F[x]$中相伴，则由于 $F[x]$中的单位就是 F 中的全体非零元，故 F 中有元素 $\frac{b}{a}\neq 0(a,b\in K)$，使

$$f_1(x)=\frac{b}{a}f_2(x),$$

从而有

$$af_1(x)=bf_2(x).$$

但由于 $f_1(x)$与 $f_2(x)$都是本原多项式，则 a 与 b 在 K 中相伴：$b=a\varepsilon$，其中 ε 是 K 的单位.于是有

$$f_1(x)=\varepsilon f_2(x),$$

即 $f_1(x)$与 $f_2(x)$在 $K[x]$中相伴.

（证毕）

定理 1　$K[x]$中的本原多项式 $f(x)$在 $K[x]$中可约的充要条件是，$f(x)$在 $F[x]$中可约.

证　必要性显然，下证充分性.

设 $f(x)$在 $F[x]$中可约，则在 $F[x]$中有次数大于零的多项式 $f_1(x),f_2(x)$使

$$f(x)=f_1(x)f_2(x). \tag{1}$$

令

$$f_1(x)=\frac{b_0}{a_0}+\frac{b_1}{a_1}x+\cdots+\frac{b_n}{a_n}x^n \quad (a_i,b_i\in K),$$

两端各乘 $a=a_0a_1\cdots a_n$，并将右端的结果记为 $g_1(x)$，于是得

$$af_1(x)=g_1(x)\in K[x]. \tag{2}$$

同理，有 $b\in K$ 使

$$bf_2(x)=g_2(x)\in K[x]. \tag{3}$$

再令

$$g_i(x)=d_ih_i(x),\quad i=1,2. \tag{4}$$

其中 $h_i(x)$是 $K[x]$中的本原多项式，$d_i\in K$.于是由(1)至(4)式可得

$$abf(x)=d_1d_2h_1(x)h_2(x).$$

由于 $f(x)$是本原多项式，且由 Gauss 引理，乘积$h_1(x)h_2(x)$也是本原多项式，从而 $f(x)$与 $h_1(x)h_2(x)$在 $K[x]$中相伴.于是存在单位 $\varepsilon\in K$ 使

$$f(x)=\varepsilon h_1(x)h_2(x),$$

其中 $h_i(x)$的次数$=f_i(x)$的次数>0.即 $f(x)$在 $K[x]$中可约.

（证毕）

最后，来证明本节的主要结论.

定理 2　设 K 是唯一分解整环，则其上的多项式环 $K[x]$也是唯一分解整环.

证　在 $K[x]$中任取 $f(x)\neq 0$，且 $f(x)$也不是单位.令

$$f(x)=df_1(x), \tag{5}$$

其中 $d\in K$，而 $f_1(x)$是本原多项式.

若 $f_1(x)$不是单位且可约，即有真因子，则令

$$f_1(x)=f_{11}(x)f_{12}(x),$$

其中 $f_{11}(x)$，$f_{12}(x)$是 $f_1(x)$的真因子.这样，由于 $f_1(x)$是本原多项式且不是单位，从而 $f_1(x)$必是次数大于零的多项式.由此可知，$f_{11}(x)$与 $f_{12}(x)$都不可能是 K 中的元素，亦即二者都是次数大于零且小于 $f_1(x)$的次数的多项式.

然后对 $f_{1i}(x)$像上面对待 $f_1(x)$那样继续分解，由于 $f(x)$的次数有限，故总可得到 $K[x]$中次数大于零的不可约多项式 $q_1(x)$，$q_2(x)$，…，$q_n(x)$，使

$$f_1(x)=q_1(x)q_2(x)\cdots q_n(x). \tag{6}$$

再由于 $d\in K$，而 K 是唯一分解整环，故可令

$$d=p_1p_2\cdots p_m, \tag{7}$$

其中 p_i 是 K 的不可约元，即素元.于是由(5)，(6)，(7)得

$$f(x)=p_1p_2\cdots p_mq_1(x)q_2(x)\cdots q_n(x).$$

若 $f(x)$另有分解

$$f(x)=p_1'p_2'\cdots p_s'g_1(x)g_2(x)\cdots g_t(x),$$

其中 p_i'都是 K 的素元，而 $g_j(x)$都是 $K[x]$的次数大于零的不可约多项式.

当然，所有 $q_i(x)$与所有 $g_j(x)$都是本原多项式.从而由 Gauss 引理知，乘积

$$q_1(x)q_2(x)\cdots q_n(x)\quad 与\quad g_1(x)g_2(x)\cdots g_t(x)$$

也都是本原多项式，并且二者相伴.当然，乘积

$$p_1p_2\cdots p_m \quad 与 \quad p_1'p_2'\cdots p_s'$$

也相伴.故存在 K 的单位 ε 使

$$p_1p_2\cdots p_m=\varepsilon p_1'p_2'\cdots p_s'.$$

再由于 K 是唯一分解整环,故 $m=s$,且适当交换素元次序,有 p_i 与 p_i' 相伴,$i=1,2,\cdots,m$.

最后,由于 $\prod_{i=1}^{n}q_i(x)$ 与 $\prod_{j=1}^{t}g_j(x)$ 在 $K[x]$ 中相伴,故在 K 中存在单位 ε',使

$$q_1(x)q_2(x)\cdots q_n(x)=\varepsilon' g_1(x)g_2(x)\cdots g_t(x). \tag{8}$$

但由定理 1 知,$q_i(x)$ 与 $g_j(x)$ 也是分式域 F 上的多项式环 $F[x]$ 中的不可约多项式,而 $F[x]$ 是唯一分解整环,故由(8)知,$n=t$,且适当交换不可约多项式的次序,有 $q_j(x)$ 与 $g_j(x)$ 在 $F[x]$ 中相伴.从而由引理 2 知,$q_j(x)$ 与 $g_j(x)$($j=1,2,\cdots,n$)在 $K[x]$ 中也相伴.

因此,$f(x)$ 在 $K[x]$ 中有唯一分解.再由 $f(x)$ 的任意性,故知 $K[x]$ 是唯一分解整环.

（证毕）

由此定理可立即得到以下推论.

推论 设 K 是唯一分解整环,又 $x_1,x_2,\cdots,x_n$ 是 K 上 n 个不相关的未定元,则 $K[x_1,x_2,\cdots,x_n]$ 也是唯一分解整环.

这样,从一个唯一分解整环出发,我们又可以得到许许多多的唯一分解整环.

例如,由于整数环 $\mathbf{Z}$ 是唯一分解整环,从而其上的多项式环 $\mathbf{Z}[x]$,更一般地,环 $\mathbf{Z}[x_1,x_2,\cdots,x_n]$ 都是唯一分解整环.

习 题 5.5

1. 设 K 是唯一分解整环,$0\neq f(x)\in K[x]$,且

$$f(x)=d_1f_1(x)=d_2f_2(x),$$

其中 $d_1,d_2\in K$,$f_1(x)$ 与 $f_2(x)$ 是本原多项式.证明:d_1 与 d_2 相伴,$f_1(x)$ 与 $f_2(x)$ 也相伴.

2. 设 K 是唯一分解整环.证明:

1) ε 是 K 的单位当且仅当 ε 是 $K[x]$ 的单位;

2) 可约的本原多项式必有次数大于零的多项式为其真因子.

3. 设 K 是唯一分解整环,又 $f(x),g(x)\in K[x]$.证明:若乘积 $f(x)g(x)$ 是本原多项式,则 $f(x)$ 与 $g(x)$ 都是本原多项式.

4. 设 F 是唯一分解整环 K 的分式域.如果在 $F[x]$ 中有

$$f(x)=g(x)h(x),$$

其中 $f(x),g(x)\in K[x]$,而且 $g(x)$ 是本原的,证明:

$$h(x)\in K[x].$$

5. 设 K 是唯一分解整环,又 $u,v\in K$,$u\neq 0$ 且

$$(u,v)-1, \quad f(x)\in K[x].$$

证明:在 K 的商域 F 中,若 $\frac{v}{u}$ 是 $f(x)$ 的根,则

$$(u-v)\mid f(1), \quad (u+v)\mid f(-1).$$

6. 证明 x^2+1 是多项式环 $\mathbf{Z}[x]$ 中的不可约元，但商环 $\mathbf{Z}[x]/\langle x^2+1\rangle$ 不是域.

7. 设 M 是主理想整环 K 的一个非零理想.证明：

$$M \text{ 是 } K \text{ 的极大理想} \iff M \text{ 是 } K \text{ 的素理想}.$$

8. 设 K 是一个整环.证明：K 中元素 $a\neq 0$ 是不可约元的充要条件是，$\langle a\rangle$ 在 K 的全体真主理想中是极大的.

9. 设 K 是一个整环.证明：

$$K \text{ 是域} \iff K[x] \text{ 是主理想整环}.$$

10. 证明：实数域 $\mathbf{R}$ 上的二元多项式环 $\mathbf{R}[x,y]$ 不是主理想整环.

提示：考虑常数项为 0 的全体二元多项式.

自测题

第六章 域的扩张

早在 19 世纪初，Galois 在研究代数方程的著作里就出现了域的概念的萌芽.后来 J.W.R.Dedekind（戴德金）和 L.Kronecker（克罗内克）在不同背景下也提出了域的概念.系统研究域的理论始于 H.Weber（韦伯），而域的公理系统是 L.E.Dickson（迪克森）和 E.V.Huntington（亨廷顿）分别于 1903 年和 1905 年独立创立的.在 Weber 等人的影响下，E.Steinitz（施泰尼茨）对抽象域进行系统研究，于 1910 年发表论文《域的代数理论》，对域论本身以及相关学科的发展产生重大影响.

域是许多数学分支（如代数、代数数论、代数几何等）研究的基础.而有限域则在近代编码、正交试验设计和计算机理论中都有重要应用.

通过理想来研究环，这是研究环的基本方法.但是，域只有平凡理想，因此无法通过域的理想来研究域.要研究域，必须采取别的方法，其中最基本的方法就是对域进行扩张.域的扩张起源于数域的扩张.

本章要在上两章的基础上，采用扩张的方法对域作进一步的讨论.主要有单扩域、代数扩域和有限次扩域、分裂域和有限域及其应用，等等.这些讨论虽然是初步的，但指出了研究域的最基本的方法.

§1 素域和域的添加

定义 1 若域 F 是域 E 的一个子域，则称 E 为子域 F 的一个扩域.

例如，复数域是实数域的扩域，而复数域和实数域又都是有理数域的扩域，等等.

我们知道，任何数域都包含有理数域，即有理数域是最小的数域，它不再含有任何真子域.

定义 2 若域 Δ 不含真子域，则称 Δ 是一个素域.

这样，有理数域是一个素域.另外，显然以素数 p 为模的剩余类域 $\mathbf{Z}_p$ 也是素域.下面将证明，在同构意义下这就是全部的素域.

定理 1 设 Δ 是一个素域.则

1）当 $\operatorname{char}\Delta=\infty$ 时，$\Delta\cong\mathbf{Q}$ （$\mathbf{Q}$ 是有理数域）；

2）当 $\operatorname{char}\Delta=p$ 时，$\Delta\cong\mathbf{Z}_p$，其中 p 是素数.

证 令 e 是 Δ 的单位元，并令

$$Z'=\{ne \mid n\in \mathbf{Z}\},$$

则显然 Z' 是素域 Δ 的一个子环，且

$$\varphi: \quad n \longrightarrow ne \quad (\forall n\in \mathbf{Z})$$

是整数环 $\mathbf{Z}$ 到整环 Z' 的一个同态满射.

1）当 char $\Delta=\infty$ 时，φ 是同构映射，从而

$$\mathbf{Z}\cong Z'.$$

但同构的整环的商域也同构，$\mathbf{Z}$ 的商域是有理数域 $\mathbf{Q}$，而由于 Δ 是素域，故 Z' 在 Δ 中的商域就是 Δ 自身，从而 $\mathbf{Q}\cong\Delta$，亦即

$$\Delta\cong \mathbf{Q}.$$

2）当 char $\Delta=p$ 时，易知 Ker $\varphi=\langle p\rangle$，故

$$\mathbf{Z}/\langle p\rangle\cong \mathbf{Z}_p\cong Z'.$$

由于 $\mathbf{Z}_p$ 是域，故 Z' 是域.但 Δ 是素域，故 $Z'=\Delta$.从而此时有

$$\Delta\cong \mathbf{Z}_p.$$

（证毕）

这样，在同构意义下，素域只有 $\mathbf{Q}$ 以及模 p（素数）剩余类域 $\mathbf{Z}_p$.另外，由上面的证明可知，如果 Δ 是一个素域，e 是 Δ 的单位元，则

$$\Delta=\left\{\frac{me}{ne}\,\middle|\, m,n\in \mathbf{Z}, ne\neq 0\right\}.$$

特别当 char $\Delta=p$ 时，

$$\Delta=\{0,e,\cdots,(p-1)e\}\cong \mathbf{Z}_p.$$

推论 1　每个域都包含一个素域且只包含一个素域.

证　设 E 是任意一个域，e 是 E 的单位元，则上面所说的 Δ 显然是包含在 E 中的一个素域.

如果 Δ' 也是包含在 E 中的素域，则由于子域和域的单位元是一致的，故 $\Delta'=\Delta$.

（证毕）

推论 2　设 E 是一个域.则当 char $E=\infty$ 时，E 包含一个与 $\mathbf{Q}$ 同构的素域；当 char $E=p$ 时，E 包含一个与 $\mathbf{Z}_p$ 同构的素域.

证　由定理 1 直接可得.

（证毕）

研究域的基本方法是，从一个给定的域出发，来研究它的各种各样的扩域.

由于任何域都是它所包含的素域的扩域，因此，可以从素域出发来研究扩域.而且如果这样的扩域研究清楚了，也就弄清楚了所有的域.但实践证明，从素域出发来研究扩域并没有什么特别的优越性.因此，惯常的做法是从任意域出发来研究其扩域.

设 F 是任意一个给定的域，E 是 F 的一个扩域，S 是 E 的一个非空子集，用 $F(S)$ 表示 E 中包含 $F\cup S$ 的一切子域的交，因此它是 E 中包含 F 及 S 的最小子域.我们称其为添加子集 S 于 F 所得到的域.

$F(S)$ 是 E 的子域，也是 F 的一个扩域.

下面粗略考察一下 $F(S)$ 中的元素是什么样子.

在 S 中任取有限个元素 $\alpha_1,\alpha_2,\cdots,\alpha_n$，令

$$f(\alpha_1,\alpha_2,\cdots,\alpha_n)$$

为系数属于 F 的关于 $\alpha_1,\alpha_2,\cdots,\alpha_n$ 的任意一个多元多项式，它是 $F(S)$ 中一个确定的元素.由于 $F(S)$ 是一个域，因此，$F(S)$ 也包含这样两个多项式的商

$$\frac{f_1(\alpha_1,\alpha_2,\cdots,\alpha_n)}{f_2(\alpha_1,\alpha_2,\cdots,\alpha_n)},$$

其中 $f_2(\alpha_1,\alpha_2,\cdots,\alpha_n)\neq 0$.

另一方面，如果让 $\alpha_1,\alpha_2,\cdots,\alpha_n$ 在 S 中任意变动，n 也不固定，那么一切这样的有理分式显然作成一个包含 $F\cup S$ 的子域.因此

$$F(S)=\left\{\frac{f_1(\alpha_1,\alpha_2,\cdots,\alpha_n)}{f_2(\alpha_1,\alpha_2,\cdots,\alpha_n)}\,\middle|\,\alpha_1,\alpha_2,\cdots,\alpha_n\in S,n=1,2,\cdots\right\}.$$

在 E 中适当选择 S 就能使 $E=F(S)$.例如，当取 $S=E$ 时总有 $F(S)=E$.但是，为了得到 E，实际上一般来说 S 不必取这么大.

例如，设 $E=\{a+b\sqrt{2}\mid a,b\in\mathbf{Q}\}$，$F=\mathbf{Q}$，则只需取

$$S=\{\sqrt{2}\}$$

就有 $F(\sqrt{2})=E$ 了.

现在假定 $E=F(S)$.因为在 S 中任意取定有限个元素 $\alpha_1,\alpha_2,\cdots,\alpha_n$ 后，一切形如

$$\frac{f_1(\alpha_1,\alpha_2,\cdots,\alpha_n)}{f_2(\alpha_1,\alpha_2,\cdots,\alpha_n)}\quad(f_2(\alpha_1,\alpha_2,\cdots,\alpha_n)\neq 0)$$

的元素也作成一个域(注意：这里的 $\alpha_1,\alpha_2,\cdots,\alpha_n$ 是固定的).如果令 $S_1=\{\alpha_1,\alpha_2,\cdots,\alpha_n\}$，则这个域可记为

$$F(S_1)=F(\alpha_1,\alpha_2,\cdots,\alpha_n).$$

它是添加有限个元素于 F 所得到的扩域，而 $E=F(S)$ 就是一切这种子域的并集.这一事实说明，研究 $F(S)$ 可归结为研究添加有限个元素于 F 所得到的域 $F(\alpha_1,\alpha_2,\cdots,\alpha_n)$.

定理 2 令 E 是域 F 的一个扩域，而 S_1,S_2 是 E 的两个子集.则

$$F(S_1)(S_2)=F(S_2)(S_1)=F(S_1\cup S_2).$$

证 $F(S_1)(S_2)$ 是包含 $F(S_1)$ 与 S_2 的域，于是也是包含 F,S_1,S_2 的域，从而是包含 F 与 $S_1\cup S_2$ 的域.但是由于 $F(S_1\cup S_2)$ 是包含 F 与 $S_1\cup S_2$ 的最小子域，故

$$F(S_1\cup S_2)\subseteq F(S_1)(S_2).$$

另一方面，域 $F(S_1\cup S_2)$ 包含 F 与 $S_1\cup S_2$，从而包含 F,S_1,S_2，也包含 $F(S_1)$ 与 S_2.但 $F(S_1)(S_2)$ 是包含 $F(S_1)$ 与 S_2 的最小子域，故又有

$$F(S_1)(S_2)\subseteq F(S_1\cup S_2).$$

因此，$F(S_1)(S_2)=F(S_1\cup S_2)$.

同理有 $F(S_2)(S_1)=F(S_1\cup S_2)$.故有

$$F(S_1)(S_2)=F(S_2)(S_1)=F(S_1\cup S_2).$$

(证毕)

根据这个定理，对于域 $F(\alpha_1,\alpha_2,\cdots,\alpha_n)$ 有

$$F(\alpha_1,\alpha_2,\cdots,\alpha_n)=F(\alpha_1)(\alpha_2)\cdots(\alpha_n).$$

这就是说，讨论扩域 $F(\alpha_1,\alpha_2,\cdots,\alpha_n)$ 又可归结为讨论向 F 添加一个元素而得到的扩域.这种扩域很重要，将在下节作专门的讨论.

习 题 6.1

1. 设 E 是域 F 的一个扩域，而 M 与 N 是扩域 E 的两个子集.证明：$F(M\cup N)=F(M)$ 当且仅当 $N\subseteq F(M)$.

2. 设 E 是特征为素数 p 的一个域.证明：

$$\Delta=\{0,e,2e,\cdots,(p-1)e\}$$

作成 E 的一个子域，且为 E 中的素域，其中 e 是域 E 的单位元.

3. 设 a 是一个正有理数，$\mathbf{Q}$ 是有理数域.证明：

$$\mathbf{Q}(\sqrt{a},\mathrm{i})=\mathbf{Q}(\sqrt{a}+\mathrm{i}).$$

4. 设 $\mathbf{Q}$ 是有理数域.证明：

$$\mathbf{Q}\left(\frac{1}{5},\sqrt{2}+3,7\sqrt{3}\right)=\mathbf{Q}(\sqrt{2},\sqrt{3}).$$

5. 证明：$\mathbf{Q}(\sqrt{2}+\sqrt{3})$ 是由一切形如

$$a+b\sqrt{2}+c\sqrt{3}+d\sqrt{6}$$

的数作成的数域，其中 $a,b,c,d\in\mathbf{Q}$.

§2 单 扩 域

本节将要讨论一种虽然简单但却非常重要的扩域——单扩域.

定义 1 设 E 是域 F 的一个扩域，$\alpha\in E$.如果存在 F 上的非零多项式 $f(x)$ 使

$$f(\alpha)=0,$$

则称 α 为 F 上的一个代数元.否则，称 α 为 F 上的一个超越元.

例如，$\sqrt{2}$ 是有理数域 $\mathbf{Q}$ 上的一个代数元，而圆周率 π 则是 $\mathbf{Q}$ 上的一个超越元.但是应注意，π 是实数域上的一个代数元.

我们平常所说的代数数，就是指复数范围内有理数域上的代数元.

定义 2 扩域 $F(\alpha)$ 叫做域 F 的单扩域（单扩张）.特别地，当 α 为 F 上的代数元时，称 $F(\alpha)$ 为 F 的单代数扩域（张）；当 α 为 F 上的超越元时，称 $F(\alpha)$ 为 F 的单超越扩域（张）.

例如，$\mathbf{Q}(\sqrt{2})$ 是有理数域 $\mathbf{Q}$ 的一个单代数扩域，而 $\mathbf{Q}(\pi)$ 则是 $\mathbf{Q}$ 的一个单超越扩域.

定义 3 设 α 是域 F 上的一个代数元，则 F 上首项系数为 1 且有根 α、次数最低的多项式是存在的，称为 α 在 F 上的极小多项式.

若 α 的极小多项式的次数是 n，则称 α 是 F 上的一个 n 次代数元.

例如，$\sqrt{3}$ 在 $\mathbf{Q}$ 上的极小多项式是 x^2-3，因此，$\sqrt{3}$ 是 $\mathbf{Q}$ 上的一个 2 次代数元.

一般地，易知 $\sqrt[n]{3}$ 在 $\mathbf{Q}$ 上的极小多项式是 x^n-3，而 $\sqrt[n]{3}$ 是 $\mathbf{Q}$ 上的一个 n 次代数元.更一般地，对任意素数 p，$\sqrt[n]{p}$ 是 $\mathbf{Q}$ 上的一个 n 次代数元.

下面进一步给出极小多项式的性质.

定理 1 域 F 上代数元 α 在 F 上的极小多项式是唯一的.若 α 在 F 上的极小多项式是 $p(x)$,则 $p(x)$ 在 F 上不可约.又若 $f(x)$ 为 F 上的一个多项式且 $f(\alpha)=0$,则$p(x)\mid f(x)$.

证 1) 设 $p_1(x)$与 $p_2(x)$都是 α 在 F 上的极小多项式,则若

$$g(x)=p_1(x)-p_2(x)\neq 0,$$

其次数将低于 $p_1(x)$的次数,且有 $g(\alpha)=0$,这是不可能的.故$g(x)=0$,从而

$$p_1(x)=p_2(x),$$

即 α 的极小多项式是唯一的.

2) 若 α 在 F 上的极小多项式 $p(x)$在 F 上可约,且

$$p(x)=g_1(x)g_2(x),$$

其中 $g_i(x)\in F[x]$,且 $g_i(x)$的次数$<p(x)$的次数.令 $x=\alpha$,代入上式,得

$$p(\alpha)=g_1(\alpha)g_2(\alpha)=0.$$

但域无零因子,故 $g_1(\alpha)$与 $g_2(\alpha)$至少有一个等于零,这与 $p(x)$是 α 的极小多项式矛盾.因此,$p(x)$在 F 上不可约.

3) 令

$$f(x)=p(x)q(x)+r(x),$$

其中 $r(x)=0$ 或 $r(x)$的次数$<p(x)$的次数,则有

$$f(\alpha)=p(\alpha)q(\alpha)+r(\alpha).$$

但 $f(\alpha)=0,p(\alpha)=0$,从而 $r(\alpha)=0$.这只有 $r(x)=0$,否则将与$p(x)$为 α 在F 上的极小多项式矛盾.因此,$p(x)\mid f(x)$.

(证毕)

下面进一步讨论单扩域的构造.

定理 2 设 $F[x]$为域 F 上未定元 x 的多项式环,$F(x)$为其分式域.则

1) 当 α 为 F 上的超越元时,单扩域 $F(\alpha)\cong F(x)$;

2) 当 α 为 F 上的代数元时,

$$F(\alpha)\cong F[x]/\langle p(x)\rangle,$$

其中 $p(x)$为 α 在 F 上的极小多项式.

证 令

$$F[\alpha]=\{f(\alpha)\mid f(x)\in F[x]\},$$

则 $F[\alpha]$是域 $F(\alpha)$的一个子环.又易知

$$\varphi:\quad f(x)\longrightarrow f(\alpha)$$

是 $F[x]$到 $F[\alpha]$的一个同态满射.

1) 当 α 为 F 上的超越元时,φ 是同构映射,于是

$$F[x]\cong F[\alpha].$$

但是,同构的环其分式域也同构,$F[x]$的分式域是 $F(x)$,又易知 $F[\alpha]$的分式域是 $F(\alpha)$,因此

$$F(\alpha)\cong F(x).$$

2) 当 α 为 F 上的代数元时,设 $p(x)$为 α 在 F 上的极小多项式,则易知

$$\operatorname{Ker}\varphi=\langle p(x)\rangle,$$

于是由环同态基本定理,得

$$F[x]/\langle p(x)\rangle\cong F[\alpha].$$

由于 $p(x)$ 在域 F 上不可约,$\langle p(x)\rangle$ 是 $F[x]$ 的极大理想,故 $F[x]/\langle p(x)\rangle$ 为域,从而此时 $F[\alpha]$ 也是域.但 $F(\alpha)$ 是包含 F 及 α 的最小域,故 $F[\alpha]=F(\alpha)$.因此,有

$$F(\alpha)=F[\alpha]\cong F[x]/\langle p(x)\rangle.$$

(证毕)

由此定理知,当 α 是域 F 上的代数元时,有 $F(\alpha)=F[\alpha]$,即每个关于 α 的有理分式都与 α 的一个多项式(系数属于 F)相等.

进一步更有以下的定理.

定理 3　若 α 是域 F 上的 n 次代数元,则 $F(\alpha)$ 中的每个元素都可唯一地由 $1,\alpha,\cdots,\alpha^{n-1}$ 线性表出,即可唯一地表示成

$$a_0+a_1\alpha+\cdots+a_{n-1}\alpha^{n-1},\quad a_i\in F.$$

这就是说,F 的单代数扩域 $F(\alpha)$ 也是 F 上的一个 n 维空间,而且 $1,\alpha,\cdots,\alpha^{n-1}$ 是它的一个基.

证　设 $p(x)$ 是 α 在 F 上的极小多项式,次数为 n.任取 $\beta\in F(\alpha)$,可令

$$\beta=f(\alpha),\quad 其中\ f(x)\in F[x].$$

设

$$f(x)=p(x)q(x)+r(x),\quad q(x),r(x)\in F[x].$$

$$r(x)=a_0+a_1x+\cdots+a_{n-1}x^{n-1},$$

用 $x=\alpha$ 代入上式,由于 $p(\alpha)=0$,故可得

$$f(\alpha)=r(\alpha)=a_0+a_1\alpha+\cdots+a_{n-1}\alpha^{n-1},$$

即 $F(\alpha)$ 中每个元素都可用 $1,\alpha,\cdots,\alpha^{n-1}$ 线性表示.

其次,若有

$$a_0+a_1\alpha+\cdots+a_{n-1}\alpha^{n-1}=b_0+b_1\alpha+\cdots+b_{n-1}\alpha^{n-1},$$

其中 $a_i,b_i\in F$,则有

$$(a_0-b_0)+(a_1-b_1)\alpha+\cdots+(a_{n-1}-b_{n-1})\alpha^{n-1}=0,$$

即 α 是 F 上多项式

$$g(x)=(a_0-b_0)+(a_1-b_1)x+\cdots+(a_{n-1}-b_{n-1})x^{n-1}$$

的根.但由于 α 是 F 上的 n 次代数元,故只有 $g(x)=0$,即

$$a_i=b_i,\quad i=0,1,2,\cdots,n-1,$$

亦即 $F(\alpha)$ 中每个元素的表示法是唯一的.

(证毕)

给定域 F 后,F 上的单超越扩域的存在是显然的,因为当 x 为 F 上的未定元时,$F(x)$ 就是 F 的一个单超越扩域.下面证明,单代数扩域也是存在的.

定理 4　设 F 是一个域,$p(x)$ 是 F 上任意一个给定的首项系数为 1 的不可约多项式,则存在 F 上的单代数扩域 $F(\alpha)$,其中 α 在 F 上的极小多项式是 $p(x)$.

* **证**　上面定理 3 的证明,可以启发我们如何来找出这样的代数元 α.

由于 $p(x)$ 在域 F 上不可约,$\langle p(x)\rangle$ 是 $F[x]$ 的极大理想,故 $F[x]/\langle p(x)\rangle$ 是域.

又易知

$$\varphi:\quad f(x)\longrightarrow \overline{f(x)}=f(x)+\langle p(x)\rangle$$

是 $F[x]$ 到域 $F[x]/\langle p(x)\rangle$ 的一个同态满射，且

$$\mathrm{Ker}\ \varphi=\langle p(x)\rangle.$$

由于 $F\subseteq F[x]$，则 $\overline{F}=\varphi(F)\subseteq F[x]/\langle p(x)\rangle$. 在 F 中任取 a,b，当 $a\neq b$ 时，由于

$$p(x)\nmid a-b,\quad \overline{a-b}\neq\bar{0},\quad \bar{a}-\bar{b}\neq\bar{0},$$

故 $\bar{a}\neq\bar{b}$. 即在 φ 之下

$$F\cong\overline{F}=\{\bar{a}\mid a\in F\}.$$

这样，在域 $F[x]/\langle p(x)\rangle$ 中把 $\overline{F}$ 的元素 $\bar{a}$ 都换成 F 中对应的元素 a，设这样所得到的域为 K，并把 K 中元素 $\bar{x}=x+\langle p(x)\rangle$ 记为 α，于是在 φ 之下

$$p(x)\longrightarrow \overline{p(x)}=p(\bar{x})=p(\alpha)=0,$$

即 α 是 F 上不可约多项式 $p(x)$ 的根，故 $p(x)$ 是 α 在 F 上的极小多项式. 而 K 为包含 F 与 α 的一个扩域，从而存在单代数扩域 $F(\alpha)$.

（证毕）

通过本节的讨论可知，对于单扩域的构造，我们是了解得比较清楚的.

习 题 6.2

1. 设 $p(x)$ 为域 F 上首项系数为 1 的多项式，且在某扩域内有根 α. 证明：若 $p(x)$ 在 F 上不可约，则 $p(x)$ 是 α 在 F 上的极小多项式.

2. 求 $\sqrt{2}+\sqrt{3}$ 在有理数域 $\mathbf{Q}$ 上的极小多项式，并证明：

$$\mathbf{Q}(\sqrt{2},\sqrt{3})=\mathbf{Q}(\sqrt{2}+\sqrt{3}).$$

3. 设 $F(\alpha)$ 与 $F(\beta)$ 是域 F 上两个单代数扩域，并且 α 与 β 在 F 上有相同的极小多项式，证明：$F(\alpha)\cong F(\beta)$. 又问：反之如何？

4. 问：复数 i 及 $\dfrac{2\mathrm{i}+1}{\mathrm{i}-1}$ 在有理数域 $\mathbf{Q}$ 上的极小多项式各为何？又单扩域 $\mathbf{Q}(\mathrm{i})$ 与 $\mathbf{Q}\left(\dfrac{2\mathrm{i}+1}{\mathrm{i}-1}\right)$ 是否同构？

5. 设 $p(x)$ 是域 F 上的一个 n 次不可约多项式. 证明：商域 $F[x]/\langle p(x)\rangle$ 中的每一个元素都可唯一地表示成

$$a_0+a_1x+\cdots+a_{n-1}x^{n-1}+\langle p(x)\rangle,\quad a_i\in F.$$

§3 代数扩域和有限次扩域

由上一节看到，单代数扩域同单超越扩域的结构是很不相同的. 一般来说，设 E 是域 F 的一个扩域，则 E 中的元素有些可能是 F 上的代数元，而另一些则可能是 F 上的超越元.

例如，实数域是有理数域 $\mathbf{Q}$ 的一个扩域，实的代数数都是 $\mathbf{Q}$ 上的代数元，其余的实数，例如 π 以及 π 与任何非零有理数的乘积，等等，则都是 $\mathbf{Q}$ 上的超越元.

定义 1 设 E 是域 F 的一个扩域.如果 E 中每个元素都是 F 上的代数元,则称 E 是 F 的一个代数扩域(张);否则,称 E 是 F 的一个超越扩域(张).

域 F 中的元素当然都是 F 上的代数元.如果 E 是 F 的超越扩域,E 中除 F 的元素外又都是 F 上的超越元,则称 E 是 F 的一个纯超越扩域(张).

例如,实数域是有理数域的超越扩域,但不是有理数域的纯超越扩域;又易知域 F 上关于未定元 x 的有理分式域 $F(x)$ 是 F 的一个纯超越扩域.

本节主要讨论代数扩域.

我们要问:当集合 S 中的元素都是域 F 上的代数元时,$F(S)$ 中的元素是否都是域 F 上的代数元? 也就是说,$F(S)$ 是否为 F 的代数扩域?

这个看起来似乎正确的结论,实际上并不明显.这是因为,域 $F(S)$ 除了包含 F 及 S 的全部元素外,还要包含由 F 及 S 中的元素通过加、减、乘、除所得到的一切元素.这就涉及 F 上代数元的和、差、积、商是否仍为 F 上代数元的问题.这个问题虽然正确,然而却并不明显,因而是需要证明的.

为了讨论上述问题,我们先介绍扩域次数的概念.

设 E 是域 F 的一个扩域,则对 E 中加法与乘法来讲,E 作成 F 上的一个向量空间.于是 E 在 F 上的维数可能有限,也可能无限.

定义 2 设 E 是域 F 的一个扩域,则 E 作为 F 上的向量空间,其维数叫做 E 在 F 上的次数,记为 $(E:F)$.

当 $(E:F)$ 有限时,称 E 为 F 的有限次扩域;否则称 E 为 F 的无限次扩域.

例如,当 α 是域 F 上的 n 次代数元时,由上节定理 3 知,$E=F(\alpha)$ 是 F 的 n 次扩域.特别地,复数域是实数域上的 2 次扩域,$\mathbf{Q}(\sqrt[3]{2})$ 是有理数域 $\mathbf{Q}$ 上的 3 次扩域,而 $\mathbf{Q}(\pi)$ 则是 $\mathbf{Q}$ 的一个无限次扩域.从而实数域是有理数域的一个无限次扩域.

下面是关于扩域的次数定理.

定理 1 设 E 是域 K 的扩域,K 又是域 F 的扩域,则

$$(E:F)=(E:K)(K:F).$$

证 先设 $(E:K)=n,(K:F)=m$,且

$$\beta_1,\quad \beta_2,\quad \cdots,\quad \beta_n \quad 与 \quad \alpha_1,\quad \alpha_2,\quad \cdots,\quad \alpha_m$$

分别为 E 在 K 上的一个基和 K 在 F 上的一个基.下面证明,E 中的 mn 个元素

$$\alpha_i\beta_j \quad (i=1,2,\cdots,m;j=1,2,\cdots,n) \tag{1}$$

是 E 在 F 上的一个基.

首先,在 E 中任取一个元素 α,令

$$\alpha=k_1\beta_1+k_2\beta_2+\cdots+k_n\beta_n, \tag{2}$$

其中 $k_j\in K,j=1,2,\cdots,n$.再令

$$k_j=f_{1j}\alpha_1+f_{2j}\alpha_2+\cdots+f_{mj}\alpha_m, \tag{3}$$

其中 $f_{ij}\in F$.将(3)代入(2),得

$$\alpha=\sum_{j=1}^{n}\sum_{i=1}^{m}f_{ij}\alpha_i\beta_j.$$

这就是说,α 在 F 上可由(1)中 mn 个元素线性表示.

其次,设有 $f_{ij}\in F$ 使

$$\sum_{j=1}^{n}\sum_{i=1}^{m} f_{ij}\alpha_i\beta_j=0,\quad \text{即}\quad \sum_{j=1}^{n}\Big(\sum_{i=1}^{m} f_{ij}\alpha_i\Big)\beta_j=0.$$

但是 $\sum_{i=1}^{m} f_{ij}\alpha_i\in K$，而 $\beta_1,\beta_2,\cdots,\beta_n$ 在 K 上线性无关，故

$$\sum_{i=1}^{m} f_{ij}\alpha_i=0,\quad j=1,2,\cdots,n.$$

又 $\alpha_1,\alpha_2,\cdots,\alpha_m$ 在 F 上线性无关，故

$$f_{ij}=0\quad (i=1,2,\cdots,m;j=1,2,\cdots,n).$$

从而(1)中 mn 个元素在 F 上线性无关.因此，它是 E 在 F 上的一个基，从而 $(E:F)=mn$，即

$$(E:F)=(E:K)(K:F).$$

由上面的证明同时易知，$(E:F)$ 无限当且仅当 $(E:K)$ 与 $(K:F)$ 中至少有一个无限，因此可认为上式仍成立.

（证毕）

用数学归纳法可进一步证明

推论 1 设 $F_m,F_{m-1},\cdots,F_2,F_1$ 都是域，且每一个都是前一个的子域，则

$$(F_m:F_1)=(F_m:F_{m-1})(F_{m-1}:F_{m-2})\cdots(F_2:F_1).$$

例如，由于 $\mathbf{Q}\subset\mathbf{Q}(\sqrt{2})\subset\mathbf{Q}(\sqrt{2},\sqrt{3})$，从而有

$$(\mathbf{Q}(\sqrt{2},\sqrt{3}):\mathbf{Q})=(\mathbf{Q}(\sqrt{2},\sqrt{3}):\mathbf{Q}(\sqrt{2}))(\mathbf{Q}(\sqrt{2}):\mathbf{Q}).$$

但易知

$$(\mathbf{Q}(\sqrt{2},\sqrt{3}):\mathbf{Q}(\sqrt{2}))=(\mathbf{Q}(\sqrt{2}):\mathbf{Q})=2,$$

故 $(\mathbf{Q}(\sqrt{2},\sqrt{3}):\mathbf{Q})=4$.

关于有限次扩域，有下面非常重要的基本事实.

定理 2 有限次扩域必是代数扩域.

证 设 E 是域 F 的一个 n 次扩域，$\alpha\in E$.由于 $(E:F)=n$，故 E 中 $n+1$ 个元素

$$1,\quad \alpha,\quad \alpha^2,\quad \cdots,\quad \alpha^n$$

在 F 上必线性相关.从而在 F 中存在不全为零的元素 $a_0,a_1,\cdots,a_n$，使

$$a_0+a_1\alpha+\cdots+a_n\alpha^n=0,$$

即 α 是 F 上非零多项式

$$f(x)=a_0+a_1x+\cdots+a_nx^n$$

的根，故 α 是 F 上的代数元，从而 E 是 F 的代数扩域.

（证毕）

根据这个定理，由于单代数扩域是有限次扩域，从而为代数扩域.更一般地，还有

推论 2 若 $\alpha_1,\alpha_2,\cdots,\alpha_n$ 都是域 F 上的代数元，则扩域 $F(\alpha_1,\alpha_2,\cdots,\alpha_n)$ 是 F 的有限次扩域，从而为代数扩域.

证 首先指出，若 α 是域 F 上的代数元，则 α 当然是 F 的任何扩域上的代数元.

现以 $n=2$ 为例来证明本推论.

因为

$$F\subseteq F(\alpha_1)\subseteq F(\alpha_1)(\alpha_2),$$

而 α_1,α_2 是 F 上的代数元，故 α_2 也是 $F(\alpha_1)$ 上的代数元.于是$F(\alpha_1)$是 F 的有限次扩域，而

$$F(\alpha_1)(\alpha_2)=F(\alpha_1,\alpha_2)$$

又是 $F(\alpha_1)$上的有限次扩域.因此由次数定理知，$F(\alpha_1,\alpha_2)$是 F 的有限次扩域.再由定理 2 知，$F(\alpha_1,\alpha_2)$是域 F 的代数扩域.

对 n 用数学归纳法可证明本推论.

（证毕）

当 $\alpha_1,\alpha_2,\cdots,\alpha_n$ 为 F 上的代数元时，$F(\alpha_1,\alpha_2,\cdots,\alpha_n)$是 F 的有限次扩域.反之可以证明，F 的有限次扩域就是这种样子.就是说，如果 E 是 F 的有限次扩域，则 E 必是添加有限个代数元于 F 而得到的扩域.

事实上，设 $F\subseteq E$ 且$(E:F)=n$.令 $\alpha_1,\alpha_2,\cdots,\alpha_n$ 为 E 在 F 上的一个基，则 $\alpha_1,\alpha_2,\cdots,\alpha_n$ 当然都是 F 上的代数元，且易知有

$$E=F(\alpha_1,\alpha_2,\cdots,\alpha_n).$$

推论 3 域 F 上代数元的和、差、积、商均仍为 F 上的代数元.

证 设 α,β 为 F 上的任二代数元，由推论 2 知，$F(\alpha,\beta)$为 F 的代数扩域，从而其中每个元素都是 F 上的代数元.但是，α 与 β 的和、差、积、商都是 $F(\alpha,\beta)$中的元素，从而它们都是 F 上的代数元.

（证毕）

由这个推论所得到的一个特殊情况是，代数数的和、差、积、商仍为代数数.因此，在复数域内，所有代数数作成一个数域.这是一个重要的数域.数学的一个重要分支——代数数论，就是在这个数域的范围内来讨论的.

推论 2 指出，添加有限个代数元于 F 所得到的扩域是有限次扩域，从而为代数扩域.现在进一步问：添加无限个代数元于 F 所得的扩域如何呢？

定理 3 设 E 是域 F 的一个扩域，S 是 E 的一个非空子集.如果 S 中的每个元素都是 F 上的代数元，则 $F(S)$是域 F 的代数扩域.

证 任取 $\alpha\in F(S)$，令

$$\alpha=\frac{f_1(\alpha_1,\alpha_2,\cdots,\alpha_n)}{f_2(\alpha_1,\alpha_2,\cdots,\alpha_n)},$$

其中 $\alpha_1,\alpha_2,\cdots,\alpha_n\in S$，$f_1,f_2$ 的系数属于 F.则

$$\alpha\in F(\alpha_1,\alpha_2,\cdots,\alpha_n).$$

由于 $\alpha_1,\alpha_2,\cdots,\alpha_n$ 都是域 F 上的代数元，故由推论 2 可知，$F(\alpha_1,\alpha_2,\cdots,\alpha_n)$是 F 的代数扩域，从而 α 是 F 上的代数元.因此，$F(S)$是 F 的代数扩域.

（证毕）

这个定理中的 S 可以是有限集，也可以是无限集.当 S 是有限集时，即推论 2，此时 $F(S)$是 F 上的有限次扩域，当然也是代数扩域.但应注意，当 S 为无限集时，只能保证 $F(S)$是 F 的代数扩域，却不能保证是 F 的有限次扩域.

例如，令

$$S=\{\sqrt{2},\sqrt[3]{2},\sqrt[4]{2},\cdots\},$$

则由于 S 中每个元素都是有理数域 $\mathbf{Q}$ 上的代数元，故由定理 3 知，$\mathbf{Q}(S)$是有理数域 $\mathbf{Q}$

的代数扩域.但它却不是 **Q** 上的有限次扩域.

事实上,如果$(\mathbf{Q}(S):\mathbf{Q})=n$,则由于$\sqrt[n+1]{2}$在 **Q** 上的极小多项式是 $x^{n+1}-2$,故

$$(\mathbf{Q}(\sqrt[n+1]{2}):\mathbf{Q})=n+1,$$

这显然与$(\mathbf{Q}(S):\mathbf{Q})=n$ 矛盾.因此,$\mathbf{Q}(S)$是 **Q** 的一个无限次扩域.

这就是说,代数扩域不一定是有限次扩域,即定理 2 的逆定理不成立.

最后,再证明代数扩域的一个重要性质.

定理 4 设 F,K 是域 E 的两个子域且 $F\subseteq K$.若 E 是 K 的代数扩域,K 是 F 的代数扩域,则 E 是 F 的代数扩域.

证 任取 $\alpha\in E$,由于 E 是 K 的代数扩域,故有

$$0\neq f(x)=k_0+k_1x+\cdots+k_mx^m\in K[x],\quad k_i\in K,$$

使 $f(\alpha)=0$.但 K 又是 F 的代数扩域,故 $k_0,k_1,\cdots,k_m$ 是 F 上的代数元.于是

$$K'=F(k_0,k_1,\cdots,k_m)$$

是 F 的有限次扩域,而 $K'(\alpha)$是 K'的有限次扩域,由于

$$F\subseteq K'\subseteq K'(\alpha),$$

故由次数定理知,$K'(\alpha)$是 F 的有限次扩域.从而为 F 的代数扩域,α 是 F 上的代数元.因此,E 是 F 的代数扩域.

(证毕)

推论 4 设 E 是域 F 的超越扩域,则在 E 中存在子域 K 满足

$$F\subseteq K\subset E,$$

其中 K 是 F 的代数扩域,而 E 是 K 的纯超越扩域.

证 令 K 为 E 中 F 上的全体代数元作成的集合,由推论 3 知,K 是 E 的子域且为 F 的代数扩域.但由于 E 是 F 的超越扩域,故

$$F\subseteq K\subset E.$$

下面进一步证明 E 是 K 的纯超越扩域.

设 $\alpha\in E$,若 α 为 K 上的代数元,则 $K(\alpha)$是 K 的代数扩域.但 K 又是 F 的代数扩域,故 $K(\alpha)$是 F 的代数扩域,α 是 F 上的代数元,从而 $\alpha\in K$.即 E 中只有 K 内的元素才是 K 上的代数元,因此 E 是 K 的纯超越扩域.

(证毕)

根据这个推论,对扩域的讨论可转化为对代数扩域和纯超越扩域的讨论.

习 题 6.3

1. 证明:1) 复数域是实数域的代数扩域;

2) 实数域是有理数域的超越扩域,但不是纯超越扩域.

2. 证明:域 F 上未定元 x 的有理分式域 $F(x)$是 F 的一个纯超越扩域.

3. 设 p 是一个素数.证明:

$$\mathbf{Q}(\sqrt{p},\sqrt[3]{p},\sqrt[4]{p},\cdots)$$

是有理数域 **Q** 上的一个无限次代数扩域.

提示:利用反证法.

4. 求有理数域 $\mathbf{Q}$ 的扩域 $\mathbf{Q}(\sqrt[3]{2}+\sqrt[3]{4})$ 在 $\mathbf{Q}$ 上的次数.

提示：令 $\alpha=\sqrt[3]{2}$，则 $\mathbf{Q}\subseteq\mathbf{Q}(\alpha+\alpha^2)\subseteq\mathbf{Q}(\alpha)$.

5. 不利用本节结论，直接证明代数数的和仍是代数数.

§4　多项式的分裂域

高等代数中的代数基本定理是说，任何复系数的 n 次多项式在复数域内都有 n 个根.亦即每个复系数的 n 次多项式在复数域内都可以分解成一次因子的乘积.

对一般域 E 来说，如果 E 上每个多项式都能分解成 E 上一次多项式的乘积，则称这样的 E 为代数闭域.

这样，复数域就是一个代数闭域.代数闭域不再有真正的代数扩域.

事实上，设 E 是一个代数闭域，而 α 是 E 上的任意一个代数元，则由于 α 在 E 上的极小多项式在 E 上不可约，又 E 上只有一次多项式不可约，故 α 在 E 上的极小多项式只能是 $x-a$，其中 $a\in E$.这样，便有

$$\alpha-a=0,\quad \alpha=a\in E.$$

我们不打算过多讨论代数闭域，但要讨论某一特定多项式在其中可完全分解(即分解为一次因子相乘)的域.

定义 1　设 E 是域 F 的一个扩域，$f(x)$ 是 F 上一个次数大于零的多项式.如果 $f(x)$ 在 E 中可完全分解，而在任何包含 F 但比 E 小的子域上不能完全分解，则称 E 是 $f(x)$ 在 F 上的一个分裂域.

这就是说，E 是包含 F 且 $f(x)$ 能在其上完全分解的最小域.

例 1　$\mathbf{Q}(\sqrt{2})$ 是多项式 x^2-2 在有理数域 $\mathbf{Q}$ 上的一个分裂域，但不是 x^2-3 在 $\mathbf{Q}$ 上的分裂域.

又 x^2-2 在实数域上的分裂域显然就是实数域本身.

定理 1　令 E 是域 F 上多项式 $f(x)$ 的分裂域，且

$$f(x)=a_0(x-\alpha_1)(x-\alpha_2)\cdots(x-\alpha_n),$$

其中 $a_0\in F,\alpha_i\in E$.则 $E=F(\alpha_1,\alpha_2,\cdots,\alpha_n)$，即 $f(x)$ 在 F 上的分裂域就是把 $f(x)$ 的全部根添加于 F 所得到的扩域.因此，$f(x)$ 在 F 上的分裂域也称为 $f(x)$ 在 F 上的根域.

证　因为 $F(\alpha_1,\alpha_2,\cdots,\alpha_n)$ 是域，且

$$F\subseteq F(\alpha_1,\alpha_2,\cdots,\alpha_n)\subseteq E,$$

而 $f(x)$ 在 $F(\alpha_1,\alpha_2,\cdots,\alpha_n)$ 上可完全分解，E 又是 $f(x)$ 在 F 上的分裂域，故只有

$$E=F(\alpha_1,\alpha_2,\cdots,\alpha_n).$$

(证毕)

由此定理可知，$f(x)$ 在 F 上的分裂域是 F 的一个有限次扩域，从而是 F 的一个代数扩域.

例 2　求 $f(x)=x^3-1$ 在 $\mathbf{Q}$ 上的分裂域.

解 因为

$$f(x)=(x-1)\left(x-\frac{-1+\sqrt{3}\mathrm{i}}{2}\right)\left(x-\frac{-1-\sqrt{3}\mathrm{i}}{2}\right),$$

故由定理 1 知，$f(x)$ 在 $\mathbf{Q}$ 上的分裂域为

$$\mathbf{Q}\left(1,\frac{-1+\sqrt{3}\mathrm{i}}{2},\frac{-1-\sqrt{3}\mathrm{i}}{2}\right)=\mathbf{Q}(\sqrt{3}\mathrm{i}),$$

即由一切复数 $a+b\sqrt{3}\mathrm{i}(a,b\in\mathbf{Q})$ 作成的数域.

例 3 求 $f(x)=x^3-1$ 在实数域 $\mathbf{R}$ 上的分裂域.

解 因为

$$\mathbf{R}\left(1,\frac{-1+\sqrt{3}\mathrm{i}}{2},\frac{-1-\sqrt{3}\mathrm{i}}{2}\right)=\mathbf{R}(\mathrm{i})$$

是复数域，故 x^3-1 在实数域上的分裂域是复数域.

下面反转来讨论分裂域的存在问题.

定理 2 设 $f(x)$ 是域 F 上一个 $n(n>0)$ 次多项式，则 $f(x)$ 在 F 上的分裂域存在.

证 对 $f(x)$ 的次数 n 用数学归纳法.

当 $n=1$ 时，显然 F 本身就是 $f(x)$ 在 F 上的分裂域.

假定对 $n-1$ 次多项式定理成立，下证 $f(x)$ 是 n 次多项式时定理成立.

任取 $f(x)$ 的一个首项系数为 1 且在 F 上不可约的因式 $p(x)$，由单扩域存在定理，有单扩域 $F(\alpha_1)$ 存在，其中 α_1 在 F 上的极小多项式是 $p(x)$.

在域 $F(\alpha_1)$ 上，$f(x)$ 至少可分解成

$$f(x)=(x-\alpha_1)f_1(x),$$

其中 $f_1(x)$ 是域 $F(\alpha_1)$ 上的 $n-1$ 次多项式.于是由归纳假设，$f_1(x)$ 在 $F(\alpha_1)$ 上有分裂域存在，设为

$$F(\alpha_1)(\alpha_2,\cdots,\alpha_n),$$

其中 $\alpha_2,\cdots,\alpha_n$ 为 $f_1(x)$ 的根.从而 $\alpha_1,\alpha_2,\cdots,\alpha_n$ 就是 $f(x)$ 的所有根，而 $F(\alpha_1,\alpha_2,\cdots,\alpha_n)$ 就是 $f(x)$ 在 F 上的分裂域.

（证毕）

给定 $f(x)$ 后，$f(x)$ 在 F 上的分裂域不仅是存在的，而且在同构意义下也是唯一的（证明从略）.但应注意，可能是不同的.

例如，复数域 $C=\{a+bi\mid a,b\in F\}$ 是 x^2+1 在实数域 F 上的一个分裂域，而

$$\overline{C}=\{(a,b)\mid a,b\in F\}$$

也是 x^2+1 在实数域 F 上的一个分裂域（$(a,0)=a$），其中

$$(a,b)+(c,d)=(a+c,b+d),$$
$$(a,b)(c,d)=(ac-bd,ad+bc).$$

但是我们知道，C 与 $\overline{C}$ 是同构的（$(a,b)\longrightarrow a+bi$）.

实际上，更一般地，还有以下结论：设域 $F\overset{\sigma}{\cong}\overline{F}$，又

$$f(x)=a_0+a_1x+\cdots+a_nx^n$$

为 F 上一个 $n(n>0)$ 次多项式，而

$$\bar{f}(x)=\bar{a}_0+\bar{a}_1x+\cdots+\bar{a}_nx^n \quad (\bar{a}_i=\sigma(a_i)).$$

则 $f(x)$ 在 F 上的分裂域与 $\bar{f}(x)$ 在 $\bar{F}$ 上的分裂域同构(设为 φ)，且

$$\varphi(a)=\sigma(a) \quad (\forall a\in F).$$

对此不再赘述.

习　题　6.4

1. $\mathbf{Q}$ 上的单扩域 $\mathbf{Q}(\sqrt[3]{2})$ 是不是 $\mathbf{Q}$ 上某个多项式在 $\mathbf{Q}$ 上的分裂域?

2. 求 $f(x)=x^3-x^2-x-2$ 在 $\mathbf{Q}$ 上的分裂域.

3. 证明：x^4+1 在 $\mathbf{Q}$ 上的分裂域是一个单扩域 $\mathbf{Q}(\alpha)$，其中 α 是 x^4+1 的一个根.

4. 设 x^3-a 是 $\mathbf{Q}$ 上一个不可约多项式，而 α 是 x^3-a 的一个根.证明：$\mathbf{Q}(\alpha)$ 不是 x^3-a 在 $\mathbf{Q}$ 上的分裂域.

5. 设 p 是一个素数，E 是 x^p-1 在 $\mathbf{Q}$ 上的分裂域.证明：

$$(E:\mathbf{Q})=p-1.$$

§5　有　限　域

在这一节里，我们要讨论一种特殊的域——有限域.它在试验设计和编码理论中有重要应用.

只包含有限个元素的域，叫做有限域.

例如，以素数 p 为模的剩余类环 $\mathbf{Z}_p$ 就是一个有限域.

定理 1　有限域 E 的元素个数是一个素数 p 的方幂 p^n，其中 $p=\operatorname{char} E$，而 n 是 E 在它所含素域上的次数.

证　设 Δ 是包含在 E 中的素域，且 $\operatorname{char} E=p$，则 $|\Delta|=p$.又设 $(E:\Delta)=n$，可取 E 在 Δ 上的一个基 $\alpha_1,\alpha_2,\cdots,\alpha_n$，则 E 中每个元素都可唯一地表示为

$$k_1\alpha_1+k_2\alpha_2+\cdots+k_n\alpha_n, \quad k_i\in\Delta.$$

由于每个 k_i 在 Δ 中有 p 种取法，故系数共有 p^n 种取法；又由于每种取法决定 E 中唯一的一个元素，不同取法得到 E 中不同的元素，故 E 有 p^n 个元素.

（证毕）

由此定理可知，不存在诸如阶为 6，10，12 等的有限域.

有限域也称为 Galois 域，一般记为 $GF(p^n)$，其中素数 p 为其特征，n 是它在素域上的次数.

定理 2　有限域 $E=GF(p^n)$ 是多项式

$$x^q-x \quad (\text{其中 } q=p^n)$$

在其所含素域 Δ 上的分裂域.

证　因为 E 中全体非零元的集合 E^* 是一个 $q-1$ 阶乘群，故对 E^* 中任意元素 α 都有

$$\alpha^{q-1}=1,\quad \alpha^q=\alpha.$$

从而 E 的每个元素,包括 0 在内,都满足方程 $x^q=x$,即都是多项式 x^q-x 的根.现在若用 $\alpha_1,\alpha_2,\cdots,\alpha_q$ 表示有限域 E 的全体元素,则在 $E[x]$ 中有

$$x^q-x=(x-\alpha_1)(x-\alpha_2)\cdots(x-\alpha_q),$$

且显然有

$$E=\Delta(\alpha_1,\alpha_2,\cdots,\alpha_q).$$

因此,E 是多项式 x^q-x 在 Δ 上的分裂域.

(证毕)

由于特征为 p 的素域都同构,而多项式 x^q-x 在同构的域上的分裂域也同构,因此,任二 p^n 阶有限域都同构.

下面讨论 p^n 阶有限域的存在问题.

定理 3 令 Δ 是特征为素数 p 的一个素域,$q=p^n$,其中 n 是正整数.则 x^q-x 在 Δ 上的分裂域 E 是一个 q 阶有限域.

证 令 $E=\Delta(\alpha_1,\alpha_2,\cdots,\alpha_q)$ 为 $f(x)=x^q-x$ 在 Δ 上的分裂域,而 $\alpha_1,\alpha_2,\cdots,\alpha_q$ 是 $f(x)$ 在域 E 内的根.由于 E 的特征是 p,故

$$f'(x)=p^nx^{q-1}-1=-1.$$

于是 $(f(x),f'(x))=1$,从而 $f(x)$ 没有重根,即 $\alpha_1,\alpha_2,\cdots,\alpha_q$ 互异.现在令 $F=\{\alpha_1,\alpha_2,\cdots,\alpha_q\}$,则由于

$$(\alpha_i-\alpha_j)^{p^n}=\alpha_i^{p^n}-\alpha_j^{p^n}=\alpha_i-\alpha_j,$$

$$\left(\frac{\alpha_i}{\alpha_j}\right)^{p^n}=\frac{\alpha_i^{p^n}}{\alpha_j^{p^n}}=\frac{\alpha_i}{\alpha_j}\quad(\alpha_j\neq 0),$$

即 $\alpha_i-\alpha_j$ 与 $\dfrac{\alpha_i}{\alpha_j}$ 仍是 $f(x)$ 的根,从而仍属于 F,故 F 是 E 的一个子域.

但任何域同其子域都包含同一素域,故 F 包含 Δ,从而包含 $\Delta(\alpha_1,\alpha_2,\cdots,\alpha_q)=E$.因此

$$E=F=\{\alpha_1,\alpha_2,\cdots,\alpha_q\},$$

即 x^q-x 在 Δ 上的分裂域就是一个 q 阶有限域.

(证毕)

这个定理说明,对任意给定的素数 p 和正整数 n,p^n 阶有限域是存在的.

定理 4 有限域 F 的非零元作成的乘群是一个循环群.

证 设 F 是 q 阶有限域,F^* 是其非零元乘群,阶为 $q-1$.令 m 是 F^* 中所有元素的最大阶,则由第二章§2 定理 5 知,F^* 的 $q-1$ 个元素都是多项式

$$x^m-1$$

的根,故 $m\geqslant q-1$.

另一方面,F^* 中每个元素的阶都整除 $q-1$,从而也有 $m\mid q-1$,$m\leqslant q-1$.因此,$m=q-1$.即 $q-1$ 阶群 F^* 有阶为 $q-1$ 的元素 α,从而 F^* 是循环群,且

$$F^*=\langle\alpha\rangle=\{1,\alpha,\cdots,\alpha^{q-2}\}.$$

(证毕)

由此定理可知,任何 q 阶有限域都可表示成

$$F=\{0,1,\alpha,\cdots,\alpha^{q-2}\},$$

于是 $F=\Delta(\alpha)$，即有限域 F 是其素域 Δ 的一个单扩域.这样的元素 α 称为 $q=p^n$ 阶有限域 F 的一个原根，它是素域 Δ 上的 n 次代数元.

下面讨论有限域的子域.

定理 5　设 E 是一个 p^n 阶有限域.则对 n 的每个正因子 m，存在且只存在一个 p^m 阶子域.

证　设 F 是 E 的一个子域，则 F 的特征也是 p，且 F 和 E 包含同一个素域 Δ，于是

$$|F|=p^m,\quad 其中\ m=(F:\Delta),$$

但由次数定理知，

$$n=(E:\Delta)=(E:F)(F:\Delta)=m(E:F),$$

即 m 是 n 的正因数.

反之，设 $m|n$，则 $(p^m-1)|(p^n-1)$.从而

$$(x^{p^m-1}-1)|(x^{p^n-1}-1)\quad 或\quad (x^{p^m}-x)|(x^{p^n}-x),$$

但在 E 上 $x^{p^n}-x$ 可完全分解，从而 $x^{p^m}-x$ 在 E 上也可完全分解.又由定理 3 知，这个多项式在 E 中的全部根构成 E 的一个 p^m 阶子域，即 $x^{p^m}-x$ 在 E 的素域 Δ 上的分裂域.

由于 E 的 p^m 阶子域都是 $x^{p^m}-x$ 在素域 Δ 上的分裂域，故这样的子域也是唯一的.

（证毕）

这个定理表明，p^n 阶有限域有且只有 $T(n)$ 个子域.

最后我们指出如何具体构造出有限域的问题.

设 p 是任意给定的一个素数，n 是任一正整数.令 $p(x)$ 是域 $\mathbf{Z}_p$ 上一个 n 次不可约多项式，则 $\langle p(x)\rangle$ 是环 $\mathbf{Z}_p[x]$ 的极大理想.因此，域 $\mathbf{Z}_p[x]/\langle p(x)\rangle$ 中每个元素都可唯一地表示成

$$a_0+a_1x+\cdots+a_{n-1}x^{n-1}+\langle p(x)\rangle,\quad a_i\in\mathbf{Z}_p.$$

但由于系数取自于 $\mathbf{Z}_p$，每个 a_i 都有 p 种取法，故系数共有 p^n 种取法，即域 $\mathbf{Z}_p[x]/\langle p(x)\rangle$ 共包含 p^n 个元素.

例如，当 $p=2$ 时，易知 $p(x)=x^2+x+1$ 是 $\mathbf{Z}_2$ 上一个不可约多项式，则

$$\mathbf{Z}_2[x]/\langle x^2+x+1\rangle$$

是一个 4 阶有限域.如果把

$$a_0+a_1x+\langle x^2+x+1\rangle$$

简记为 a_0+a_1x，则这个有限域的 4 个元素就可以写成

$$0,\quad 1,\quad x,\quad x+1.$$

但应注意，它们的系数都属于 $\mathbf{Z}_2$，而且相乘时需用 x^2+x+1 除后所得余式作为其乘积.例如，

$$x(x+1)=x^2+x,$$

但是 $x^2+x=(x^2+x+1)+1$，故

$$x(x+1)=1,$$

即 x 与 $x+1$ 互为逆元，等等.由此我们可以得到 4 元域

$$\mathbf{Z}_2[x]/\langle x^2+x+1\rangle=\{0,1,x,x+1\}$$

的加法和乘法表如下：

+	0	1	x	$x+1$
0	0	1	x	$x+1$
1	1	0	$x+1$	x
x	x	$x+1$	0	1
$x+1$	$x+1$	x	1	0

·	0	1	x	$x+1$
0	0	0	0	0
1	0	1	x	$x+1$
x	0	x	$x+1$	1
$x+1$	0	$x+1$	1	x

应该说明的是，为了简化起见，在这里我们也可把环 $\mathbf{Z}_2$ 的元素 $\bar{0},\bar{1}$ 简记为 0,1.不仅如此，我们还可以把环 $\mathbf{Z}_n$ 中的元素 $\bar{i}$ 简记为 i.例如

$$\mathbf{Z}_9=\{0,1,2,3,4,5,6,7,8\}.$$

当然，环 $\mathbf{Z}_9$ 中元素的运算仍遵从模 9 剩余类的加法与乘法规则.例如

$$2+7=0,\quad 2\cdot 7=5,$$

等等.对此，只要稍加注意这是以 9 为模的运算，就不会造成混乱.

由于 $9=3^2$ 是素数 3 的方幂，因此 9 阶有限域是存在的.其构造方法如下.

首先取 3 阶素域 $\mathbf{Z}_3=\{0,1,2\}$，再取 $\mathbf{Z}_3$ 上的一个 2 次不可约多项式，易知 x^2+1 在 $\mathbf{Z}_3$ 上不可约.于是按照以上构造有限域的一般方法，可得 9 阶有限域为

$$\mathbf{Z}_3[x]/\langle x^2+1\rangle=\{0,1,2,x,x+1,x+2,2x,2x+1,2x+2\}.$$

这里应再次强调的是，其加法和乘法既要遵从模 3 的加法和乘法(系数)，又要遵从以 x^2+1 为模的加法和乘法(多项式)，也就是常说的“双模运算”.例如

$$2+(x+1)=x,\quad (2x+1)+(2x+1)=x+2;$$

又

$$(2x+1)(2x+2)=4x^2+6x+2=x^2+2=(x^2+1)+1=1.$$

也就是说，可以毫无顾忌地按多项式通常的运算规则进行加与乘，只是系数要以模 3 取结果(即用 3 除取余数)，而整个多项式要以模 x^2+1 取结果(即用 x^2+1 除取余式).由此我们不难得出以上 9 阶有限域的加法和乘法表.

习　题　6.5

1. 证明：多项式 x^2+x+1 与 x^3+x+1 在 $\mathbf{Z}_2$ 上不可约.再求出 8 阶有限域 $\mathbf{Z}_2[x]/\langle x^3+x+1\rangle$ 的所有元素.

2. 试求出域 $\mathbf{Z}_2$ 上全部的 3 次不可约多项式.

3. 证明：包含域 $\mathbf{Z}_p$ 的每个有限域都是 $\mathbf{Z}_p$ 的单扩域.

4. 设 F 是一个域.证明：乘群 F^* 为循环群$\Leftrightarrow F$ 为有限域.

5. 设 F 为 q 阶有限域，$f(x)$ 为 F 上一个 n 次不可约多项式.证明：$f(x)\mid(x^{q^n-1}-1)$.

*§6　有限域的一种应用

有限域应用广泛，在很多领域都有重要应用.本节仅介绍它在正交试验设计中的一种应用.

在工农业生产以及科学技术中，经常需要做试验.试验就要讲究方法，而方法多种多样，其中用正交表安排试验就是一种重要的试验方法，常称此为正交试验法.

为了介绍这一方法，下面先举一个粗浅的例子来加以说明.

罐头厂在做杏子罐头时，需要先将杏子放在有一定温度和浓度的碱液中脱皮.但是，如何掌握温度和浓度对脱皮效果很重要.若温度或浓度太低，杏皮可能脱不掉或脱不干净；若太高，则可能脱皮过头，影响杏肉完整.另外还与杏子放进碱液中的时间长短有关.因此，需要对这三个因素（碱液温度、浓度和杏子浸泡时间的长短）来进行试验.通过试验，找出一个温度、浓度和时间的合理搭配方案，使得杏子脱皮能达到一个较高的合格率.

温度取多少呢？这可从平常生产所用过的温度范围内取两个值（称为温度的两个水平，以下同）：例如取 80 ℃，100 ℃.当然也可以多取几个水平，但基本道理和方法都是一样的.

同样，浓度和时间也各取两个水平，并列成如下因素水平表：

水平	因素		
	温度	浓度	时间
1	80 ℃	15	60 s
2	100 ℃	20	90 s

如何根据此因素水平表来安排试验呢？

1）全面试验：就是对各因素各水平的所有搭配都进行试验.例如，温度取 100 ℃，浓度取 15，时间取 90 s，就是一种搭配方法.为简便起见，我们把这一种搭配方法简记为 212.其中第一个数码 2 代表温度取第 2 个水平，即 100 ℃；第二个数码 1 代表浓度取第 1 个水平，即 15；第三个数码 2 代表时间取第 2 个水平，即 90 s；其余类同.

显然，此全面试验共需 $2^3=8$ 次（2 是水平数，3 是因素数），它们是

111， 112， 121， 122， 211， 212， 221， 222.

全面试验的优点是，对每个试验结果的好坏看得一清二楚.但有一个严重缺点是试验次数太多.特别是，当因素数与水平数较多时（这也是在实际问题中最常遇到的情形），试验量之大是惊人的.例如，当某种试验有六个因素且每个因素有五个水平时，全面试验就需要 $5^6=15\ 625$ 次.这在实际上是根本行不通的.

2）用正交表安排试验：一个好的试验方法，就是只通过少量试验也能达到预期的效果.利用正交表来安排试验和分析试验结果（即正交试验法），正是这样的一种方法.例如上面说的六因素五水平试验，利用正交表来安排试验，则仅需 25 次即可达到预期效果.

现仍以杏子脱皮试验为例来说明这一方法.由于它是三因素二水平的试验，故应选用正交表 $L_4(2^3)$，即

水平		列号		
		1	2	3
试验号	1	1	1	1
	2	1	2	2
	3	2	1	2
	4	2	2	1

按照此正交表做试验，只需做 4 次就够了.这 4 次试验用水平号表示，即

111， 122， 212， 221.

其间道理只作直观说明如下：

由以上正交表（去掉试验号和列号后）所得到的 4×3 矩阵为

$$\begin{pmatrix}1&1&1\\1&2&2\\2&1&2\\2&2&1\end{pmatrix}.$$

这个矩阵每两列对应元素所构成的“元素对”都是

$$(1,1),\quad (1,2),\quad (2,1),\quad (2,2).$$

这说明，按照这种方法安排试验时，各因素各水平不仅都出现，且“搭配均衡”，从而具有可比性.对于较大的正交表，其道理同此，不再赘述.

很显然，利用正交表做试验，关键在于正交表.那么正交表是如何构造出来的？

设有两组元素 $a_1,a_2,\cdots,a_r$ 与 $b_1,b_2,\cdots,b_s$.我们把 rs 个“元素对”

$$\begin{array}{cccc}(a_1,b_1), & (a_1,b_2), & \cdots, & (a_1,b_s),\\ (a_2,b_1), & (a_2,b_2), & \cdots, & (a_2,b_s),\\ \multicolumn{4}{c}{\cdots\cdots\cdots\cdots}\\ (a_r,b_1), & (a_r,b_2), & \cdots, & (a_r,b_s)\end{array}$$

叫做由这两组元素所构成的“完全对”.

如果一个矩阵的某两列中不仅同行元素所构成的元素对是一个“完全对”，而且每

对出现的次数都相同，就说这两列"搭配均衡".

设 A 是一个 $m\times n$ 矩阵，它的第 j 列元素用

$$1,2,\cdots,t_j \quad (j=1,2,\cdots,n)$$

表示(也可用别的符号来代替这些数码).如果 A 的任二列都搭配均衡，则称 A 是一个正交表，并简记为

$$L_m(t_1\times t_2\times\cdots\times t_n),$$

其中 L 是正交表的代号，m 是这个正交表的行数(亦即水平数)，n 是这个正交表的列数(亦即因素数).

本节仅介绍 $t_1=t_2=\cdots=t_n=t$ 型的正交表，这种正交表简记为 $L_{t^k}(t^n)$.构造这种正交表就要用到有限域，现简介如下.

设 $F=GF(t)$ 是一个 t(t 是素数或素数的方幂)阶有限域，又 V 为由 F 上一切 k 维向量(共 t^k 个)

$$(a_1,a_2,\cdots,a_k) \quad (\forall\, a_i\in F)$$

作成的向量空间.称 V 中以下

$$1+t+t^2+\cdots+t^{k-1}=\frac{t^k-1}{t-1}=n$$

个向量

$$(1,0,0,\cdots,0,0,0), \quad (1\text{ 个})$$
$$(b_{k-1,1},1,0,\cdots,0,0,0), \quad (t\text{ 个})$$
$$\cdots\cdots\cdots\cdots$$
$$(b_{21},b_{22},b_{23},\cdots,b_{2,k-2},1,0), \quad (t^{k-2}\text{个})$$
$$(b_{11},b_{12},b_{13},\cdots,b_{1,k-2},b_{1,k-1},1) \quad (t^{k-1}\text{个})$$

为标准向量(其中 b_{ij} 为 F 中任意元素，但最后一个非零分量是 1).

易知，这 n 个向量中每两个都是线性无关的，而且 V 中每个非零向量都可由其中一个线性表示.因为，例如设

$$\alpha=(b_1,\cdots,b_{s-1},b_s,0,\cdots,0)\in V, \quad b_s\neq 0,$$

则 $b_s^{-1}\alpha=(b_s^{-1}b_1,\cdots,b_s^{-1}b_{s-1},1,0,\cdots,0)=\beta$ 就是一个标准向量且

$$\alpha=b_s\beta.$$

由 α 到标准向量 β，称为对向量 α 的标准化.以上说明，每个非零向量都可以标准化，而且显然每个非零向量只能有一个标准化向量.

现在用 V 的全体向量(用 $\alpha_1,\alpha_2,\cdots,\alpha_m$ 表示，其中 $m=t^k$)作行号(即试验号)，而用 V 的全体标准向量(用 $\beta_1,\beta_2,\cdots,\beta_n$ 表示)作列号，并按下表作内积(对应分量乘积之和)：

(L)

内积		标准向量			
		β_1	β_2	$\cdots$	β_n
全体向量	α_1	c_{11}	c_{12}	$\cdots$	c_{1n}
	α_2	c_{21}	c_{22}	$\cdots$	c_{2n}
	$\vdots$	$\vdots$	$\vdots$		$\vdots$
	α_m	c_{m1}	c_{m2}	$\cdots$	c_{mn}

其中 $c_{ij}=[\alpha_i,\beta_j]\in F$，表示向量 α_i 与 $\beta_j(i=1,2,\cdots,m;j=1,2,\cdots,n)$ 的内积.

定理 表(L)是一张 t 水平的正交表.

证 因为表(L)共有 $m=t^k$ 行，故任二列同行元素可构成 m 个元素对.但域 F 中 t 个元素可构成互异的元素对共 t^2 个，故只需证明：任意元素对

$$(c_r,c_s)\quad (c_r,c_s\in F)$$

在任二列所构成的元素对中都出现，而且都仅出现 t^{k-2} 次.

为简单起见，例如取第一、二两列来考察.令这两列中对应的标准向量为

$$\beta_1=(b_{11},b_{12},\cdots,b_{1k}),\quad \beta_2=(b_{21},b_{22},\cdots,b_{2k}).$$

要证 (c_r,c_s) 在第一、二两列所构成的元素对中必出现且仅出现 t^{k-2} 次，就是要证明域 F 上线性方程组

$$\begin{cases}b_{11}x_1+b_{12}x_2+\cdots+b_{1k}x_k=c_r,\\ b_{21}x_1+b_{22}x_2+\cdots+b_{2k}x_k=c_s\end{cases}$$

在 F 中有解且仅有 t^{k-2} 个解.

很显然，此线性方程组系数矩阵的行向量为标准向量 β_1,β_2，它们是线性无关的，从而

$$系数矩阵的秩=增广矩阵的秩=2.$$

因此，此方程组在 t 元域 F 中必有解.又由于在其一般解中有 $k-2$ 个自由未知量，可在 F 中任意取值，每个自由未知量都有 t 种取值方法，从而该方程组共有 t^{k-2} 组解.

由上可知，(L)是一张正交表.

（证毕）

现在把这种构造正交表的方法与步骤归纳如下：

1° 先给出 t 阶有限域 $F=GF(t)$；

2° 再给出域 F 上全体 k 维向量(共有 t^k 个)和其中的 $1+t+\cdots+t^{k-1}=n$ 个标准向量；

3° 以全体 $t^k=m$ 个向量为行号，全体 n 个标准向量为列号，作出所有相应内积，即得正交表 $L_{t^k}(t^n)$.

例 1 利用有限域和向量内积构造正交表 $L_8(2^7)$.

解 正交表 $L_8(2^7)$ 即 $L_{2^3}(2^7)$.此时 $t=2,k=3,n=7$.

取 2 阶有限域 $\mathbf{Z}_2=\{0,1\}$（这里把 $\bar{0},\bar{1}$ 简记为 0,1），即模 2 剩余类域；再取 $\mathbf{Z}_2$ 上 3 维行向量空间 V，共包含 $2^3=8$ 个向量，它们是

$$\alpha_1=(0,0,0),\quad \alpha_5=(1,0,0),$$
$$\alpha_2=(0,0,1),\quad \alpha_6=(1,0,1),$$
$$\alpha_3=(0,1,0),\quad \alpha_7=(1,1,0),$$
$$\alpha_4=(0,1,1),\quad \alpha_8=(1,1,1).$$

显然除去 α_1 外，其余 7 个向量就是全体标准向量.

顺便说明一点：以全体向量作行号和以标准向量作列号，无论怎样安排这些向量的先后顺序，最后所得到的不仅都是正交表，而且可通过调整列的顺序由一个得到另一个，亦即它们并无本质差别.

不过，为使正交表看起来规范，以标准向量作列号时常采用以下方法：

在 3 维行向量空间 V 的标准向量中，有 3 个单位向量

$$\varepsilon_1=(1,0,0)=\alpha_5,\quad \varepsilon_2=(0,1,0)=\alpha_3,\quad \varepsilon_3=(0,0,1)=\alpha_2$$

是 V 的一基.此时标准向量作列号常按以下顺序排列：

$$\varepsilon_1,\quad \varepsilon_2,\quad \varepsilon_1+\varepsilon_2,\quad \varepsilon_3,\quad \varepsilon_1+\varepsilon_3,\quad \varepsilon_2+\varepsilon_3,\quad \varepsilon_1+\varepsilon_2+\varepsilon_3.$$

这也就是以下 7 个向量：

$$\alpha_5,\quad \alpha_3,\quad \alpha_7,\quad \alpha_2,\quad \alpha_6,\quad \alpha_4,\quad \alpha_8.$$

以 $\alpha_1,\alpha_2,\cdots,\alpha_8$ 作行号，但以以上 7 个标准向量的顺序作列号，再作相应内积，即得正交表 $L_8(2^7)$ 如下：

内积		标准向量						
		α_5	α_3	α_7	α_2	α_6	α_4	α_8
全体向量	α_1	0	0	0	0	0	0	0
	α_2	0	0	0	1	1	1	1
	α_3	0	1	1	0	0	1	1
	α_4	0	1	1	1	1	0	0
	α_5	1	0	1	0	1	0	1
	α_6	1	0	1	1	0	1	0
	α_7	1	1	0	0	1	1	0
	α_8	1	1	0	1	0	0	1

如果再把此表中的 0 换成 1，1 换成 2，并把行号中的 $\alpha_1,\alpha_2,\cdots,\alpha_8$ 依次换成 1，2，…，8，列号中的 $\alpha_5,\alpha_3,\alpha_7,\alpha_2,\alpha_6,\alpha_4,\alpha_8$ 依次换成 1，2，…，7，便得正交试验设计中通常所采用的二水平正交表 $L_8(2^7)$.

例 2　利用有限域和向量内积构造正交表 $L_9(3^4)$.

解　此即在表 $L_{t^k}(t^n)$ 中取 $t=3,k=2,n=4$ 所得到的正交表.

先取 3 阶有限域 $\mathbf{Z}_3=\{0,1,2\}$（这里把 $\bar{0},\bar{1},\bar{2}$ 分别简记为 0，1，2），即模 3 剩余类域.$\mathbf{Z}_3$ 上的 2 维行向量空间 V 共包含 $3^2=9$ 个向量，它们是

$$\alpha_1=(0,0),\quad \alpha_4=(1,0),\quad \alpha_7=(2,0),$$
$$\alpha_2=(0,1),\quad \alpha_5=(1,1),\quad \alpha_8=(2,1),$$
$$\alpha_3=(0,2),\quad \alpha_6=(1,2),\quad \alpha_9=(2,2).$$

其中标准向量有 4 个，它们是

$$\varepsilon_1=\alpha_4,\quad \varepsilon_2=\alpha_2,\quad \varepsilon_1+\varepsilon_2=\alpha_5,\quad 2\varepsilon_1+\varepsilon_2=\alpha_8.$$

现以 $\alpha_1,\alpha_2,\cdots,\alpha_9$ 为行号，以 4 个标准向量为列号并作相应内积；最后将所得表中 0，1，2 依次换成 1，2，3，并将行号和列号中的向量依次换成 1，2，…，9 和 1，2，3，4 后，即得通常所见的正交表 $L_9(3^4)$ 如下：

行号	列号			
	1	2	3	4
1	1	1	1	1
2	1	2	2	2
3	1	3	3	3
4	2	1	2	3
5	2	2	3	1
6	2	3	1	2
7	3	1	3	2
8	3	2	1	3
9	3	3	2	1

例 3 利用有限域和向量内积构造正交表 $L_{64}(8^9)$.

解 此即在 $L_{tk}(t^n)$ 中取 $t=8,k=2,n=9$ 所得到的正交表.

先作出 $8=2^3$ 阶有限域如下(参见习题 6.5 第 1 题):

$$\begin{aligned}GF(2^3)&=\mathbf{Z}_2[x]/\langle x^3+x+1\rangle\\&=\{0,1,x,x^2,x+1,x^2+1,x^2+x,x^2+x+1\}.\end{aligned}$$

x 是这个域的一个原根(其实,除 0,1 外都是原根),而且有

$$0,\quad x^0=1,\quad x^1=x,\quad x^2=x^2,\quad x^3=x+1,\quad x^4=x^2+x,$$
$$x^5=x^2+x+1,\quad x^6=x^2+1.$$

此域上的 2 维行向量空间 V 共包含 64 个向量,且其中有 9 个是标准向量,它们是

$$\varepsilon_1,\quad \varepsilon_2,\quad \varepsilon_1+\varepsilon_2,\quad x\varepsilon_1+\varepsilon_2,\quad x^2\varepsilon_1+\varepsilon_2,$$
$$x^3\varepsilon_1+\varepsilon_2,\quad x^4\varepsilon_1+\varepsilon_2,\quad x^5\varepsilon_1+\varepsilon_2,\quad x^6\varepsilon_1+\varepsilon_2,$$

其中 $\varepsilon_1=(1,0),\varepsilon_2=(0,1)$.

以 V 中全体向量作行号,全体标准向量作列号,作相应内积,再将内积中 $GF(2^3)$ 的 8 个元素依次换成 1,2,…,8(行号和列号也作相应改换),即得正交表 $L_{64}(8^9)$.为减少篇幅,这里不再将其列出.

本节最后再说明以下两点:

首先指出,对一项试验,并不是想要一个什么样的正交表,就有一个什么样的正交表.就是说,正交表的行数与列数是有一定限制的.因此,一项试验很可能找不到一个合适的正交表或者根本就没有这样的正交表,那就必须调整相应的因素数或水平数,这是常有的事情.

其次,正交表的构造不仅要用到有限域,而且要用到群、行列式、矩阵、线性方程组、向量的内积以及 Hadamard(阿达马)矩阵和正交拉丁方,等等.此外,正交表不仅种类繁多,而且构造方法差异也很大,很不统一.特别是,在正交表的构造中至今仍存留很多问题未能得到解决.

习　题　6.6

1. 设 $\mathbf{Q}$ 是有理数域，i 是虚数单位.证明：

$$\mathbf{Q}(\sqrt{2},\mathrm{i})=\mathbf{Q}(\sqrt{2}+\mathrm{i}).$$

2. 设 p,q 都是素数.证明：

$$\mathbf{Q}(\sqrt{p},\sqrt{q})=\mathbf{Q}(\sqrt{p}+\sqrt{q}).$$

3. 设 $\mathrm{char}\,F=p$，且域 F 不是完全域(即 F 中每个元素都是 F 中某个元素的 p 次幂).证明：$p(x)=x^{p^n}-a$ 在域 F 上不可约的充要条件是，a 不是 F 中任何元素的 p 次幂.

4. 问：映射 $\varphi: a+b\sqrt{2}\longrightarrow a+b\sqrt{3}$ 是否为有理数域 $\mathbf{Q}$ 上的单扩域 $\mathbf{Q}(\sqrt{2})$ 与 $\mathbf{Q}(\sqrt{3})$ 的同构映射？这两个单扩域是否同构？

5. 设有域 $F\subseteq K\subseteq E$，且 $(K:F)=m$，$\alpha\in E$ 是 F 上一个 n 次代数元，$(m,n)=1$.证明：α 也是域 K 上的 n 次代数元.

提示：$F\subseteq K\subseteq K(\alpha)$，$F\subseteq F(\alpha)\subseteq K(\alpha)$，并利用次数定理.

6. 设 E 是域 F 的一个扩域.证明：若 $\alpha\in E$ 是 F 上的一个奇次代数元，则 α^2 也是 F 上的一个奇次代数元，并且

$$F(\alpha)=F(\alpha^2).$$

7. 设 E 是域 F 的一个 4 次扩域，且 $\mathrm{char}\,F\neq 2$.证明：存在一个满足 $F\subseteq K\subseteq E$ 的 F 的 2 次扩域 K 的充要条件是 $E=F(\alpha)$，而 α 在 F 上的极小多项式是

$$x^4+ax^2+b,\quad a,b\in F.$$

8. 证明：$\varphi: a\longrightarrow a^p$ 是 Galois 域 $GF(p^n)$ 的一个自同构，且这个自同构在 $GF(p^n)$ 的自同构群中的阶是 n.

9. 设 p 是一个素数.证明：对任何正整数 n，都存在一个在域 $\mathbf{Z}_p$ 上不可约的 n 次多项式.

提示：参见书末文献[4]或[11].

10. 令 F 是一个有限域，Δ 是它所含的素域，且 $F=\Delta(\alpha)$.问：α 是否一定为乘群 F^* 的生成元？

11. 设 α,β 分别是域 F 上的 m,n 次代数元.证明：

1) $(F(\alpha,\beta):F)\leqslant mn$；

2) 若 $(m,n)=1$，则 $(F(\alpha,\beta):F)=mn$.

12. 利用有限域和向量内积构造正交表 $L_4(2^3)$ 与 $L_{16}(4^5)$.

提示：x^2+x+2 在域 $\mathbf{Z}_3$ 上不可约.

自测题

本书所用符号

$\mathbf{Z}$	整数集(环)
$\mathbf{Q}$	有理数集(域)
$\|G\|$	群 G 的阶
$\|a\|$	群中元素 a 的阶
U_n	n 次单位根群
$GL_n(F)$	域 F 上的一般线性群
$SL_n(F)$	域 F 上的特殊线性群
$\leqslant$	子群或子环
$<$	真子群或真子环
$\trianglelefteq$	正规子群或理想
$\langle M\rangle$	由 M 生成的子群或理想
$\langle a\rangle$	由元素 a 生成的子群或理想
$\sim$	同态
$\cong$	同构
$T(M)$	M 的全体变换作成的半群
$S(M)$	集合 M 上的对称群
S_n	n 元对称群
A_n	n 元交错群
K_4	Klein 四元群
$C(G)$	群 G 的中心
$C(S)$	群中子集 S 的中心化子
$N(S)$	群中子集 S 的正规化子
$\mathrm{Ker}\,\varphi$	同态 φ 的核
$\mathrm{Im}\,\varphi$	同态 φ 的像
$\mathrm{Aut}\,G$	群 G 的自同构群
$\mathrm{Inn}\,G$	群 G 的内自同构群
$T(n)$	n 的正因数个数
$(G:H)$	子群 H 在群 G 中的指数
$\mathbf{Z}_n$	模 n 剩余类环
$R_{n\times n}$	环 R 上的 n 阶全矩阵环
$\mathrm{End}\,G$	加群 G 的自同态环

char R	环 R 的特征
$U(R)$，R^*	环 R 的单位群（乘群）
$P(M)$	M 的幂集环
$GF(p^n)$	Galois 域
$(E:F)$	扩域 E 在子域 F 上的次数

名词索引

六画

七画

八画

九画

十画

十一画

十二画

十三画

十四画

十六画

其他

参考文献

[1] 杨子胥.近世代数(第四版)学习辅导与习题选解.北京:高等教育出版社,2020.

[2] 杨子胥.高等代数.2 版.北京:高等教育出版社,2007.

[3] 杨子胥.高等代数精选题解.北京:高等教育出版社,2008.

[4] 杨子胥,宋宝和.近世代数习题解.济南:山东科学技术出版社,2003.

[5] 杨子胥.高等代数习题解:上、下册.修订版.济南:山东科学技术出版社,2001.

[6] 张禾瑞.近世代数基础.修订本.北京:人民教育出版社,1978.

[7] 吴品三.近世代数.北京:人民教育出版社,1979.

[8] 熊全淹.近世代数.2 版.武汉:武汉大学出版社,1991.

[9] 库洛什.群论:上册.曾肯成,郝鈵新,译.北京:人民教育出版社,1964.

[10] 王萼芳.有限群论基础.北京:北京大学出版社,1986.

[11] 杨子胥.正交表的构造.济南:山东人民出版社,1978.

[12] ROSE J S. A course on group theory. Cambridge: Cambridge University Press,1978.

[13] MCCOY N H. Rings and ideals. La salle, Illinois: Open Court Publishing Company,1948.

[14] 杨子胥.关于循环环及其幂等元.数学的实践与认识,1985,3.

[15] 杨子胥.The structure of involutive rings which in the residue class rings.数学季刊,1994,3.

[16] 杨子胥,郝秀梅.关于 NF 环的构造.数学研究与评论,1997,17(3):427-431.